Martin Kramer

Physik als Abenteuer

Band 2

Martin Kramer

Physik als Abenteuer

Erleben wird zur Grundlage des Unterrichtens

Band 2
Wärmelehre, Mechanik, Großprojekte

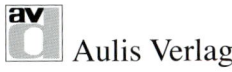
Aulis Verlag

Martin Kramer, geb. 1973 in Esslingen am Neckar, Gymnasiallehrer für Mathematik und Physik am Uhland-Gymnasium in Tübingen, Dozent für erlebnisorientierte Didaktik, Theaterpädagoge (Bundesverband Theaterpädagogik), Theaterlehrer am Regierungspräsidium Tübingen, zahlreiche Publikationen. Lernzirkel und Dominos für handlungsorientiertes Lernen.
Weitere Informationen unter:
www.unterricht-als-abenteuer.de.

Bibliografische Information der Deutschen Nationalbibliothek
Die Deutsche Nationalbibliothek verzeichnet diese Publikation in der Deutschen Nationalbibliografie; detaillierte bibliografische Daten sind im Internet über http://dnb.d-nb.de abrufbar.

Bestell-Nr. A 302839
Alle Rechte bei Aulis Verlag in der Stark Verlagsgesellschaft, 2011
Layout und Cover: Bernd Burkart, www.form-und-produktion.de
ISBN 978-3-7614-2839-9

„Das brauche ich nicht zu lernen,
das habe ich erlebt!"

Für Jim

Dank

Auch zum zweiten Band haben viele Menschen beigetragen. Vor allem möchte ich mich bei meinen Schülern dafür bedanken, dass sie sich auf eine neue Didaktik eingelassen haben. Über hundert Schüler des Uhland-Gymnasiums in Tübingen haben dem Verlag die Druckgenehmigung für die Bilder im Buch gegeben. Ohne Bilder wäre das Buch in dieser konkreten Darstellung nicht möglich.

Besonders möchte ich *Dr. Brigitte Abel* und *Gesine Bechtloff* für das sprachliche und *Johannes Senge* und *Dr. Jakob Nill* für das fachliche Korrekturlesen danken.

Inhalt

Vorwort 13

Teil I: Wärmelehre

1   Wärme 15

2   Temperatur und Ausdehnung 17
2.1   Ein Heißluftballon oder (gasige) Körper dehnen sich
      bei Temperaturerhöhung aus 18
2.2   Eine theaterpädagogische Umsetzung zum
      Heißluftballon: ein Gefängnisausbruch 21
2.3   Dichte 25
2.4   Temperaturempfinden 27
2.5   Bau eines Gasthermometers 28
2.6   Ausdehnung von Festkörpern 30
2.7   Experimente mit flüssigem Stickstoff 34

3   Erster Hauptsatz und Modellvorstellung 39
3.1   Der erste Hauptsatz der Wärmelehre 39
3.2   Brown'sche Molekularbewegung unter dem
      Mikroskop und im Schülermodell 40
3.3   Was ist Wärme? Geordnete und ungeordnete
      Teilchenbewegung im Schülermodell 42
3.4   Thermalisieren und Entwerten von Energie 44

4   Wärme unterwegs 47
4.1   Wärme unterwegs 47
4.2   Die Wege der Wärme mit den Händen 48
4.3   Beispiel zur Konvektion: Flug eines Teebeutels 49
4.4   Eine Turbine – Konvektion 51
4.5   Wasser siedet in einem Papierbecher –
      Wärmeleitung, Verdampfungswärme 53

5   Wärmekapazität 56
5.1   Wärmekapazität und ein Eimer für die Wärme 56
5.2   Schülerexperiment zur Bestimmung
      der Wärmekapazität 58

5.3   Wärmeleitung und Wärmekapazität 58

5.4   Theoretisches: Abstraktion ist die Kunst zu denken,
       was nicht existiert 61

6   Verborgene Energie 63

6.1   Warum kühlt ein Eiswürfel? 63

6.2   Von Eis zu Dampf im Schülermodell 65

6.3   Kältemischung 69

6.4   Kühlung durch Alkohol 71

6.5   Physik genießen: Vanilleeis mit heißen Himbeeren . . . 71

6.6   Ein Geldschein brennt – Siedepunkt
       und Verdampfungswärme 76

6.7   Abschätzung der Verdampfungswärme 77

7   Wärmelehre mit den Händen 79

**8   Kinetische Gastheorie und
       die allgemeine Gasgleichung** 82

8.1   Modellbildung: Druck und Temperatur im
       Mikrokosmos der Teilchen 83

8.2   Gesetz von Boyle und Mariotte ($p \cdot V$ = konst) 85

8.3   Gesetz von Gay-Lussac ($\frac{V}{T}$ = konst) 86

8.4   Gesetz von Amontons ($\frac{P}{T}$ = konst) 87

8.5   Abschließende Betrachtung 87

Teil II: Mechanik

9   Trägheit und gleichförmige Bewegung 89

9.1   Der Trägheitssatz 90

9.2   Physik und Science Fiction 93

9.3   Experimente zur Trägheit 94

9.4   Die einfachste Form der Bewegung 98

9.5   Die gleichförmige Bewegung mit der Bahn 100

9.6   Geschichten und Diagramme 102

9.7   Längenmessung mit der Uhr 103

9.8   Nachstellen von t-s Diagrammen 109

10   Die gleichmäßig beschleunigte Bewegung 113

10.1   Die Bewegungsgleichungen $s = \frac{1}{2}a \cdot t^2$ und $v = a \cdot t$ . . . 113

10.2   Der freie Fall 121

10.3   Die eigene Reaktionszeit   125

**11   Die Grundgleichung der Mechanik
im Schülerexperiment**   127
11.1   Fragestellung und Vermutung   128
11.2   Durchführung   129
11.3   Fehlerquellen   129
11.4   Alternative: Skateboard statt Auto   130

12   Kräfte   131
12.1   Addition von Kräften   132
12.2   Vektoren   136
12.3   Zurück zu den Kräften: Skalare und Vektoren   139
12.4   Kräftezerlegung   139

13   Reibungskräfte   142
13.1   Experimentelles Forschen: eine Formel für die Reibung   142
13.2   Einführung des Reibungskoeffizienten   143
13.3   Rutschender Schuh – Haftreibungskoeffizient   146

14   Kräfte an der geneigten Ebene   147
14.1   Eine Talfahrt – experimentelle Befunde   148
14.2   Hangabtriebskraft an der geneigten Ebene   150
14.3   Theoretische Begründung der Massenunabhängigkeit
bei der Talfahrt   151

15   Kreisbewegung   153
15.1   Einführung   153
15.2   Beschreibung von Drehbewegungen   156
15.3   Zentripetalkraft   161
15.4   Versteckte Daten oder die Mindestgeschwindigkeit
im Looping   166
15.5   Ein Kreisel im Weltraum: künstliche Schwerkraft   168
15.6   Ein Kreisel auf der Erde   170
15.7   Muss man sich als Radfahrer in die Kurve legen? . . .   176
15.8   Karussell (Drehfrequenzregler)   180

16   Energie   182
16.1   Galileisches Hemmungspendel im Diskurs   182
16.2   Richard P. Feynman und der Glaube
an den Energieerhaltungssatz   184

16.3   Bezugssysteme 186

16.4   Lage- und Bewegungsenergie 188

16.5   Rechnen mit Energie – Zeitfragen bleiben
ohne Antwort 190

16.6   Emmy Noether: Zeit, Symmetrie und
der Energieerhaltungssatz 193

16.7   Die Masse kürzt sich heraus 194

16.8   Ein Exkurs über die schnellste Bahn. 197

16.9   Bungee-Sprung und Spannenergie 198

16.10   Leistung 205

17   Impulserhaltung oder der Traum vom Fliegen 207

17.1   actio = reactio 208

17.2   Die Eroberung des Luftraums 209

17.3   Rückkehr zur Raumstation oder die Einführung
des Impulses 211

17.4   Raketenantrieb. 214

17.5   Streichholzrakete 215

17.6   Fragen an die Streichholzrakete – von einfachen
Übungen bis zu komplexen Schülerarbeiten 220

17.7   Elastischer Stoß und größere Herleitungen 226

**18   Ein Kapitel, das eigentlich an den Anfang
der Mechanik gehört** 228

18.1   Materialausgabe und Organisation 230

18.2   Erinnerung an die Kindheit – Materialerkundung . . . 232

18.3   Fragen statt Antworten 234

**Teil III: Umsetzung von Großprojekten –
Physik am Rande des Bildungsplanes**

**19   Eine Kettenreaktion verbindet
die Klassen 7a und 7c** 239

19.1   Das Faltblatt oder Aufgaben, Regeln und Gründe für
die Kettenreaktion   240

19.2   Hintergrund und didaktische Ziele 242

19.3   Die Bedeutung der Presse 243

19.4   Planung 244

19.5   Der Aufbau. 245

19.6   Das Ereignis 247

20	**Techno-Quenstedt –**	
	ein Experiment aus Experimenten	248
20.1	Hintergrund	248
20.2	Werbung und Faltblatt.	248
20.3	Einrichtung der Themenräume	252
20.4	Die Anleitungen	253
20.5	Organisation	253
20.6	Beispiele der Umsetzung einiger Experimente	254
20.7	Presse und Öffentlichkeitsarbeit.	256
21	**23 Stunden und 56 Minuten –**	
	Naturphänomene für die Oberstufe	258
21.1	Das Faltblatt	259
21.2	Planung	261
21.3	Einige Experimente	261
21.4	Bericht eines Schülers im NEON Magazin	266
21.5	Landesschau und Presse	267
	Ein Paradigmenwechsel –	
	Abenteuer einer neuen Didaktik	269
	Literatur	270

Physik als Abenteuer

Ein Abenteuer erlebt man, wenn man eigene Wege beschreitet. Wer stets in den Fußstapfen des anderen geht, läuft hinterher. *Physik als Abenteuer* möchte als ein didaktisches Experimentierfeld verstanden werden und zum Diskurs anregen. Sie finden erprobte Anleitungen bis hin zu ganzen Unterrichtssequenzen. Natürlich lässt sich das Beschriebene praxisnah umsetzen, aber das war nicht meine Intention. Vielmehr wollte ich zum didaktischen Experimentieren anstiften. In diesem Sinne möchte das Buch keine Vorschriften zu „gutem Unterricht" machen. Vielmehr will es den Leser locken, mit den Dingen, die ihn umgeben, zu experimentieren.

Mein eigener Weg durchs Referendariat war steinig: *„So wie Sie unterrichten, kann ich Sie nicht eigenständig unterrichten lassen!"* Damals hätte ich mir ein Buch gewünscht, welches mir den Rücken gestärkt und Mut zum eigenen unterrichtlichen Forschen gegeben hätte. Ich hätte bei Unterrichtsbesuchen darauf verweisen und Argumente für einzelne Methoden nutzen können. Vielleicht habe ich deswegen *Physik als Abenteuer* geschrieben.

Dann ist mir auf einem meiner Workshops ein Mann begegnet, der nach eigener Aussage nur noch ein halbes Jahr seiner Lehrertätigkeit vor sich hatte, der aber so begeistert von der Herangehensweise war, dass das Buch auch ihm gilt.

Zum Buch

In *Physik als Abenteuer* geht es um keine Zusatz- oder Ergänzungsversuche, sondern darum, dass die Inhalte neu präsentiert werden, und das größtenteils mit weniger Aufwand als bei herkömmlichen Verfahren. Alle Kapitel können weitgehend unabhängig voneinander gelesen werden. Aus diesem Grund wird im zweiten Band an einigen Stellen das zur konkreten Umsetzung Erforderliche aus dem ersten Band zusammengefasst bzw. wiederholt.

Die meisten Ideen lassen sich jahrgangsunabhängig einsetzen. So kann eine Streichholzrakete in der Unterstufe wie auch in der Oberstufe gezündet werden: Das Phänomen bleibt das gleiche, nur kann in höheren Klassen anders darüber nachgedacht werden. Mitunter werden Sie auf in unteren Klassen auf die mathematische Darstellung verzichten müssen.

Bei den Experimenten habe ich versucht, auf mögliche Gefahrenquellen hinzuweisen. Dennoch trägt der Leser stets allein die volle Verantwortung bei der Durchführung. Autor und Verlag übernehmen keine Haftung.

Der **erste Band** führt im ersten Teil in eine handlungsorientierte Didaktik ein. Hier nimmt die Arbeit mit Langzeitgruppen, so genannten Farbgruppen, eine zentrale Stellung ein. Der zweite Teil beschreibt die konkrete Umsetzung im Klassenzimmer und ist in die Kapitel Akustik, Optik und E-Lehre gegliedert.

Der **zweite Band** behandelt die Wärmelehre und Mechanik und schließt mit der Umsetzung von Großprojekten innerhalb der Schule. Experimentieren Sie mit den Dingen, übernehmen Sie Teile, fügen Sie etwas hinzu, erfinden Sie! Kurz: Passen Sie die skizzierte Vorgehensweise Ihrem eigenen Stil an! Jetzt wünsche ich Ihnen viel Freude im Umgang mit *Physik als Abenteuer*.

Martin Kramer

Wärmelehre

Kapitel 1

Wärme

Wärme ist ein dankbares Thema: Vieles lässt sich fühlen und fordert gleichzeitig den Geist. Ein Unterricht wird möglich, der von Fühlen, Denken und Handeln geprägt ist. Die Phänomene sind aus dem Alltag fast alle bekannt. Beispielsweise hat jeder schon erlebt, dass es einen fröstelt, wenn man aus der Dusche steigt. Aber das „Warum?" kennen die Schüler nicht.

Man könnte nun meinen, dass die Spannung nachlässt, wenn die Dinge bekannt sind, aber dem ist nicht so: Jeder hat schon einen Heißluftballon am Himmel gesehen und trotzdem entsteht eine fast feierliche Atmosphäre, wenn wie im nächsten Kapitel ein gelber Sack aufsteigt. Obwohl man das Phänomen kennt, wundert man sich doch, dass es funktioniert, dass die Blase aus Plastikfolie tatsächlich aufsteigt. Ein Heißluftballon steigt meines Erachtens viel schöner und beeindruckender auf; dass jedoch ein hochentwickeltes Fluggerät den Boden verlassen kann, wird im Alltag vom Schüler so hingenommen und nicht hinterfragt. Aber dann wird einem das Prinzip klar, das Experiment ist reduziert auf das Wesentliche und so geschieht das Wunder: Was man sich gedacht hat, passiert tatsächlich. Ich glaube, dass wir Menschen über die Einfachheit der Dinge staunen. Als Lehrer können wir gegen das moderne Medienspektakel nicht angehen. Die Versuche aus dem Fernsehen lassen sich in der gezeigten Dimension nicht im Physiksaal wiederholen. Der Wert des Unterrichts liegt im Fühlen, Denken und Handeln. Das ist das Geheimnis.

Begrifflichkeiten

Ein paar Worte zu den Begrifflichkeiten: Möchte man Wärmelehre in korrekter Fachsprache unterrichten, besteht die Gefahr, dass man bald gar nichts mehr sagt, weil man Angst davor hat, etwas Falsches zu sagen: Kein anderes Thema ist vom Alltag so stark geprägt und leider (im physikalischen Sinne) falsch geprägt. „Kalt" und „warm" sind Begriffe des Alltags. Sie tragen nur ein Stück weit durch die Physik. So ist mit „kalt" meist gemeint, dass ein Körper eine tiefe Temperatur besitzt. Im Alltag sprechen wir hingegen von einer Empfindung: „Etwas fühlt sich kalt an." – Aber wenn Sie im Winter draußen ein Stück Holz oder Metall anfassen, dann benötigen Sie Begriffe wie *Wärmeleitfähigkeit* oder *Wärmekapazität*, um Ihren Sinneseindruck „Metall fühlt sich viel kälter an" zu erklären. Die *Temperaturen* beider Materialien sind gleich.
Wärme ist über eine Systemgrenze hinweg transportierte thermische Energie. Im Sprachgebrauch wird Wärme allerdings häufig mit Temperatur verwechselt. Tritt Wärme über die Systemgrenze in einen anderen Stoff ein, so muss sich dessen Temperatur nicht erhöhen. Man denke beispielsweise an Schmelz- bzw. Verdampfungswärme. Trotzdem wird in der folgenden Darstellung auch das umgangssprachliche Wort „erwärmen" vorkommen, um Dinge nicht unnötig zu verkomplizieren. Der Wert und die Bedeutung einer korrekten Fachsprache sind unbestritten.

Kapitel 2

Temperatur und Ausdehnung

2.1 Ein Heißluftballon oder (gasige) Körper dehnen sich bei Temperaturerhöhung aus

Einstieg in die Wärmelehre: Die Klasse wird in Gruppen eingeteilt. Eine dünne Plastikmülltüte (Gelber Sack), Blumenbindedraht, Watte und Alkohol (Spiritus) werden auf dem Pult ausgelegt. Der Arbeitsauftrag lautet schlicht und einfach: *„Bringt den Sack zum Steigen."*

Es gibt keine Testzündung, einerseits aus Sicherheitsgründen, andererseits ist es spannender, wenn die Gruppe die erste Zündung vor einem schweigenden Publikum, der Klasse, durchführt. Es ist der Applaus, der sich einprägt.

Statt die naheliegende Frage *„Warum hebt der Ballon ab?"* zu beantworten, soll der Versuch für sich sprechen. Jede Gruppe schreibt in der üblichen Art und Weise den Versuch auf: Versuchsskizze, Beobachtung und eine Vermutung.

Beim Zusammentragen der Vermutungen fallen Sätze und Begriffe, die den Sachverhalt in etwa beschreiben: *„Wärme steigt nach oben"*, es wird von heiß und kalt gesprochen, von Temperatur und Ausdehnung. Die Suche nach einer Erklärung ist gleichzeitig eine Suche nach Fachbegriffen.

Alternativ können Sie vor dem Unterricht einen Heißluftballon herstellen und ihn im Unterricht zünden, statt in Gruppenarbeit ein Modell herstellen zu lassen. Das ist nicht ganz so nett, aber es spart Unterrichtszeit. Hier eine mögliche Bauanleitung:

Bauanleitung für einen Heißluftballon

Zuerst wird die Sacköffnung mit dem Draht verstärkt. Meist haben Gelbe Säcke bereits einen „Kanal", durch den Sie den Draht (bis auf zwei Stellen) einfach durchziehen können. In diesem Fall ist es geschickt, den Drahtanfang umzubiegen, damit er den „Kanal" nicht durchsticht.

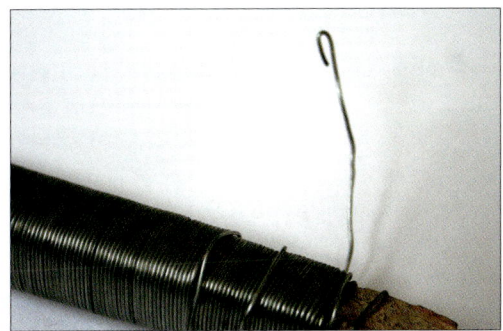 

Als Ergebnis erhalten Sie einen Gelben Sack, der oben durch einen Drahtring offen gehalten wird. An dem Ring wird mit einem weiteren Stück Draht ein „Durchmesser" befestigt. Jetzt müssen Sie nur noch ein Stück Watte (durch Verdrillen) in der Mitte verankern, um das Fluggerät fertig zu stellen.

Die Kunst besteht darin, die richtige Menge an Spiritus zu verwenden. Nehmen Sie zu viel, dann schmort der Sack an; nehmen Sie zu wenig, dann hebt er nicht ab.

Zum Start halten ein oder zwei Schüler den Ballon mit der Öffnung nach unten. Der Lehrer zündet. Sobald der Alkohol brennt, beginnt sich der Sack aufzublähen. Wenn der Ballon etwa zu 80 % gefüllt ist, können die Schüler loslassen. Ist die Alkoholmenge richtig dosiert, schwebt der Sack einige Sekunden lautlos bis zur Decke. Dort verweilt er, bis die Flamme wieder kleiner wird und er schließlich absinkt.

Dieser Versuch darf nicht im Freien durchgeführt werden, da das Fluggerät durch eine offene Flamme Brände verursachen kann. Nach dem Abheben hätte man keine Kontrolle mehr über Flugrichtung und Flughöhe.

Alternativ glückt das Experiment ohne Draht, Flamme und Spiritus mit einem Haartrockner: Binden Sie den Sack locker um den Haartrockner und schalten Sie ein. Nach ca. fünfzehn Sekunden können Sie ausschalten und den Sack abheben lassen. Je tiefer die Raumtemperatur, desto besser klappt der Versuch. Achten Sie auf Ihren Haartrockner: Wenn der Sack aufgeblasen ist, strömt immer weniger Luft durch. Diese wird dadurch immer heißer – allerdings auch das Gerät. Meist haben die Kunstkollegen spezielle Heißluftgeräte, die eine höhere Temperatur erzeugen können und den Ballon deutlich höher steigen lassen.

Alternativen:

Schwieriger wird die Aufgabe, wenn man zu den nötigen Materialien weitere bereitstellt: zum Beispiel Schnüre, Teelichter, Kerzen, Trinkhalme, Büroklammern – was eben gerade irgendwie zum Thema passt und in der Nähe liegt. Die schwierigste Form besteht darin, auf *gar keine* Materialien zu verweisen. Das wäre der Fall von wirklicher (Labor-)Forschung: Erst von den Schülern geforderte Materialien werden ausgegeben.[1] Bei dieser Methode lernen die Schüler mehr, aber sie braucht auch mehr an Zeit. Leider ist dieses „Mehr an Lernen" schlecht

---

1 Vgl. die Bedeutung des Materials in Band I, Kapitel *Lernumgebung*, S. 20

messbar. In einer Klassenarbeit lässt sich das Gelernte nur schwerlich überprüfen.

Zur Didaktik:

Der wichtige Punkt bei der Übung ist, dass die Schüler die richtigen Begriffe finden, die notwendig sind, das Experiment zu beschreiben und zu erklären. Äußerungen wie „Wärme steigt nach oben" oder „warme Luft ist leichter als kalte" sind unpräzise Halbwahrheiten unseres Alltags. Dass das Steigen des Ballons auf dem Archimedischen Prinzip des Auftriebs beruht, ist aus didaktischer Sicht an dieser Stelle nicht zentral. Der Versuch, das Steigen zu erklären, führt auf den Begriff der Dichte, der in Abschnitt 2.3 behandelt wird.

2.2 Eine theaterpädagogische Umsetzung zum Heißluftballon: ein Gefängnisausbruch

An einem konkreten Beispiel sollen die Stärken der Theaterpädagogik im Unterricht aufgezeigt werden. Wenn Sie etwas mehr Zeit investieren und die Schüler freier forschen und experimentieren lassen wollen, können Sie den folgenden, wesentlich stärker erlebnisorientierten Einstieg in die Wärmelehre wählen. Fachlich gibt es gegenüber der Darstellung im letzten Teilkapitel keine Unterschiede. Es ist eine gute „Sache" für Projekttage.

Es geht um die Planung und Umsetzung eines Gefängnisausbruches. Die Wände des Klassenzimmers werden hierbei zu Gefängnismauern. Das Vorgehen ist in fünf Abschnitte gegliedert, der theatrale Anteil wurde grün eingefärbt.

Unser Held im Gefängnis

Jede Gruppe erhält zu Beginn die gleiche Menge (ca. 2 cm³) farbige Knete und formt daraus ihren potentiellen Ausbrecher. Weiter einigt sich die Gruppe auf einen Namen ihres Helden, der etwas mit der Knetfarbe zu tun hat. Schließlich werden Name und ein Logo in der entsprechenden Farbe an die Tafel gezeichnet. Fünf Minuten sollten reichen. Im Bild sehen Sie beispielsweise den in einer Lehrerfortbildung geschaffenen „Baul". Baul ist der Pilot der blauen Gruppe. Die Gruppe kann sich einen Grund über-

legen, warum die Figuren eingesperrt sind. Je klarer das Bild, desto besser.

Wir blicken uns um. Für *Baul* und die anderen ist kein Entkommen möglich. Um uns herum sind dicke Mauern. Wir befinden uns in einem Gefängnishof, es ist Abend. Graben ist nicht möglich. Der einzige Fluchtweg besteht im Überfliegen der Mauern.

Der Plan

Ins Gefängnis wurden verschiedene Materialien geschmuggelt, die kurz vorgestellt werden. Ein jeder kann sich frei bedienen.

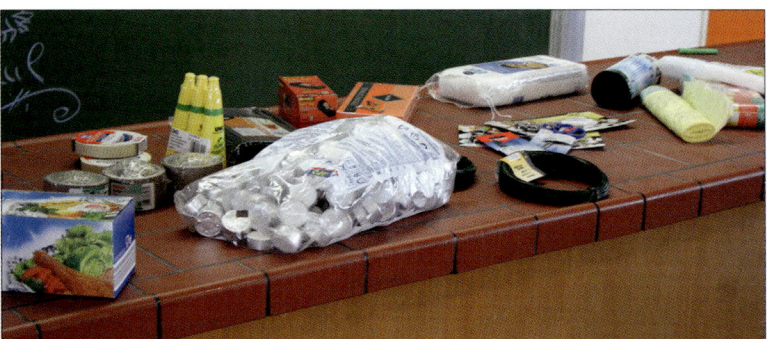

Entsprechend dem letzten Abschnitt bestimmen Sie die Schwierigkeit durch die Auswahl der Materialien. Auch der Ort, an dem das Material zu finden ist, beeinflusst den Schwierigkeitsgrad: Wenn Watte und Spiritus nicht direkt neben dem anderen Material liegen, wird es schwer. Auch wenn deutlich gesagt wird, dass alles im Raum (nach Rücksprache) verwendet werden darf.

Es ist 22:00 Uhr. Draußen ist es dunkel. In einer halben Stunde gibt es eine Wachablösung, die einzige Möglichkeit für den Fluchtversuch besteht in diesen 30 Sekunden. Einen Testflug gibt es nicht: Jedes angezündete Streichholz würde den Plan unmittelbar verraten. Treffen um 22:25 Uhr mit den fertigen Modellen. Das Fluchtgerät muss bis dahin bereitgestellt werden, ansonsten gibt es *keinen* Versuch. Zeit läuft.

Vorstellung der Ausbruchsgeräte

Der Lehrer stellt in den 25 Minuten, in denen die Gruppen arbeiten können, eine Bühne mit vier Tischen her. Zum Ab- und Aufstieg hilft ein Stuhl an der Seite. Beleuchtet wird mit einem Tageslichtprojektor. Vor die Bühne wird pro Gruppe ein Stuhl gestellt. Darauf muss das Fluggerät mit dem Piloten um 22:25 Uhr bereitstehen.

Kurz vor dem Ausbruchsversuch wird den Erfindern klar, wie genial sie sind. So bekommt jede Gruppe genau eine Minute Zeit, um die anderen von ihrem Modell zu überzeugen. Eine Werbeveranstaltung also.
Konkret geht nacheinander jede Gruppe auf die Bühne und präsentiert innerhalb von 60 Sekunden ihr Produkt. Danach wird das Licht (Tageslichtprojektor) ausgeschaltet. Die Präsentation wirkt als Puffer: Schnelle Gruppen, die bereits mit ihrem Fluggerät fertig sind, können sich rhetorisch und theatral entsprechend vorbereiten, während die anderen noch an ihrem Fluchtversuch weiterbauen.
Nach den Präsentationen soll jeder Schüler entscheiden, mit welchem Gerät er selbst die Flucht versuchen würde. Also nicht *Baul* ist gefragt, sondern dessen Konstrukteure. An der Tafel wurden zuvor Name und Figur gezeichnet. Wenn jemand sich jetzt beispielsweise für das Modell von *Baul* entschieden hat, dann macht er hier einen Strich. Es darf nur fremd gestimmt werden. Die Ingeniere dürfen sich nicht für ihr eigenes Produkt entscheiden. Je konkreter die Frage formuliert ist, desto besser: *Jedes kostet 1 000 Euro – welches würde ich kaufen?*
Während dieser Phase wird sehr viel diskutiert und angefasst. Auch wenn die Schüler sich dessen meist nicht bewusst sind, sie diskutieren physikalische Inhalte, fragen sich, ob ein Modell wohl abheben wird oder nicht, stellen Mutmaßungen auf und bilden Theorien darüber.

Der Fluchtversuch
22:30 Uhr. Nun wird ein Fluggerät nach dem anderen getestet. Begonnen wird mit dem Modell, welches am wenigsten Stimmen bekommen hatte. Die Zündung erfolgt unter Aufsicht des Lehrers. Völlige Stille beim Start wertet das Geschehen noch mehr auf.

Die Analyse
Warum klappten einige Fluchtversuche, andere hingegen nicht? Wann hebt ein Heißluftballon ab, wann nicht? Die Gefangenen überlegen sich eine Theorie. Es wird so lange diskutiert, bis eine Erklärung gefunden ist, die ins Heft übernommen werden kann. Der Lehrer bleibt währenddessen im Hintergrund. Damit kein Chaos entsteht, darf immer nur ein Schüler reden. Hierzu wird vereinbart, dass nur der sprechen darf, der einen bestimmten Gegenstand in der Hand hält. Beispielsweise ein Handtuch, den Tafelschwamm oder das Lehrermäppchen.[2] Die Gruppe selbst einigt sich auf *einen* gemeinsamen Heftaufschrieb.

---

2   Vgl. Band I, *Ein Redestab*, S. 76

Eine Hilfestellung: Kommen die Schüler nicht weiter, kann die Erklärung „erspielt" werden: Die gesamte Klasse stellt das Gasvolumen dar, der Ballon das Klassenzimmer. Und wie der Ballon an der Unterseite eine Öffnung hat, hat auch das Klassenzimmer eine Türe, die für das Heißluftballonmodell jetzt geöffnet wird. Da zu Beginn das Gas gleichmäßig verteilt ist, verteilen sich entsprechend die Schüler gleichmäßig im Raum. Wird die Temperatur weiter erhöht, dehnt sich das Gas aus und ein Teil der Schüler verlässt das Klassenzimmer: Die Füllung im Ballon hat an Masse verloren.

Diese Hilfestellung hängt stark vom Vorwissen der Schüler ab. Hier im Beispiel wurde kein Teilchenmodell vorausgesetzt, nur die Tatsache, dass sich Gase mit steigender Temperatur ausdehnen. Wenn die Schüler das Teilchenmodell bereits kennen, kann die Situation genauso auf einer theoretischeren Ebene nachgestellt werden: Jeder Schüler ist dann ein Gasteilchen, seine Geschwindigkeit steht für die Temperatur, durch Stöße gegen die Wand (Impulsänderung) entsteht ein Druck.

Meist reicht es, wenn der Lehrer die beschriebene Modellierung anstößt. Die Schüler finden dann selbst eine Erklärung. Allein die Darstellung im interaktiven Schülermodell ist Diskussionsanlass.

Zur Theaterpädagogik:

Wenn Sie das Experiment in eine Geschichte kleiden, brauchen Sie keine Gebote oder Verbote explizit zu formulieren. Dass hier kein Schüler ein Streichholz zündet, ist Teil der Geschichte. Auch die Zeiteinteilung wird mit der Geschichte gesteuert. Es spielt dabei keine Rolle, dass die Zeit zwischen 22:25 und 22:30 Uhr in der realen Unterrichtszeit wesentlich länger als fünf Minuten dauert.

Zur Knetfigur: Erstens schlüpfen die Schüler (Ingenieure) in ihre Rolle und zweitens wird sie für die Gruppe zum Symbol. Die Teilnehmer identifizieren sich so sehr, dass sie später den Fluchtversuch stellvertretend miterleben.[3]

---

3 Ein weiteres Beispiel für das Arbeiten mit einer Figur ist beim Bungee-Sprung, Abschnitt 16.9 dargestellt; weitere Informationen über die Verwendung von Figurentheater finden sich in Band I, S. 47

2.3 Dichte

Möchte man das Steigen des Heißluftballons präzise erklären, wird man den Begriff der *Dichte* definieren. Er drängt sich fast von selbst auf.

Im ersten Teil der Übung verteilen sich die Schüler gleichmäßig im Klassenzimmer. Dann soll die Menschendichte im Physiksaal bestimmt werden. Wie viele Personen pro Kubikmeter befinden sich im Raum? Im gezeigten Beispiel bestand die Gesamtmasse aus 26 Schülern (der siebten Klasse) und einem Lehrer. Als Durchschnittsgewicht wurden 50 Kilogramm pro Schüler veranschlagt. Individueller wird die Sache natürlich, wenn man mit einer Waage die tatsächliche Masse jedes Schülers bestimmt und in einen Taschenrechner eintippt. Aber dann besteht die Gefahr, dass jemand sein persönliches Gewicht nicht bekannt geben will, weil ihm das – warum auch immer – peinlich ist.

Der zweite Teil der Übung ist wesentlich einprägsamer: Wie *dicht* lässt sich eine Klasse zusammenpacken? In einer Raumecke sollen sich die Schüler in Form eines Quaders so dicht wie möglich zusammenstellen. Dann misst (und mittelt) der Lehrer Höhe, Breite und Tiefe mit einem Meterstab.

Sie kennen das Gefühl: Sie stehen in einem vollen Aufzug und es kommen noch drei Menschen dazu. Man steht dicht an dicht und bekommt mit, welches Parfüm der eine oder andere benutzt, ebenso die verschiedenen Körpergerüche. Dabei sind Knoblauch und Blähungen nur der Extremfall. Die Übung ist also äußerst intim. Als Folge davon ist sie natürlich höchst einprägsam: Man erlebt den Begriff der *Dichte* ganz konkret.

In der Praxis ist die Durchführung daher nicht einfach und gelingt nur, wenn alle Schüler mitmachen wollen. Am besten, Sie fragen vorher. Achten Sie bei der Durchführung auf absolute Stille im Raum. Sie werden es viel leichter haben. Hier das Ergebnis einer siebten Klasse:

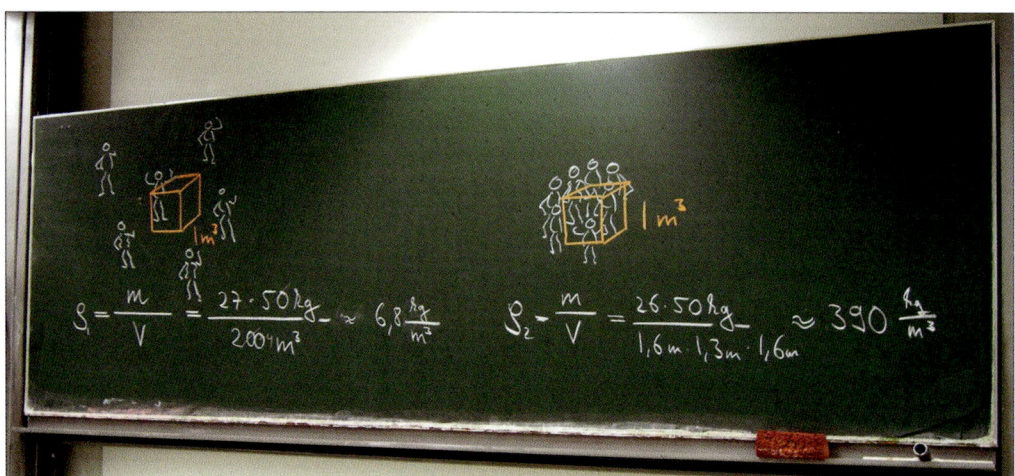

Wenn Sie einen oder mehrere Schüler in der Klasse haben, bei denen die hohe Dichte Platzangst verursachen könnte, kann alternativ nach der Dichte gesucht werden, die gerade noch als angenehm empfunden wird. Auch in diesem Falle wird Dichte persönlich und emotional erlebt.

Zurück zum Heißluftballon in 2.1
Die Abnahme der Dichte kann theaterpädagogisch nachempfunden werden. Dabei stellt das gesamte Klassenzimmer den Gelben Sack dar. Da er auf einer Seite offen ist, wird die Tür geöffnet. Die Schüler stellen das Gas dar. Zu Beginn füllen die Moleküle (Schüler), wie in der Dichteübung beschrieben, den Raum gleichmäßig aus. Wird die Temperatur erhöht, dehnt sich das Gas aus, der Abstand zwischen den Molekülen wird größer. Als Ergebnis müssen einige Schüler den Raum verlassen. Die Masse (Anzahl der Moleküle) im Gelben Sack ist kleiner geworden und damit auch die Dichte.

Bemerkung:
In diesem Modell bewegen sich die Moleküle nicht. Nach der kinetischen Gastheorie betragen die Geschwindigkeiten jedoch mehrere hundert Meter pro Sekunde. Wenn die Schüler dieses Modell bereits kennen, kann die Übung entsprechend variiert werden.

Zusatz:
Eine hübsche Fragestellung: *Welche Dichte hat ein Fisch?* Ein Fisch schwebt im Wasser, wie ein Wassertropfen. Wasser, Fische und U-Boo-

te haben also die Dichte des Wassers. Die Pressluftzellen im Boot entsprechen der Luftblase beim Fisch.

Ein U-Boot, ein Fisch und ein Heißluftballon sehen auf den ersten Blick völlig unterschiedlich aus und dennoch steckt dasselbe Prinzip dahinter. Es ist etwas Hübsches, von einem abstrakten Standpunkt aus, verschiedene Dinge als gleich anzusehen. Das ist Freude am Denken!

2.4 Temperaturempfinden

Drei Wannen werden mit heißem, lauwarmem und kaltem Wasser gefüllt. Zuerst wird eine Hand in das heiße Bad, die andere in das kalte getaucht. Einige Sekunden genügen. Anschließend werden beide Hände in das lauwarme Becken getaucht. Jede Hand fühlt jetzt eine unterschiedliche Temperatur.

Als Demonstrationsversuch eignet sich der Versuch überhaupt nicht. Lässt man einen Schüler stellvertretend nach vorne kommen, sehen die anderen nur ein verblüfftes Gesicht. Man muss es selbst erleben. Das Empfinden von Temperatur hängt offensichtlich von der „Vorgeschichte" ab. Um ein objektives Maß für Temperatur zu finden, wird die Temperaturmessung zum Beispiel auf eine Längenmessung

(Steighöhe im Röhrchen) zurückgeführt. *Temperatur* kann man nicht direkt messen. Was wir mit Hilfe eines Thermometers messen, ist die Veränderung einer Eigenschaft eines bestimmten Stoffes (z. B. seine Ausdehnung oder elektrische Leitfähigkeit). Im Grunde stellt der Heißluftballon (Gelber Sack) schon ein Thermometer dar: Ab einer gewissen Gastemperatur steigt der Ballon. Natürlich ist das ein sehr grobes Thermometer. Aus der Eigenschaft von Gasen, sich bei Temperaturerhöhung auszudehnen, lässt sich ein Thermometer bauen:

2.5   Bau eines Gasthermometers

Eine Trinkflasche wird mithilfe von Wasser, Knete und einem Trinkhalm zu einem Thermometer. In der Übung sollen die Schüler ein möglichst empfindliches Gerät bauen.

Bauanleitung:

In eine Flasche wird (ggf. mit Tinte angefärbtes) Wasser eingefüllt und ein Trinkhalm mit Knete so an der Flaschenöffnung befestigt, dass diese vollständig abgedichtet ist und der Halm etwas ins Wasser eintaucht. Um zu testen, ob der Flaschenhals wirklich dicht ist, kann man vorsichtig (!) ins Röhrchen blasen, um im Inneren der Flasche einen Überdruck zu erzeugen. Auf diese Weise kann der Wasserstand im Röhrchen nach oben verändert werden. Das folgende Bild zeigt einen möglichen Aufbau.

Aufgabenstellung

Lässt sich auf diese einfache Weise ein Thermometer bauen, das auch auf die Wärmestrahlung der Hände nachweisbar reagiert? Jede Gruppe soll ein solch empfindliches Thermometer herstellen.

Vermutungen

Bevor die Schüler mit dem Bau beginnen, sollen sie eine Vermutung abgeben, ob bei der Übung die Wärmestrahlung allein reicht oder ob man die Flasche noch anfassen muss (Wärmeleitung), um einen Effekt zu sehen. Jeder weiß natürlich, dass es prinzipiell möglich ist – man stelle beispielsweise das gebaute Thermometer in siedendes Wasser. Hier geht es um die Größenordnung. Man kann die Wärmestrahlung fühlen, wenn man beide Hände im Abstand von ca. drei Zentimetern hält. Die Flasche darf in der Durchführung *nicht* berührt werden.

Wer glaubt, dass man die Steighöhe im Rohr ohne direkten Kontakt mit der Flasche um mindestens einen Zentimeter erhöhen kann, soll auf die Fensterseite des Raumes gehen, wer nicht, an die Wandseite. Wer sich noch nicht entscheiden kann, bleibt vorerst in der Mitte und hört sich zwei Argumente von jeder Seite an, bevor er sich entscheidet. Wenn jeder eine Vermutung hat, beginnt der Bau.

Didaktik

Die Forderung, dass die Flasche bei der Erwärmung nicht berührt werden darf, hat zwei Gründe: Erstens wird dadurch ausgeschlossen, dass auf die Flasche gedrückt wird – dass also die Erhöhung des Drucks tatsächlich durch Temperaturerhöhung und nicht in Form eines Stempeldrucks erfolgt. Und zweitens demonstriert es, wie empfindlich das Thermometer arbeitet bzw. wie stark sich Gase im Vergleich zu Festkörpern ausdehnen. Im Anschluss berühren die meisten Gruppen die Flasche, weil über die zusätzliche Wärmeleitung mehr Energie übertragen werden kann. Auch das ist lehrreich.

Der Reiz der Aufgabe besteht im Nachweis eines minimalen Effektes. Es ist eine typische wissenschaftliche Fragestellung: Kann so etwas funktionieren? Und wenn ja, wie muss das Experiment aussehen, dass die Chance eines Nachweises möglichst hoch wird? Es ist zu Beginn

keineswegs klar, ob das Wasser oder die Luft erwärmt werden soll, ob es also besser ist, möglichst viel Gas oder Flüssigkeit in der Flasche zu haben. Die Frage nach der Wassermenge entsteht meistens direkt am Wasserhahn. Bei dieser Übung wird in einem wissenschaftlichen Stil gefragt. Wie im Labor muss man selbst nachdenken, wie sich ein kleiner Effekt am besten nachweisen lässt.

Ein letzter Punkt: Die Verwendung der eigenen Getränkeflasche ist persönlicher, einprägsamer und nachhaltiger.

Lösungsmöglichkeit

Es genügt tatsächlich die Wärmestrahlung, wenn entsprechend gebaut wird. Luft dehnt sich bei Temperaturerhöhung sehr viel stärker als Wasser aus; daher sollte das Gasvolumen maximiert werden. Entsprechend wird das Gas in der Flasche und nicht die Flüssigkeit erwärmt. Je kleiner der Durchmesser des Trinkhalmes, desto empfindlicher ist das Thermometer.

Pädagogik:

Jede Gruppe soll *ein* Thermometer bauen. Unweigerlich ist das mit Kommunikation und Diskussionen innerhalb der Gruppe verbunden. Aber auch in anderer Hinsicht ist die Übung gruppendynamischer Natur: Viele Hände strahlen mehr Wärme ab.

In der Übung darf bei anderen Gruppen (wie im wirklichen Leben außerhalb der Schule) abgeschaut werden. Sobald bei einer Gruppe der Nachweis geglückt ist, passiert das von alleine. Aber Sie können bewusst einzelne Gruppen dazu auffordern, sich umzusehen.

2.6 Ausdehnung von Festkörpern

Dehnen sich auch Metalle bei Erwärmung aus? Zum Beispiel ein Metallstab, sagen wir eine in der Physiksammlung übliche Stativstange? Und wenn ja, um wie viel dehnen sich Metalle bei Erwärmung aus, etwa so wie die Luft im Heißluftballon?

Jeder weiß natürlich, dass sich Metalle ausdehnen. Ich halte ein Streichholz an eine Metallstange von einem Meter Länge (Stativmaterial) und stelle beim Hinsehen fest, dass sie nicht wesentlich länger oder kürzer geworden ist. Die Frage ist also: Wie kann man zeigen, dass der Stab wirklich länger geworden ist?

Umsetzung

Es darf alles verwendet werden, was im Raum ist oder was der Lehrer aus der Sammlung holen kann. Reden darf nur der, der einen vereinbarten Gegenstand („Redestab" – z. B. ein verknotetes Handtuch oder einen trockenen Tafelschwamm) in der Hand hält. Es wird so lange diskutiert, bis sich die ganze Klasse auf ein Experiment geeinigt hat. Sie können als Randbedingung einfügen, dass die Stange nur mit (langen) Streichhölzern erwärmt werden darf. Natürlich geht es auch mit zwei oder drei Gasbrennern – aber dann verzichten Sie auf die gemeinsame Zündung (vgl. folgende Abbildung) und sind weiter vom (Schüler-)Alltag entfernt.

Hat die Klasse sich geeinigt, wird das Experiment durchgeführt. Meist klappt es zuerst nicht, etwas muss noch verbessert werden, weitere Ideen werden benötigt … In dem abgebildeten Fall kam die Klasse auf die Möglichkeit, mit vielen „Brennern" die Stange auf ihrer gesamten Länge zu erhitzen. Ein Ende des Stabes wurde fest eingespannt, das andere auf eine Kugelschreibermine gelegt, an der wiederum ein Zeiger (Trinkhalm) mit Knete befestigt wurde. Durch die Längenänderung des Stativstabes rollte das freie Ende über die Kugelschreibermine. Der Schatten des Trinkhalms wurde durch den Tageslichtprojektor auf die Tafel projiziert. Im kalten Zustand wurde der Schatten durch einen blauen, im heißen Zustand durch einen roten Strich markiert.

Es gibt viele Arten, die Ausdehnung zu zeigen und sie sogar quantitativ zu messen. Entscheidend ist, dass die Schüler selbst das Experiment gefunden haben und sogar Alltagsgegenstände (Kugelschreibermine) nutzten. Bei der Durchführung war die Atmosphäre von solchem Interesse geladen, wie man es bei einem vorgeführten Lehrerexperiment selten findet. Um zu zeigen, dass wirklich die Ausdehnung gemessen worden ist, kann man den Stab mit einem sehr nassen Tafelschwamm abkühlen.

Zum Schluss gilt es ein Maß für die Ausdehnung zu finden: Um wie viel ist der Stab länger geworden? Wie groß war die Temperaturänderung? Hätte sich eine Alustange schneller ausgedehnt? Das ist die Frage nach dem *Ausdehnungskoeffizienten* unterschiedlicher Materialien.

Eine erste Bemerkung:

Für diese Art von Unterricht gibt es kein Rezept. Wenn Sie merken, dass die Klasse untereinander diskutieren möchte, können Sie die Redestabmethode für zwei Minuten unterbrechen. Ist eine Klasse sehr diskussionsfreudig, sollen die Schüler besser erst in einer Gruppe nach einer Lösung suchen und sie in ihr Heft skizzieren.

Der zentrale Gedanke ist, dass die Schüler die Aufgabe zu *ihrer* Aufgabe machen. Der Lehrer hält sich aus dem Unterricht heraus, er wertet die einzelnen Äußerungen nicht, ja, er „versteckt" sich am besten sogar, indem er den Raum vor der Tafel verlässt und das Geschehen von einem freien Schülerplatz aus beobachtet. Ansonsten blickt ein Redner immer auf den Lehrer, aber er soll ja zu seinen Mitschülern sprechen. Es ist interessant zu beobachten, wie Schüler auf eine Lösung kommen, wie sie aufeinander eingehen und welche Argumente wie viel Gewicht bekommen. Es ist fast nie der Weg, den wir Lehrer für gewöhnlich als „direkten Weg" bezeichnen!

Eine zweite Bemerkung: „Mut zur Lücke"
Natürlich kann man fragen: Wie bekommt man bei dieser Vorgehensweise je den ganzen Schulstoff an die Schüler?
Hier geht es um exemplarisches Lernen (im Sinne von Martin Wagenschein). Der Schüler lernt viel mehr als nur die *Ausdehnung von Festkörpern*. Er lernt sich auszudrücken, er lernt zuzuhören und er erfindet Versuchsanordnungen unter bestimmten Rahmenbedingungen (was alles kann verwendet werden, wie viel Zeit steht zur Verfügung). Aber vielleicht ist das wichtigste Lernziel, dass die Schüler merken, dass sie selbst etwas können, dass sie selbst auf eine Versuchsanordnung kommen. Physik ist nicht etwas, was der Lehrer vorne tut! Also: „*Mut zur Lücke*" – „*Mut zur Gründlichkeit*". „*Manchmal kommt es mir vor, als hielten die Eltern diejenige Schule für die beste, die ihre Kinder fähig macht, bei den Quizkonkurrenzen am besten abzuschneiden, schnell und reich an Wortwissen. Und es lohnt sich, wie jene Stenotypistin erfuhr, die in Amerika einmal 16000 Dollar gewann, weil sie binnen 30 Sekunden 7 Brüder Josephs aus dem alten Testament aufzuzählen wusste. Seltsam nur, dass das Handwerk, die Industrie und die Hochschulen gleichzeitig und zunehmend darüber klagen, dass die jungen Menschen nicht mehr selbständig denken und urteilen können.*"[4] (Martin Wagenschein, 1896 – 1988)

Eine dritte Bemerkung: Bedeutung des Materials
Das Material an sich und der Umgang damit bestimmen unser Denken. An diesem Beispiel lässt sich die Bedeutung des Materials gut zeigen. Hält der Lehrer zu Beginn der Stunde die Stativstange in den Händen, so ist die Aufgabe viel schwerer, als wenn sie schon auf einer Seite

---

4 Wagenschein, Martin. *Zum Begriff des Exemplarischen Lehrens*. Beltz Verlag, Weinheim und Basel, 1956

eingespannt und auf der anderen Seite frei gelagert ist. Im dargestellten Unterricht wurde diese Anordnung als Hilfestellung gegeben. Wenn in der letzten Stunde beispielsweise das Gasthermometer gebaut wurde und das Material (Knete und Trinkhalme) noch da liegt – dann wird es sehr wahrscheinlich verwendet werden. Das zur Verfügung stehende Material bestimmt unser Denken viel mehr, als wir uns das in der Regel bewusst machen!

2.7 Experimente mit flüssigem Stickstoff

Flüssiger Stickstoff ist eine klare Flüssigkeit und besitzt eine Temperatur von –196 °C. Für die Demonstrationsversuche benötigen Sie ca. fünf Liter flüssigen Stickstoff in einem geeigneten Behälter und ein kleineres Dewar-Gefäß.

Ich schreibe hier die Experimente auf, weil sie eindrucksvoll sind. Sie sind interessant, weil die tiefgekühlte Welt eine so ganz andere ist. Materialeigenschaften sind temperaturabhängig: Weiche Dinge werden hart und zersplittern, bestimmte Keramiken verlieren ihren ohmschen Widerstand und werden supraleitend.

Natürlich bedeutet es Aufwand, flüssigen Stickstoff zu besorgen. Vielleicht haben Sie eine Universität in Ihrer Nähe, die Ihnen helfen kann. Dort können Sie vielleicht auch einen Supraleiter und einen starken Magneten ausleihen. Am besten lassen Sie sich dort einführen. Alter-

nativ finden Sie Informationen zum Beispiel bei der Linde AG (http://
www.linde-gas.com/en/index.html).

**Der Umgang mit flüssigem Stickstoff ist gefährlich. Wegen Ersti-
ckungsgefahr müssen der Lager- und Experimentierraum stets gut
belüftet sein. Weiter herrscht Explosions- und Splittergefahr. Be-
achten Sie unbedingt die Sicherheitsvorschriften beim Umgang mit
flüssigem Stickstoff in der Schule. Tragen Sie Lederhandschuhe und
eine Schutzbrille. Autor und Verlag übernehmen keine Haftung.**

Materialeigenschaften verändern sich

Eine Rose wird in flüssigen Stickstoff getaucht. Warten Sie, bis es im
Klassenraum ganz leise ist, man hört auch etwas: Es erinnert an ko-
chendes Wasser. Die für den Stickstoff sehr heiße Rose lässt die Flüssigkeit sieden.

Sie können fragen, wie die Rose nach der Behandlung mit –196 °C aussehen wird. Je
nach Alter kommen unterschiedliche Antworten. Ein Viertklässler meinte einmal:
„Sie sieht kalt aus!"
*„Was meinst du denn mit kalt, wie sieht denn
kalt aus?"*
„Das ist …" – der Schüler ringt nach Worten –
*„wie wenn man etwas ganz Kaltes anschaut und
es einen dann durchzuckt."*

Manche Schüler meinen auch, dass die Rose blau wird, vielleicht, weil
der Kaltwasserhahn mit einem blauen Punkt markiert ist oder weil
man blaue Lippen bekommt, wenn man sehr friert. Wie dem auch sei!
Wenn die Rose anschließend aus dem Dewar-Gefäß herausgezogen
wird, hört man ein kratzendes Geräusch. Sie sieht im ersten Augenblick unverändert aus. Dann bilden sich Kristalle, da die Feuchtigkeit
aus der Raumluft kondensiert und sich als Reif über die Blume legt.

Schlägt man die Rose rasch auf den Tisch,
zersplittert sie in tausend Teile.

Auf diese Art und Weise können Sie auch
Gummischläuche zerschlagen. Achtung:
Dieser Versuch ist hinter einem Schutzglas
durchzuführen! Die herumfliegenden Splitter sind messerscharf und können ins Auge
gehen. Selbst die Rosenblätter können ins
Auge gehen.

Was würde passieren, wenn man einen Finger oder eine Hand in flüssigen Stickstoff tauchen würde? Eindrucksvoll kann das anhand eines Würstchens demonstriert werden: In Band I wird ebenfalls ein Würstchen als Stellvertreter herangezogen, allerdings um die Gefahr des elektrischen Stromes aufzuzeigen. Hier werden die Würstchen nicht zum Platzen gebracht, sondern schlagartig tiefgekühlt und zerschlagen.

Das Würstchen-Experiment zeigt inhaltlich nichts Neues. Aber emotional macht es einen Unterschied: Jedem ist klar, dass das ebenso der eigene Finger sein könnte.

Das Leidenfrost'sche Phänomen

Nachdem jeder gesehen hat, was mit dem Würstchen passiert ist, wird ein Freiwilliger gesucht. Es soll flüssiger Stickstoff über eine Hand gegossen werden! Fragen Sie, ob die betreffende Person Links- oder Rechtshänder ist. Natürlich besteht bei korrekter Durchführung des Versuches keine Gefahr für die Hand, aber die Frage macht das Experiment individueller und tut ihre Wirkung. Bitten Sie den Schüler, dass er seine mit Stickstoff behandelte Hand nicht gegen den Tisch schlagen sollte, um Splitter zu vermeiden.

Es ist erstaunlich, wie sehr Schüler ihrem Lehrer vertrauen. Ich habe Schülerinnen und Schüler erlebt, deren Hand zitterte, aber sie wollten weiter mitmachen. Bevor Sie den Stickstoff über die Hand gießen, fragen Sie bitte den Schüler noch einmal, ob er nicht doch verzichten möchte.

Der Versuchsablauf

Stellen Sie sicher, dass keinem Zuschauer ein Spritzer ins Auge gelangen kann (Abstand halten / Schutzbrillen). Der Stickstoff muss gut ablaufen können und darf unter keinen Umständen Kontakt mit der Kleidung bekommen. Sie würde die Flüssigkeit aufnehmen und das Abfließen der Flüssigkeit verhindern (Verbrennungsgefahr[5]). Also die Ärmel des Schülers hochkrempeln. Stellen Sie sicher, dass der Stickstoff gut ablaufen kann!

---

5   Die Wirkung ist vergleichbar mit einer Verbrennung. Gehen Sie mit flüssigem Stickstoff um, als ob es flüssige Lava wäre.

Erklärung

Wir kennen den Versuch aus dem Küchenalltag: Fällt ein Wassertropfen in eine (sehr) heiße Pfanne oder Herdplatte, so tänzelt der Tropfen erstaunlich lange über die glatte Oberfläche, bevor er sich auflöst. Es entsteht eine dünne Dampfschicht; Tropfen und Herdplatte berühren sich deshalb nicht. Die Dampfschicht selbst ist ein sehr schlechter Wärmeleiter.

Der Temperaturunterschied zwischen flüssigem Stickstoff und der Hand entspricht ungefähr dem zwischen dem Wassertropfen und der Herdplatte. Der Effekt wird das *Leidenfrost'sche Phänomen* genannt.

Flüssiger Sauerstoff

Die Siedetemperatur von Sauerstoff ist −183 °C und liegt somit 13° höher als die von Stickstoff. Daher kann der Sauerstoff aus der Raumluft (78 % Stickstoff und 21 % Sauerstoff) verflüssigt werden:

In einen kupfernen Kegel (vgl. die Abbildung zu Beginn des Abschnittes) wird flüssiger Stickstoff gefüllt. Schon bald bilden sich an der Spitze Tropfen, die in einer Keramik aufgefangen werden können. Taucht man einen glimmenden Span oder einen glühende Zigarette in die Flüssigkeit, nimmt die Verbrennung aufgrund des hohen Sauerstoffgehaltes schlagartig zu, vergleiche Abbildung.

Wo flüssiger Sauerstoff entsteht, herrscht durch die extrem tiefen Temperaturen auch Explosions- und Brandgefahr, obwohl der Stickstoff selbst nicht entzündlich ist.

Haben Sie keinen kupfernen Hohlkegel zur Verfügung, können Sie es mit einem kleinen Topf versuchen und einen Glimmspan oder eine glühende Zigarette in Bodennähe halten.

Supraleiter

Für diesen Versuch benötigen Sie einen Hochtemperatursupraleiter. Die Bezeichnung bezieht sich auf eine Klasse von keramischen Supraleitern, die eine viel höhere Sprungtemperatur als ihre metallischen Brüder besitzen. Die Sprungtemperatur liegt hier bei ca. −140 °C; somit reicht die Kühlung durch flüssigen Stickstoff aus.

Der Supraleiter wird mit einer Plastikpinzette im flüssigen Stickstoff abgekühlt und anschließend auf einen (sehr starken) Ringmagneten gesetzt. Der Leiter schwebt im Magnetfeld.

Eine kurze Erklärung

Die Keramik wird unter die Sprungtemperatur abgekühlt und wird supraleitend. Da sich das Magnetfeld ändert, wird im Leiter eine Spannung induziert, was wiederum einen Strom im Supraleiter und dadurch ein Magnetfeld zur Folge hat. Wird die Keramik zu „heiß", dann verschwindet der Strom aufgrund des ohmschen Widerstandes und der Leiter sinkt ab.

Wolken anfassen:

Flüssiger Stickstoff wird in heißes Wasser gegossen. Es entsteht sofort ein sehr dichter Nebel. Dieses Experiment kann ebenfalls mit Trockeneis (festes Kohlenstoffdioxid, −78 °C) durchgeführt werden.

Erklärung

Der Stickstoff siedet auf der Wasseroberfläche und reißt den Wasserdampf mit sich, der bereits zu kleinen Tröpfchen (Nebel) kondensiert ist.

Am Ende des Versuches lässt sich das Leidenfrost'sche Phänomen gut beobachten. Der letzte Rest flüssiger Stickstoff verursacht nur noch wenig Nebel, so dass man das Tänzeln der letzten Stickstofftropfen sehr gut erkennen kann.

Mit kaltem Wasser gelingt der Versuch nicht so gut, weil weniger Wasser verdampft. Die Nebelwolken können angefasst werden, doch sollte genügend Abstand von dem Eimer gehalten werden.

Kapitel 3

Erster Hauptsatz und Modellvorstellung

3.1 Der erste Hauptsatz der Wärmelehre

Zimmertemperatur, 23 °C. Die Schüler gehen schweigend durch den Raum und drücken die immer weiter fallende Temperatur im Klassenzimmer mittels Körpersprache aus. Die Bewegung hält abrupt an, wenn der Lehrer in die Hände klatscht: Das Klassenzimmer wird zu einem Wachsfigurenkabinett. Achten Sie auf Exaktheit und Klarheit in der Darstellung. Es darf *gar keine* Bewegung mehr im Raum sein, um sich wie bei Madame Tussaud zu fühlen. Ist der Zustand völliger Starrheit erreicht, können die Schüler aus den Augenwinkeln ganz vorsichtig die anderen Figuren betrachten.

10 °C, 5 °C, 0 °C, −5 °C, … Wie leicht sich doch ein Klassenzimmer mit Hilfe theatraler Techniken in eine Gefriertruhe verwandeln kann: Bei −20 °C reiben sich einige Schüler die Hände, kneten sie durch, andere stecken sie in die Hosentasche oder unter die Achseln, wieder ein anderer macht sich ganz klein und zittert.

Egal wie die Schüler auch stehen, *jede* Haltung kann mit den klassischen Themen der Wärmelehre erklärt werden. Sie können in einem Lehrervortrag durch das „Wachsfigurenkabinett" gehen und wie in einem Museum die einzelnen Figuren kommentieren. Alternativ können sich die Schüler nach verschiedenen „Wärmestrategien" ordnen. Es gibt zwei Hauptstrategien, um die Hände zu erwärmen; beide zusammen ergeben den ersten Hauptsatz der Wärmelehre:

1. Erhöhung der inneren Energie ΔU durch mechanische Arbeit W (z.B. Hände reiben oder durchkneten, Klatschen, Zittern am Körper).
2. Erhöhung der inneren Energie ΔU durch Eintauchen in ein Wärmebad, also durch Zuführung von Wärme Q (z.B. Hände in die Hosentasche oder unter die Achseln stecken, anhauchen).

Man kann erst die Hände reiben und sie anschließend in die Hosentaschen stecken. Beide Techniken addieren sich also. Das ist nichts anderes als der erste Hauptsatz der Wärmelehre: $\Delta U = W + Q$.

Vereinzelt trifft man noch eine weitere Strategie: Manche Schüler ziehen sich beispielsweise die Ärmel weiter herunter und benutzen sie als Handschuhe. Hier wird versucht, die Wärmeleitfähigkeit zwischen Körper und der Außentemperatur zu verschlechtern (vgl. Kapitel 5).

Zur Didaktik:

Interessant ist bei dieser Übung, dass der Schüler zuerst etwas tut, ohne nach dem „Warum" zu fragen. Eine aus dem Alltag vertraute Haltung wird eingenommen und erst hinterher reflektiert. Es ist ein gutes Beispiel, um aufzuzeigen, dass die Theaterpädagogik weit mehr als einen kommentierenden oder nachstellenden Charakter besitzt: Hier wird das Standbild Ausgangspunkt der Untersuchung. Wir spielen nicht nach, sondern das Spiel stellt die Fragen.

Die Alltagswelt wird unmittelbar und erlebbar in den Klassenraum geholt. Zudem ist die eigene Körperhaltung etwas Persönliches. Der Lerngegenstand wird zur Sache des Schülers. Und noch etwas geschieht: Jeder Schüler hat eine andere Haltung, und trotzdem gibt es einen Schlüssel, eine Theorie also, die auf alles individuelle Erscheinen (hier die Körperhaltung) angewendet werden kann. Abstraktion lässt sich erleben: Die jeweilige eigene Erfahrung und die theoretischen Inhalte der Physik werden persönlich miteinander verknüpft!

3.2 Brown'sche Molekularbewegung unter dem Mikroskop und im Schülermodell

Die Brown'sche Bewegung unter dem Mikroskop

Zuerst wird die Bewegung mit einem optischen Mikroskop gezeigt. Hierzu kann ein Tropfen Kondensmilch in ein paar Kubikzentimetern Wasser gelöst und das Ergebnis unter dem Mikroskop betrachtet werden. Genauso gut können Sie aber auch die Tafel mit einem Schwamm putzen und das Kreidewasser untersuchen: Unter dem Mikroskop sieht man die Schmutzpartikel willkürliche Zitterbewegungen ausführen. Damit lässt sich eine Vermutung anstellen: Auch wenn ein Körper sich nicht bewegt, führen seine kleinsten Teilchen ständig eine ungeordnete Wärmebewegung aus, die *Brown'sche Molekularbewegung.*

Es soll gezeigt werden, wie die Zitterbewegung der Schmutzpartikel durch zufällige Bewegungen kleinster Teilchen zustande kommt. Die kleinsten Teilchen können wir nicht sehen, aber wir können verstehen, was man unter dem Mikroskop betrachtet hat. Alternativ kann man zuerst modellieren und dann vermuten, was man mit dem Mikroskop sieht.

Das Schülermodell

Die Übung findet auf dem Schulhof statt. Es werden Paare gebildet. Jedes benötigt für die Übung einen Würfel (am besten mit Becher und geeigneter Unterlage). Ein Schüler nimmt die Rolle des *Staubpartikels* ein, der andere die des *Zufalls*. Die Richtung, aus der ein (unsichtbares) Wasserteilchen gegen den Staubpartikel stößt, wird vom *Zufall* ausgewürfelt. Dabei werden nur die Augenzahlen eins bis vier beachtet, andernfalls wird der Wurf wiederholt.

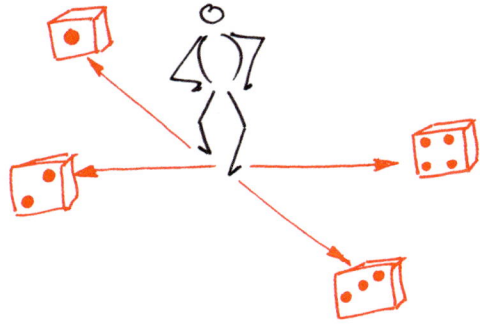

Entsprechend der Abbildung geht das Teilchen bei einer „Eins" nach vorne, bei einer „Zwei" nach links, bei einer „Drei" nach hinten und schließlich bei einer „Vier" nach rechts. Der Schüler in der Rolle des *Zufalls* merkt sich die Anzahl der Würfe.

Der gegangene Weg wird mit Kreide nachgezeichnet. Es ergibt sich in etwa das Bild rechts: Zum Schluss wird ein Pfeil direkt vom Start- bis zum Endpunkt gezogen (im Schaubild der schwarze Pfeil).

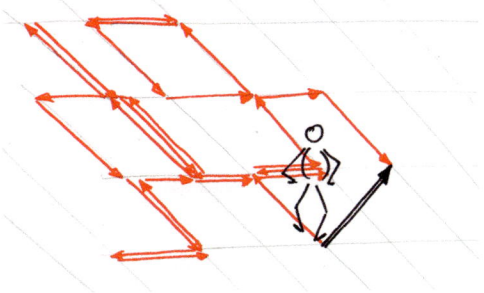

In diesem Modell treffen die Wassermoleküle den Schmutzpartikel nur von vier verschiedenen Seiten. Das Modell ist mit vier Richtungen stark vereinfacht. Wenn Sie möchten, können Sie mit einem Taschenrechner Zufallszahlen zwischen 0 und 359 erzeugen und als Gradzahl deuten. Dann sind Sie ein Stück näher an der Realität. Der Schüler dreht sich vor jedem Schritt entsprechend der Gradzahl nach links.

3.3 Was ist Wärme? Geordnete und ungeordnete Teilchenbewegung im Schülermodell

Wärmeenergie, oder kurz Wärme, bezeichnet auf molekularer Ebene die Energie der ungeordneten Teilchenbewegung. Ein alltägliches (makroskopisches) Experiment soll im Teilchenmodell, also auf molekularer Ebene, von den Schülern im Modell erklärt werden.

Problemstellung
Der Lehrer lässt einen Gegenstand (Tagebuch, Mäppchen, Geldbeutel, Tafelschwamm, ...) auf den Tisch fallen; er bleibt an Ort und Stelle liegen. Noch besser ist ein kleines Stück Knete, das gegen die Wand geworfen wird. Nach dem Aufprall scheint die Energie fort zu sein, obwohl Energie eine Erhaltungsgröße ist. Ein Widerspruch?
Nach der Problemstellung wird die Klasse in zwei oder mehrere Gruppen aufgeteilt. Jede soll unabhängig von der anderen ein Modell entwickeln und vorführen. Die Gruppen erhalten zehn Minuten Zeit, um den Versuch auf Teilchenebene zu *modellieren*. Wie bewegen sich die kleinsten Teilchen nach dem Stoß? Das Modell soll zeigen, wo die Energie nach dem Aufprall steckt.

Gegenseitige Darstellung der Modelle
Da die Modellierung etwas Abstraktes ist, sollte zuerst noch einmal das reale Experiment gezeigt werden. Die Knete oder das Tagebuch fällt also noch einmal auf den Tisch. Dann werden den Zuschauern die Rollen der Schauspieler vorgestellt. Sind alle Darsteller *Teilchen* in der Knete, stellen manche die *Wand* oder den *Tisch* dar? Gibt es einen *Lehrer*, der die Knetkugel wirft? Wurde das Modell gegenüber dem Experiment räumlich verändert? Stellt zum Beispiel die Wand den Boden dar?
Die Rollenklärung muss vorab geschehen; ansonsten sieht der eine oder andere Beobachter einfach ein paar Schüler, die gegen eine Wand laufen. Das ist natürlich witzlos.
Wenn Sie eine große Gruppe unvorbereitet gegen eine Wand laufen lassen, dann gibt es sicherlich ein unangenehmes Gedränge, da die hinteren Schüler nachschieben und somit die vorderen an die Wand quetschen. Langsam ist besser, kleinere Gruppen (10 – 15 Teilnehmer) sicherer.
Bei der Aufführung herrscht Redeverbot. Das bündelt einerseits die Konzentration und vermindert das Unfallrisiko, andererseits kann das Spiel durch jeden Zuschauer unterbrochen werden. Versteht ein

Zuschauer irgendetwas am Modell nicht, klatscht er laut in die Hände und ruft „stopp". Daraufhin „friert" das ganze interaktive Modell schlagartig ein und wird zu einem Standbild. Jetzt kann im und über das Modell diskutiert werden. Der Stopp sollte vorher geübt werden, da seine Wirkung gerade in der *plötzlichen Unterbrechung* liegt. Wenn ein Teil der Gruppe zum Erstarren fünf Sekunden braucht, ist die Situation, welche die Frage ausgelöst hat, vorbei. Die Vorstellung wird so lange wiederholt, bis das Experiment fehlerfrei modelliert ist.

Eine mögliche Lösung
Die ganze Gruppe stellt die Knetkugel dar und bewegt sich als Ganzes mit der Geschwindigkeit auf eine Wand zu. Dabei hat jedes Teilchen dieselbe Richtung und denselben Geschwindigkeitsbetrag.

Die Gesamtenergie bleibt auch nach dem Aufprall erhalten (Energieerhaltungssatz). Wir gehen davon aus, dass die Wand keine Energie aufnimmt. Dann bewegen sich die Teilchen nach wie vor, allerdings jetzt ungeordnet durcheinander. Der Schwerpunkt des Modells bleibt auf der Stelle. Die ungeordnete Bewegung wird *innere Energie* oder *Wärme(-energie)* eines Körpers genannt. Das Stück Knete nimmt an Temperatur zu. In der Zeichnung ist das durch die Farben blau (niedere Temperatur) und rot (hohe Temperatur) angedeutet.

Didaktik:
Es ist ziemlich sicher, dass Ihre Schüler das oben skizzierte Modell nicht darstellen werden. So prallte zum Beispiel eine Gruppe von der Wand ab und lief wieder zurück. Die Reaktion des Lehrers: „Ich habe einen Gummiball, aber keine Knetkugel gesehen." Dargestellt sind Gedankenexperimente, die einen körperlichen Ausdruck finden. Material wird nicht gebraucht, auch keine Lehrervorbereitung. Daher kann man den „Gummiball" unmittelbar exakter untersuchen: Beim

Fallen wird der Ball immer schneller, beim Auftreffen wird die Lageenergie in Spannenergie umgewandelt, wenn er wieder umkehrt, erreicht er dieselbe Höhe. Dieselbe Höhe? Nein, einen solchen Gummiball gibt es nicht. Also erreicht er nur noch 90 % seiner ursprünglichen
Höhe. Aber wo ist dann die Energie? Richtig – der Ball erwärmt sich,
also bewegen sich die Teilchen untereinander beim Zurückkommen
etwas mehr … Wie müssten sie sich am Anfang bei einer Temperatur
von 22 °C bewegen? Hatten wir nicht zu Beginn *alle* dieselbe Geschwindigkeit, sowohl in der Richtung als auch vom Betrag her? Das
entspräche doch einer Temperatur von –273 °C! Und so weiter.

Der Ansatz des Modellierens ist von sich aus binnendifferenzierend:
Jede Gruppe kann das Modell beliebig verfeinern. Das in der obigen
Skizze vorgestellte Modell ist recht grob, gibt aber das Wesentliche
wieder. Eine Gruppe, der dieser Sachverhalt klar ist, kann sofort weiter
und tiefer über dasselbe Experiment nachdenken.

Wahrscheinlich werden verschiedene Gruppen verschiedene Modelle
präsentieren. Entscheidend ist, dass die Schüler ein Modell *selbst* konstruieren. Meist wird es hinterher verbessert oder verfeinert. Das Spiel
an sich wirft Fragen auf. Durch die Aufteilung in Gruppen wechselt
jeder Schüler die Perspektive: Einmal ist er äußerer Beobachter und
Kritiker, einmal stellt er selbst das Experiment mit dar.

Last but not least muss gesagt werden, dass die unmittelbare Umsetzung zwar keine direkte Vorbereitung benötigt, jedoch muss das Modellieren selbst erst gelernt werden: Sich gegenseitig in der Gruppe
wahrnehmen, aufeinander hören, das Sich-auf-die-Gruppe-Konzen-
trieren, das Beobachten und das Ernstnehmen eines Modells und der
Methodik müssen erst gelernt werden. All das ist im pädagogischen
Sinne äußerst wertvoll, man sollte sich als Lehrer/Spielleiter dafür
Zeit nehmen. Für die nötige Ernsthaftigkeit ist es anfangs förderlich,
wenn die Schüler den Versuch in ihr Heft aufschreiben und wenn
klar ist, dass das Verständnis des Modellierens mit dem eigenen Körper
ebenso Gegenstand der Klassenarbeit ist. Verzweifeln Sie also nicht,
wenn es das erste Mal nicht so klappt, wie Sie das vielleicht wollten.
Es ist eine völlig neue und ungewohnte Herangehensweise.

3.4 Thermalisieren und Entwerten von Energie

Die Schüler verteilen sich gleichmäßig im Raum. Sie stellen *Gasteilchen* (Atome oder Moleküle) dar. Der Einfachheit halber soll angenommen werden, dass sie zu Beginn keine Energie besitzen. Ein

einziges schnelles bzw. hochtemperiertes Teilchen (Freiwilliger) wird in das System der eingesperrten Teilchen hineingeschossen. Durch Stöße mit den anderen Teilchen wird die Energie im Raum auf die einzelnen Teilchen verteilt.

Konkrete Umsetzung im Unterricht

Die Schüler verteilen sich im Raum, frieren als *Gasteilchen* ein und sollen sich entsprechend ihrer Rolle bei einem Stoß verhalten. Wenn einem Schüler nicht klar ist, wie er sich als Teilchen bewegen soll, klatscht er in die Hände. Das akustische Signal unterbricht unmittelbar jede Bewegung im Raum. Jeder kann jederzeit durch Klatschen das interaktive Modell anhalten und eine Frage stellen. Das Spiel beginnt, indem der Freiwillige mit eiligem Schritt zur Tür hereinkommt. Die Gesamtenergie des Systems muss zu jeder Zeit erhalten bleiben.

Didaktik

Die Übung demonstriert die Entwertung der Energie. Wenn die Energie auf alle Teilchen verteilt ist, lässt sich damit nichts mehr antreiben. Wichtig ist die Exaktheit in der Darstellung – erst dann entstehen interessante Fragen. So klatschte ein Schüler, kurz bevor er mit einem anderen Teilchen zusammenstieß. Er wusste nicht, wie er sich in seiner Rolle als Teilchen verhalten sollte: Umarmen sich jetzt beide Teilchen und bleiben zusammen stehen? Gibt es blaue Flecken? In welcher Richtung werden sie abgelenkt?

All diese Fragen sind im Modell zu klären. So gibt es hier nur vollkommen elastische Stöße, „blaue Flecken" gibt es beim Zusammenstoß zweier Modellteilchen nicht, weil es keine Deformierungsenergie gibt. Alle Energie bleibt erhalten. Auch die Frage nach der weiteren Fortbewegungsrichtung und -geschwindigkeit hat ihre Berechtigung. Stößt ein Teilchen mit der Wand zusammen (und nimmt diese keine Energie auf), dann verhält es sich wie ein Lichtstrahl an einem Spiegel; stößt es zentral auf ein ruhendes Teilchen mit gleicher Masse, bleibt es stehen und das andere Teilchen nimmt die ganze Bewegungsenergie auf.

Bisher wurden die Geschwindigkeiten nur qualitativ verteilt: Ein schnelles Atom stößt mit einem ruhenden zusammen und beide sind danach langsamer. Wenn die Formel für die Bewegungsenergie bereits bekannt ist, kann man quantitativ fragen, wie schnell beide Teile nach einem Stoß sind: Angenommen, ein Teilchen ruht vor dem Stoß. Haben dann beide Teilchen nach dem Stoß die halbe Geschwindigkeit?

Die Energie ist proportional zum Geschwindigkeitsquadrat, also sind beide Endgeschwindigkeiten in der Summe größer als die eine Anfangsgeschwindigkeit. (Vgl. Kapitel 8. Dort wird das Thema differenzierter behandelt.)

Pädagogik

Die Übung ist gruppendynamischer Natur. Die Schüler müssen sich gegenseitig wahrnehmen; ansonsten ist es gar nicht möglich, die Energie gleichmäßig zu verteilen. Sie lenkt die Aufmerksamkeit vom Einzelnen auf die gesamte Gruppe.

4.1 Wärme unterwegs

Fridolin ist eingefroren. Wie gelangt er aus dem Eisblock?
Im letzten Abschnitt wurde ausschließlich die Wärmeleitung untersucht. Im Folgenden werden alle Wege der Wärme vorgestellt: Strahlung, Leitung und Konvektion.

Umsetzung
Der Eingefrorene ist vorerst noch durch ein Tuch verdeckt. Der Lehrer wartet vollkommene Stille im Unterricht ab und enthüllt dann den „Eisblock": Fridolin (alias Ötzi) ist in einem Eisblock eingefroren. Die Schüler sollen Vorschläge sammeln, wie man ihn unbeschadet herausbekommen könnte. Aufhämmern wäre beispielsweise zu gefährlich, da Fridolin sonst zersplittern könnte.
Alle Vorschläge werden an der Tafel notiert. Die Schüler sollen (z.B. in einem Mindmap) die einzelnen Ideen sortieren. Es gibt ja von Natur aus nur drei mögliche Wege, die die Wärme nehmen kann, um in den Block zu gelangen: Strahlung, Leitung und Konvektion.
Wenn die Begriffe nicht klar sind, können sie modelliert werden; die Wärme wird hierzu mit dem Tafelschwamm dargestellt.
Strahlung: Der Schwamm wird geworfen.
Leitung: Der Schwamm wird von Schüler zu Schüler weitergereicht.
Konvektion: Ein Schüler (erwärmter Körper, z.B. Luft) geht mit dem Schwamm in der Hand durch den Raum.

Zur Didaktik[6]
Es fällt leicht, sich in Fridolins Situation hineinzuversetzen. Durch den „Eisblock" wird die Sache sehr konkret und selbst ein langsamer Schüler findet eine Möglichkeit, um Fridolin Hilfe zu leisten. Zum

---

6 Die Möglichkeiten des Figurentheaters sind in Band I ausführlich dargestellt.

einen erinnert die Darstellung an einen Comic, zum anderen ist unser Held positiv belegt. Wie eine Kerze positiv an das Geburtstagsfest erinnert, ist Fridolin ein Kuscheltierchen, das die Schüler aus ihrer Kindheit kennen, aber doch so entfremdet, dass es zum Schmunzeln anregt. Es wird emotional gelernt; die Schüler erleben die Situation stellvertretend mit, indem sie in Fridolins Rolle schlüpfen.

Mit der Figur lassen sich gut die Wärmewege verbildlichen: Zur Illustration der Wärmestrahlung schieben Sie den Helden unter eine Lampe. Für die Konvektion hauchen Sie ihn an und für die Wärmeleitung umschließen Sie den „Eisblock" mit Ihren Händen.

Ein weiterer Vorteil des Figurentheaters ist, dass Sie auf Schülervorschläge sehr anschaulich eingehen können und dann konkret die Sache hinterfragen können. So kann beispielsweise ein Schüler vorschlagen, dass man über Fridolin eine Decke ausbreitet und einfach wartet. Legen Sie nun ein Handtuch oder eine Jacke über den Eingefrorenen, dann haben Sie einen konkreten Gegenstand im Raum, über den Sie reden können.

4.2 Die Wege der Wärme mit den Händen

Alle drei Wege der Wärme, die letztendlich zu Fridolins Befreiung im letzten Abschnitt geführt haben, lassen sich mit den Händen erleben (vgl. Kapitel 7):

Wärmestrahlung
Die Handflächen zeigen im Abstand von drei bis fünf Zentimetern zueinander.

Konvektion
Die Hände werden angehaucht.

Leitung
Die Schüler halten sich gegenseitig an den Händen. Welche Handtemperatur ist höher, welche niedriger? Wärme fließt immer von selbst zur tieferen Temperatur. Daher fühlt sich eine „kalte" Hand kühl an, wenn die eigene „warm" ist. Es wird Energie in Form von Wärme abgegeben. Der Partner empfindet genau anders herum.

4.3 Beispiel zur Konvektion: Flug eines Teebeutels

Ein handelsüblicher Teebeutel wird geleert, zu einer Röhre geformt, aufgestellt und oben entzündet. Bevor der Teebeutel ganz abgebrannt ist, hebt er ab.

Der Versuch wird häufig als „Teebeutelrakete" bezeichnet. Mit einer Rakete hat der Auftrieb in diesem Versuch allerdings nichts gemein.

Durchführung

Für den Versuch benötigen Sie nur den röhrenförmigen Filter. Wem es um den Tee zu schade ist, kann ihn in einem extra Filter aufbrühen oder alternativ eine Stoffserviette zerlegen und aus einer Stofflage eine entsprechende Röhre bauen.

Die Röhre wird senkrecht auf einem feuerfesten Untergrund (Teller oder Glasschüssel) platziert. Es muss absolut windstill sein, damit sie nicht umfällt. Entzündet wird ganz oben. Der Versuch wirkt in einem abgedunkelten Raum eindrucksvoller.

Mit etwas Glück können Sie die niederschwebende Asche mit dem feuerfesten Untergrund wieder auffangen.

Umsetzung im Unterricht

Der Versuch kann im Unterricht vom Lehrer vorgeführt werden; die Schüler suchen dann einzeln oder in Gruppen nach einer Erklärung. Netter ist allerdings folgende Variante: Der Versuch wird durchgeführt und die Schüler sollen zu Hause ihrem Vater, ihrer Mutter oder einem Erwachsenen ihrer Wahl das Experiment vorführen und *erklären*.

Wer einmal die „Teerakete" gesehen hat, wird sie selbst einmal durchführen wollen. Wenn man entsprechende Sicherheitsvorkehrungen beachtet und den Versuch konzentriert durchführt, dann ist der Teebeutelflug nicht gefährlich. Aber natürlich können Sie für Ihre Schüler keine Verantwortung übernehmen. Die Idee ist also, einen Erwachsenen mit ins Boot zu holen (Aufsichtspflicht). Noch eine Feinheit in der Formulierung, die leider keine Kleinigkeit ist: Wenn Sie Ihre Schüler dazu auffordern, das Experiment ihren Eltern vorzuführen, gibt es mitunter Schwierigkeiten. Es ist leider immer häufiger der Fall, dass Eltern getrennt leben. Daher ist die Formulierung „ein Erwachsener eurer Wahl" für einige Schüler angenehmer.

Eine mögliche Erklärung

Durch das Feuer wird die Luft über dem Teebeutel erwärmt. Wie beim „Heißluftballon" (vgl. 2.1) dehnt sich die Luft aus und steigt aufgrund der verringerten Dichte nach oben (Konvektion). Von der Seite strömt Luft nach, und der Rest des Teebeutels wird durch die erzeugte Luftströmung mit nach oben gerissen.

4.4 Eine Turbine – Konvektion

Die Hauttemperatur ist höher als die Raumtemperatur. Also steigt mittels Konvektion Luft auf (vgl. Flug eines Teebeutels). Lässt sich eine Turbine (bzw. ein Windrad) bauen, die sich allein aufgrund dieser Luftströmung dreht?

Durchführung im Unterricht:

Man kann zuerst in der Klasse darüber abstimmen lassen, ob geglaubt wird, dass das Vorhaben in dieser Unterrichtsstunde gelingt oder nicht.

Es gibt viele Möglichkeiten, eine Turbine zu entwerfen. Sie können eine Anleitung explizit vorgeben; ebenso können Sie die Schüler selbst tüfteln lassen. Hier die Beschreibung einer Möglichkeit:

Für die Turbine wird ein quadratisches Papier mit einer Kantenlänge von ca. acht Zentimetern benötigt. Am besten faltet der Schüler in seinem Heft ein großes „Eselsohr" – der Knick ist die Diagonale des Quadrates, das danach ausgeschnitten wird.

Direkt daneben folgt später die Versuchsbeschreibung. Auf diese Weise wird der Versuch recht eindrücklich im Heft notiert.

Nun wird die zweite Diagonale gefaltet; als Ergebnis entsteht eine flache pyramidenähnliche Form. Mit acht Einschnitten und entsprechender Formung der einzelnen Rotorblätter ist die Turbine fertig gestellt und kann auf einen Bleistift gesetzt werden.

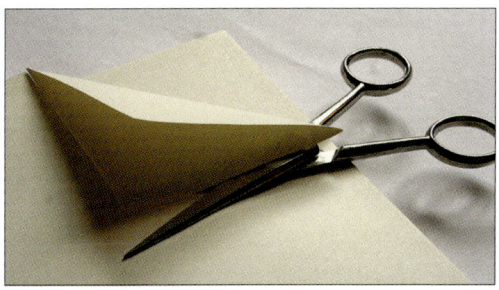

51

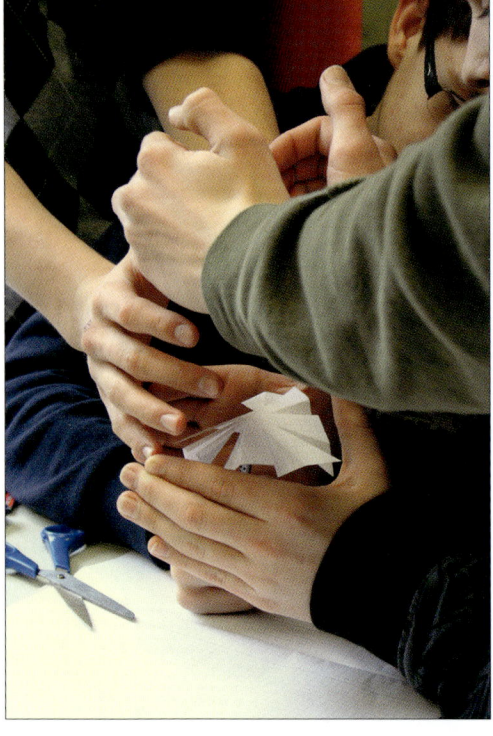

Nicht das Minimieren der Reibung stellt die eigentliche Schwierigkeit für viele Schüler dar: Der Aufbau einer Turbine (bzw. des Windrades) ist häufig etwas Neues. Mitunter werden die Rotorblätter spiegelsymmetrisch gebogen, so dass sich die Wirkung im Windkanal gegenseitig aufhebt. Die Form der Rotorblätter ist für die Schüler keinesfalls so selbstverständlich, wie es auf den ersten Blick erscheint.

Schließlich wird die Turbine auf die Spitze eines Bleistiftes oder Kugelschreibers gesetzt. Der Rotor beginnt sich deutlich zu drehen. Die schnelleren Schüler können sich vorher die Drehrichtung überlegen.

Pädagogisch interessant ist auch die gruppendynamische Komponente: Aus mehreren Händen wird ein „Schornstein" geformt. Im aufsteigenden Luftstrom dreht sich die Turbine leichter und schneller, als wenn sie nur von der Wärme einer Hand angetrieben wird. Die Turbine ist sehr empfindlich auf Luftströmungen. Sie dreht sich natürlich auch, wenn der Stift nach unten bewegt wird oder eine Zugluft im Raum ist. Um klar zu zeigen, dass sich die Turbine aufgrund der Handwärme (Konvektion) dreht, können verschiedene Orte im Raum aufgesucht werden. Man kann auch den nicht wahrnehmbaren Luftstrom mit einem Papier oder Heft zur Seite hin ableiten. Der Rotor bleibt dann unmittelbar stehen.

Didaktische Bemerkung:

Die Turbine kann als Nachweisgerät für minimale Luftströme angesehen werden. Wir können die Strömung nicht direkt spüren, wir *glauben*, dass dieser Effekt da ist, und versuchen ein geeignetes Messgerät zu bauen. Das ist ein typisch wissenschaftliches Vorgehen: Wir vermuten etwas und dann soll ein Experiment entworfen werden, welches Klarheit bringen soll. Das Experiment ist der oberste Richter. Ein rein praktischer Hinweis: Es ist ein Leichtes, die Turbine des Tischnachbars vom Stift zu blasen. Es hilft, zu Beginn auf diese Albernheit hinzuweisen. Alternativ kann die Aufgabe für Gruppen formuliert werden: Welcher Rotor erreicht die höchste Frequenz bzw. Drehzahl? Auf diese Weise diszipliniert sich die Gruppe selbst. Disziplin entsteht hier im besten Fall als „Abfallprodukt" eines gruppendynamischen Forschungsprozesses.

4.5　Wasser siedet in einem Papierbecher – Wärmeleitung, Verdampfungswärme

In einem Papierbecher wird Wasser über einer Kerzenflamme zum Sieden gebracht.

Bauanleitung
Ein Becher wird aus weißem DIN-A4-Blatt gefaltet:

Zuerst wird ein diagonal gefaltetes Quadrat benötigt. Der überstehende Streifen wird abgeschnitten.

Dann wird eine Ecke wie im Bild eingeschlagen.

Ebenso die andere Ecke.

Oben (am rechten Winkel) liegt das Papier doppelt. Eine Lage davon wird nach vorne, die andere nach hinten gefaltet. Fertig.

Umsetzung

Nach dem Becherbau erhält jeder Schüler ein Teelicht. Es ist besser, wenn zuerst die Kerze angezündet und dann Wasser geholt wird, da der Becher mit der Zeit nässt. Es reicht eine Füllhöhe von ein bis zwei Zentimetern. Je weniger Wasser, desto leichter gelingt es, den Siedepunkt zu erreichen. Der gefüllte Becher wird knapp über die Kerzenflamme gehalten. Dabei dürfen nur Stellen erhitzt werden, die von innen mit Wasser benetzt sind. Ansonsten geht der Becher in Flammen auf.

Die Übung lässt sich schwer abbrechen, wenn Sie zuvor keine Zeitstruktur geschaffen haben: Sie können das Licht im Physiksaal ausschalten, dadurch entsteht eine gewisse Geburtstags- oder Weihnachtsatmosphäre. Vereinbart wird, dass in zehn Minuten das Raumlicht wieder angeschaltet und die Kerzen ausgeblasen werden. Auf diese Weise kühlt auch das flüssige Wachs aller Teelichter zu einem definierten Zeitpunkt ab. Mit einem (digitalen) Thermometer wird dann die höchste Wassertemperatur gesucht. Wenn Sie mit Gruppen arbeiten, können Sie alle Becher durchmessen, ansonsten sehen Sie ja bereits, welche Bläschen bilden oder bereits dampfen, und nur die „heißesten Kandidaten" messen.

Die Frage entsteht meist durch das Experiment selbst: *Warum brennt das Papier nicht an?* Es wird so lange diskutiert, bis die Schüler eine hinreichende Erklärung gefunden haben. Damit kein wildes Durcheinander entsteht, kann ein Redestab eingeführt werden: Nur der darf sprechen, der den Stab (Stift, Mäppchen, …) in der Hand hält. Jeder Schüler schreibt das Experiment in sein Heft. Wie üblich im Dreischritt: Skizze, Beobachtung und Erklärung.

Eine mögliche Erklärung

Die Zündtemperatur von Papier (> 185 °C) liegt weit über 100 °C. Flüssiges Wasser kann jedoch die Temperatur von 100 °C nicht übersteigen. Daher wird – zumindest solange Wasser im Becher ist – das Papier nie die Zündtemperatur erreichen.

Erweiterung

Man kann über den Versuch noch etwas tiefer nachdenken: Wird dem siedenden Wasser weiter Energie zugeführt, so verdampft das Wasser. Jeder weiß, dass Wasser bei 100 °C gasig wird. Ein Kilogramm flüssiges Wasser benötigt ein Volumen von einem Liter, gasiges 1700 Liter! Warum gibt es also beim Erreichen der 100 °C-Marke keinen riesigen Schlag und das Wasser explodiert?

Der Grund ist, dass das Verdampfen selbst Energie benötigt, sogar sehr viel Energie, pro Gramm 2257 Joule. Diese Energie wird Verdampfungswärme genannt und ist der Grund, warum uns am Herd siedendes Wasser nicht um die Ohren fliegt, sondern recht lange braucht, bis es „verkocht".

Anhang: Eine Erweiterung zum Becher

Die Konstruktion des Bechers aus einem DIN-A4-Blatt ist selbst eine Herausforderung: *Faltet einen Becher aus einem DIN-A4-Blatt so, dass nirgends Wasser ausläuft und ein möglichst großes Volumen entsteht.* Das eingefüllte Wasser soll eine bestimmte Strecke (zehn Meter) transportiert und in einen Messbecher gefüllt werden. Auf diese Weise kann der beste Becher ermittelt werden. – So schön die Aufgabe ist, mit Wärmelehre hat sie nichts zu tun und steht deswegen nur im Anhang.

Wärmelehre

Kapitel 5

Wärmekapazität

5.1 Wärmekapazität und ein Eimer für die Wärme

Um Wasser zu transportieren, nimmt man einen Eimer. Statt Wasser soll nun Energie transportiert werden. Nun stellt jeder Körper einen „Eimer für *Wärme*" dar. Die Frage liegt auf der Hand: Wie viel *Energie* kann man in einen Körper packen?

Wie viel *Wärme* in dieser Art von Eimer enthalten ist, hängt von seiner Masse, von der Temperaturerhöhung und von der *Wärmekapazität* ab. Kurz: $Q = c \cdot m \cdot \Delta T$, wobei Q die Wärme(menge), c die Wärmekapazität, m die Masse und ΔT die Temperaturdifferenz bezeichnet.

Das Fassungsvermögen eines gewöhnlichen Eimers hängt nur von seinem Volumen ab. Ein „Eimer für *Wärme*" hängt zum einen von dem Stoff ab, aus dem er gemacht ist, zum anderen von dessen Masse. Außerdem hängt die Füllmenge von der Temperaturdifferenz ab. Zugegeben, die Sache mit der *Kapazität* ist abstrakt. Daher soll ein anschaulicher Einstieg in das Thema einführen:

Die Geschichte:
Fridolin – ein Wesen aus einer längst vergangenen Zeit – möchte seine Geliebte morgens mit einem warmen Bad überraschen. Die Geschichte spielt viele tausend Jahre vor unserer Zeitrechnung. Wenn auch die Nase des Menschen, wie sein gesamter Körperbau, sich im Lauf der Zeit verändert hat, so hat sich sein Liebesleben kaum verändert.

Direkt am Eingang von Fridolins Höhle befindet sich ein Wasserloch; allerdings ist das Wasser dort sehr, sehr kalt. Jedoch gibt es in der Nähe eine Vulkanquelle (100 °C). Heutzutage hätte es unser Held natürlich sehr einfach, seiner Geliebten das Badewasser zu erwärmen, indem er ein paar Eimer heißes Wasser aus der Quelle holt. Aber leider gab es zu der Zeit, in der unsere Geschichte spielt, noch keine Eimer.

Hier ist die Situation nachgestellt: Links im Bild sieht man die Vulkanquelle (Wasserkocher, 100 °C), rechts das Wasserloch (Glasbehälter, 1000 ml Wasser, 23 °C), in dem die Geliebte ihr Bad nehmen soll. Um das Badewasser zu erwärmen, erhitzt Fridolin einen Stein in der Vulkanquelle (100 °C), schleppt ihn zu seinem Wasserloch und erwärmt damit das Bad. Es ist unmittelbar klar, dass unser Held mit zwei Steinen eine doppelt so große *Wärmemenge* transportieren kann. Die transportierte Wärme ist damit proportional zur Masse.

Statt Steinen könnte er natürlich Holz, einen Aluminiumblock oder wie im Bild einen Eisenblock in der Vulkanquelle erhitzen. Fridolin kann mit seinen Muskeln maximal einen Körper mit einer Masse von 250 g transportieren. Die Frage ist nun, mit welchem Material er die meiste Wärme transportieren kann. Die Geschichte enthält alles, was zum Verständnis der *Wärmekapazität* benötigt wird. Natürlich können Sie im Unterricht mit einem Thermometer jeweils die Temperatur von Fridolins Wasserloch messen und damit demonstrieren, dass die transportierte Wärmemenge vom jeweiligen Material abhängt.

Aber besser ist es, wenn die Schüler selbst ein Experiment ersinnen. So können zum Beispiel drei verschiedene Stoffe in das siedende Wasser (Vulkanquelle) getaucht und anschließend in drei Glasbehälter gelegt werden, die jeweils mit derselben Wassermenge (z. B. 250 g) gefüllt sind. In den Bädern herrscht nach einiger Zeit eine unterschiedliche Temperatur.

Natürlich besitzt Fridolins Wasserbad selbst eine *Wärmekapazität*. Sie können an dieser Stelle zeigen, dass Fridolin viel weniger schleppen müsste, wenn seine Frau in Glyzerin baden würde.

Wenn allerdings mithilfe von Proportionalitäten eine Formel gefunden werden soll, ist es besser, die *Wärmemenge* statt mit einem Materialklotz mit einem Tauchsieder zuzuführen:

5.2 Schülerexperiment zur Bestimmung der Wärmekapazität

Für das Experiment wird die Klasse in sechs Gruppen eingeteilt. Damit liegen am Ende sechs Ergebnisse vor, über die gemittelt werden. Jeder Schüler erhält das auf der folgenden Seite abgebildete Arbeitsblatt.

5.3 Wärmeleitung und Wärmekapazität

Alle Gegenstände im Physiksaal sind im selben Wärmebad der Raumluft und besitzen somit dieselbe Temperatur. Trotzdem fühlen sich manche Dinge „kalt" an, andere hingegen „warm".

Umsetzung im Unterricht:
Jeder Schüler soll die Stelle im Raum suchen, die sich für ihn am kältesten anfühlt, und versucht die Temperatur zu schätzen (Fensterwände und die Heizung im Raum werden ausgespart). Alternativ kann man (sofern keine Sonne scheint) auch ins Freie gehen. Meist finden die Schüler metallische Stuhlbeine, die Türklinke oder die Tafel. Danach soll mit der wärmsten Stelle ebenso verfahren werden. Es ist eine Übung zur Wahrnehmung; Geräusche, vor allem gesprochene Worte, stören. Aus diesem Grund herrscht Redeverbot. Bei Übungen dieser Art reichen ein bis zwei laute Schüler, um den Ablauf und die Spannung im Raum empfindlich zu stören.

Wärmekapazität von Wasser

Einer bestimmten Wassermenge wird durch einen Tauchsieder
mit P_{el} = 300 W = 0,30 kW Energie in Form von Wärme zugeführt.
In der Zeit t liefert der Tauchsieder die Wärmemenge
$Q = P_{el} \cdot t = 0,30$ kJ/s $\cdot$ t.
Die Innere Energie des Wassers wird damit um $\Delta U = Q = 0,30 \frac{kJ}{s}$
erhöht.

Achtung: Den Tauchsieder nie ohne Wasser betreiben!

Material pro Gruppe:

         Tauchsieder

         isolierter Plastikbecher

         Thermometer

         Stoppuhr

Versuchsreihe von Gruppe Nr. _____: Wasser, m = _____

ϑ in °C	25	30	35	40	45	50	55	60
$\Delta\vartheta$ in °C	0	5	10	15	20	25	30	35
Einschaltdauer t in s	0							
$Q = 0,30$ kJ/s $\cdot$ t in kJ	0							
$Q/\Delta\vartheta$ in kJ/°C	–							

Ergebnisse der Einzelgruppen:

Gruppe	1	2	3	4	5	6	7	8
Masse m des Wassers in kg	0,25	0,3	0,35	0,4	0,45	0,5	0,55	0,6
Energiebedarf je °C $Q/\Delta\vartheta$ in kJ/°C								
$\frac{Q/\Delta\vartheta}{m} = \frac{Q}{m \cdot \Delta\vartheta}$ in $\frac{kJ}{g \cdot °C}$								

Ergebnis:

Der Energiebedarf je C Temperaturerhöhung und pro kg Wasser ist

_____ $\frac{kJ}{g \cdot °C}$ (Literaturwert: _____)

Jetzt soll die Differenz der Schätzungen bekannt gegeben werden. Zwischen der am wärmsten und der am kältesten empfundenen Stelle werden Temperaturdifferenzen zwischen 3 und 10 °C angegeben.

Doch die Empfindung täuscht: Ein Thermometer würde an allen Stellen im Raum dieselbe Temperatur anzeigen. Alle Gegenstände sind ja schon seit langer Zeit im selben Raum. Hätte ein Gegenstand eine höhere Temperatur, so würde er Wärme an die Umgebung abgeben. Objektiv ist also bei allen Gegenständen die Temperatur gleich – trotzdem fühlen sich die Dinge „unterschiedlich warm" an. Wie kommt das?

Die Antwort soll in der Diskussion gefunden werden. Damit kein Durcheinander entsteht, darf nur der sprechen, der einen vereinbarten Redestab (z. B. das Lehrermäppchen) in der Hand hält. Die Schüler erhalten zehn Minuten, um eine Erklärung zu finden, die sie ins Heft übernehmen wollen. Der Lehrer greift nur dann ein, wenn wirkliche Fehler aufgeschrieben werden sollen.

Eine mögliche Erklärung:
Je schlechter die Wärmeleitfähigkeit und je kleiner die Wärmekapazität des Gegenstandes, desto kühler fühlt er sich an.

Genauer: Die Temperatur der Hand beträgt ca. 34 °C, die Raumtemperatur ca. 23 °C. Da Wärme selbstständig von hoher zu tiefer Temperatur fließt (zweiter Hauptsatz der Wärmelehre), fließt die Wärme aus der Hand in den jeweiligen Raumgegenstand. Als Folge fühlt sich alles im Raum kälter an. Je schneller die Wärme im Gegenstand weitertransportiert wird, desto mehr Wärme kann aus unserer Hand strömen und desto kälter fühlt sie sich an. Kurz: Je höher die *Wärmeleitfähigkeit*, desto kälter fühlt sich der jeweilige Gegenstand an. Wäre die Wärmeleitfähigkeit gleich null, so würde sich der Gegenstand handwarm anfühlen.

Das Empfinden hängt weiter von der *Wärmekapazität* ab. Bei der Berührung fließt Wärme aus unserer Hand in den Gegenstand. Wenn die Wärmekapazität des Stoffes sehr gering ist, so benötigt er nur wenig Energie, um die Temperatur der Hand anzunehmen.

Didaktischer Hintergrund:
Die Schüler erleben zuerst einen Widerspruch: Überall im Raum herrscht dieselbe Temperatur und trotzdem fühlen sich verschiedene Materialien unterschiedlich warm an. Der Reiz der Übung besteht in der Auflösung des scheinbaren Widerspruches. Wichtig ist der Hinweis vor der Diskussion, dass die gefundene Erklärung *ins Heft über-*

nommen werden soll: So ungefähr beschreiben geht immer, aber das Ganze kompakt und schlüssig zu formulieren, ist anspruchsvoller.

Die Übung ist gruppendynamischer Natur. Gefunden wird etwas Gemeinsames. Wenn sich nur wenige an der Diskussion beteiligen, kann der Lehrer strukturgebend eingreifen: *„Jetzt darf der Redestab nur noch an Schüler anderen Geschlechts weitergeben werden. Junge gibt an Mädchen, Mädchen gibt an Junge."* Oder nur noch an Schwarzhaarige, oder an Jeansträger, oder an die, die etwas Rotes anhaben. Natürlich kann man die Schüler bitten, dass jetzt nur noch die etwas sagen, die noch gar nichts gesagt haben – aber dabei besteht die Gefahr, dass einzelne Schüler sich vorgeführt vorkommen. Es ist besser, die Schüler durch ein objektives Merkmal (wie die Haar- oder Kleiderfarbe oder das Geschlecht) aufzufordern.

Es ist für den Lehrer nicht immer einfach, die Irrwege der Schüler auszuhalten und schweigend den scheinbaren Verirrungen in den Gedanken zuzusehen. Aber oft wird auf Umwegen schneller gelernt als auf dem direkten Weg. Der Umweg erkundet die Umgebung der Aufgabe und hilft dabei, die Lösung einzuordnen, auch wenn das viele nicht wahrhaben wollen.

5.4 Theoretisches: Abstraktion ist die Kunst zu denken, was nicht existiert

Ich nehme einen beliebigen Gegenstand in die Hände: *„Wie würde sich dieser Körper anfühlen, wenn seine Wärmekapazität null wäre?"*

Meist werden zwei Vermutungen geäußert: Wer glaubt, dass sich der Körper kühl anfühlt, geht auf die linke Seite des Raumes, wer meint, dass er sich handwarm anfühlt, auf die rechte.

Diskutiert wird mithilfe eines Redestabes. Die Gruppe mit der kleineren Anhängerschaft beginnt. Es darf stets der Standpunkt gewechselt werden. Ziel ist es, dass schließlich alle auf einer Seite stehen.

Dem Lehrer kommt die Rolle des Spielleiters zu. Er selbst beteiligt sich nicht, sondern sucht sich einen unauffälligen Platz im Raum, so dass die Schüler sich gegenseitig und nicht ihn ansprechen. Besteht ein großes Diskussionsbedürfnis, wird die Übung für drei Minuten unterbrochen, die Schüler diskutieren untereinander und nehmen hinterher wieder ihren Standpunkt ein.

Bemerkung:

Die Übung kann gut in die vom letzten Abschnitt eingebaut werden, falls eine entsprechende Schüleräußerung fällt.

Eine mögliche Lösung:

Dem Leser ist klar, dass der Gegenstand sich „handwarm" anfühlt. Es kann ja keine Wärme auf den Gegenstand übertragen werden, da dessen Speichervermögen an Wärme gleich null ist.

An dieser Stelle lässt sich das Problem der exakten Temperaturmessung behandeln. Wir können die Temperatur eines bestimmten Körpers prinzipiell nicht messen, wir bestimmen mit dem Thermometer stets eine Mischtemperatur von Körper und Thermometer. Wenn nun der Gegenstand keine Wärmekapazität hätte, dann wäre eine Messung nicht möglich. Es würde die Temperatur des Thermometers angezeigt werden.

Didaktik:

Physik beschäftigt sich mit Modellen. So lässt sich beispielsweise der Trägheitssatz nicht *beweisen*. Es gibt einfach keinen Raum, indem sich die Geschwindigkeit eines Körpers nicht ändert. Dennoch ergibt es Sinn, sich mit Fragen der Art *„Was wäre wenn ...?"* zu beschäftigen. Abstrahieren und die Grenzen einer Theorie mit dem Geist ausloten, sind sehr gutes und spannendes Übungsmaterial. Natürlich gibt es keinen Körper, der eine Wärmekapazität von null besitzt, aber wenn man verstanden hat, was ein solcher *gedachter Körper tun würde*, versteht man besser, wie sich ein Körper mit einer sehr geringen Wärmekapazität verhält.

Kapitel 6

Verborgene Energie

6.1 Warum kühlt ein Eiswürfel?

„Weil er kalt ist?!" Die Situation scheint auf den ersten Blick so klar, dass die Frage meist belächelt wird. Jedoch ist die spontane Antwort falsch. Ein Eiswürfel kühlt nicht, weil er „kalt" ist. Er kühlt, weil er schmilzt. Genauer wird für den Wechsel des Aggregatzustandes von fest nach flüssig eine Wärmemenge von 332,5 Joule pro Gramm benötigt.

Versuch

Eine Stunde vor Unterrichtsbeginn füllen Sie etwas Leitungswasser und Eiswürfel in ein Dewar-Gefäß. Alternativ tut es eine Thermosflasche oder ein sauberer Eimer. Für jeden Schüler wird mindestens ein Eiswürfel benötigt. Das Gemisch aus Wasser und Eiswürfeln benötigt etwa 30 Minuten, bis es an jeder Stelle die Temperatur 0 °C besitzt.

Offensichtlich hat das Eis wie auch das Wasser dieselbe Temperatur von 0 °C. Falls das von den Schülern nicht unmittelbar eingesehen wird, kann an die Wärmeleitung (vgl. 5.3) erinnert werden. Das Klassenzimmer entspricht hier dem Dewar-Gefäß, die Gegenstände im Klassenzimmer den Eiswürfeln, die Raumluft dem flüssigen Wasser. Für den Versuch benötigt jeder Schüler einen Becher, wie in 4.5 (*Wasser siedet in einem Papierbecher*) beschrieben.

Der Versuch besteht aus zwei Teilen. Für die Übung ist absolute Stille erforderlich, das Empfinden und die Wahrnehmung, die ganze Raumatmosphäre ist gestört, wenn gesprochen, gegurgelt oder sonstwie Lärm gemacht wird. Jeder soll für sich die Dinge wahrnehmen.

Teil 1: Jeder Schüler erhält ungefähr die Menge Wasser (0 °C) in seinen Becher, die der Menge eines Eiswürfels entspricht. Das Wasser soll im Mundraum ungefähr auf Zimmertemperatur (20 °C) gebracht werden, bevor es geschluckt wird.

Teil 2: Anschließend erhält jeder Schüler einen Eiswürfel (0 °C) und soll ihn im Mund schmelzen.

Jeder spürt sicherlich, dass im zweiten Teil wesentlich mehr Energie (eine größere Wärmemenge) benötigt wird. Es soll geschätzt werden, wie viel mehr an Energie nötig ist, um einen Eiswürfel zu schmelzen, als flüssiges Wasser von 0 °C auf ca. 20 °C zu erwärmen.

Eine kurze Rechnung zeigt, dass man die vierfache (!) Energie benötigt: Wasser hat eine Wärmekapazität von ca. $4{,}2 \frac{J}{g \cdot °C}$. Um die Temperatur von einem Gramm Wasser um 20 °C zu erhöhen, wird eine Energie von 84 Joule benötigt. Die Schmelzwärme von Wasser beträgt $332{,}5\,\frac{J}{g}$. Um ein Gramm Eis (0 °C) zu schmelzen, wird demnach eine Energie von 332,5 Joule benötigt. Das ist ungefähr das Vierfache.

Vielleicht kann man sich die zum Schmelzen nötige Energie so merken: Um bei Zimmertemperatur (20 °C) Teewasser auf 100 °C zu bringen, wird in etwa dieselbe Energiemenge benötigt wie um Eis zu verflüssigen. Das ist der Grund, warum ein gefrorenes Hähnchen so lange Zeit zum Auftauen benötigt und ein Eiswürfel so gut „kühlt". Um die Temperatur von Eis von –20 °C auf 0 °C zu erhöhen, werden nur ca. 40 Joule benötigt, da die Wärmekapazität von Eis ca. $2\,\frac{J}{g \cdot {}^\circ C}$ beträgt.

6.2 Von Eis zu Dampf im Schülermodell

Der Schmelz- und Siedevorgang wird interaktiv reflektiert: Die Schüler erleben im Modell den Wechsel zwischen den verschiedenen Aggregatzuständen. Die einzelnen Handlungen (am Platz sitzen, aufstehen, durch den Raum gehen, …) werden gedeutet. Schmelz- und Verdampfungswärme werden verdeutlicht, ebenso die Grenzen des Modells aufgezeigt. Die gesamte Übung dauert ca. 30 Minuten.

Rollenklärung

Zwei Schüler stellen eine *Gasflamme* dar, die im Folgenden die gesamte Energie aufbringen wird. Es sind also zwei starke Schüler gesucht. Die anderen werden zu *Wasserteilchen* bzw. zu H_2O-Molekülen. Der Lehrer bekommt die Rolle des Kommentators: Er gibt die aktuellen Temperaturen durch und erklärt, was an einzelnen Stellen passiert. Es ist wichtig, dass die Rollen vor der Simulation genau geklärt werden.

Durchführung

Zu Beginn herrscht eine Temperatur von −273,16 °C. Beim absoluten Nullpunkt ist alles starr – kein Atem, kein Augenblinzeln. Die Schüler sitzen als *Teilchen* auf ihren (Gitter-)Plätzen, wobei die Gitterstruktur mit den Armen dargestellt wird: Die *Teilchen* halten sich gegenseitig fest, während die *Brennerflamme* (zwei Schüler) ständig Energie zuführt und damit die Temperatur erhöht. Wird ein *Teilchen* vom Brenner angestoßen, teilt es seine Bewegungsenergie mit seinem Nachbarn, und auch dieser beginnt zu schwingen. Wird keine Energie zugeführt, verteilt sich die Energie mittels der Wärmeleitung auf alle Teilchen im Raum. Der Lehrer kommentiert das Geschehen von außen und sagt die aktuelle Temperatur an (theatral gesehen steht er nicht auf der Bühne, sondern spricht aus dem „Off").

Die Übung ist nicht ungefährlich. Schon aus diesem Grund wird nicht gesprochen. Falls es erforderlich ist, über die Tische zu steigen, dann soll dies in höchster Konzentration geschehen und in Zeitlupe. Wenn ein Schüler vom Tisch auf die Kante eines Stuhles fällt, kann das böse enden. Also höchste Aufmerksamkeit!

Wenn durch die Energieübertragung die Temperatur von 0 °C erreicht ist, hilft die *Brennerflamme* jedem Schüler von seinem Platz hoch. Die nötige Energie zum Aufstehen entspricht der **Schmelzwärme** (ca. $330 \frac{J}{g}$).

Die Vorstellung kann mit einem Klatschen des Lehrers angehalten werden. Der Film wird zum Standbild. In diesem räumlichen Bild kann der Lehrer sich bewegen und verschiedene Dinge näher erklären. Wollen bei 0 °C beispielsweise alle Schüler gleichzeitig aufstehen, kann der Lehrer unterbrechen und an die erforderliche Energie für den Schmelzvorgang erinnern (Schmelzwärme). Kein Teilchen trägt in sich die Energie, um zu schmelzen (von selbst aufzustehen) und somit muss die *Brennerflamme* allen Teilchen nacheinander aufhelfen. Alle Energie kommt von ihr.

Statt des Lehrers kann auch ein Schüler klatschen und die Vorstellung anhalten. Das Spiel wird unterbrochen und stattdessen wird an Ort und Stelle nachgefragt oder diskutiert. Meist entstehen die Fragen unmittelbar im Modellieren.

Im Bild sieht man links die *Brennerflamme*. Das Wasser ist schon vollständig verflüssigt. Bei weiterer Energiezufuhr werden schließlich einige Teilchen ab 100 °C gasig. Hierzu hebt *die Brennerflamme* jeden Schüler nach und nach auf den Tisch. Der Energiebedarf hierzu ist wesentlich höher als bei der Schmelzwärme. Die **Verdampfungswärme** liegt bei ca. 2260 $\frac{J}{g}$. Deswegen dauert das Verdampfen bei konstanter Energiezufuhr viel länger als das Schmelzen. Die *Brennerflamme* ist ja nicht stärker geworden. Und bevor nicht das letzte Teilchen auf den Tisch gehoben ist, steigt die Temperatur nicht an.

Nach der Übung können die Grenzen des Modells diskutiert werden. So gibt es z. B. eine ca. 1700fache Volumenzunahme beim Wechsel des Aggregatzustandes von flüssig nach gasig. Im Modell würde das bedeuten, dass die Schüler sich im ganzen Schulhaus und noch darüber hinaus verteilen müssten.

Analogiebetrachtungen im Überblick

Lerngegenstand	Modellierung durch Schüler
Molekül	Schüler
Gitterplatz	Sitzplatz
Brown'sche Molekularbewegung	Zitterbewegung der Schüler
Schmelzen	Aufstehen (Erhöhen der Lageenergie)
Schmelzwärme	Energie, die zum Aufstehen benötigt wird
flüssiges Wasser	Schüler laufen durch den Raum.
Temperaturerhöhung innerhalb eines Aggregatzustandes	schnellere Bewegungen (Erhöhung der Bewegungs-energie)
Sieden	Schüler steigen auf den Tisch.
Verdampfungswärme	Energie, die benötigt wird, um auf den Tisch zu steigen (Erhöhen der Lageenergie)
höherer Gasdruck	Stöße der Schüler gegen die Wände nehmen zu bzw. werden intensiver.
...	...

Alternativen

Es gibt mehrere Möglichkeiten, das Schmelzen und Verdampfen im Modell umzusetzen. Beispielsweise kann der Boden des Klassenzimmers eine Herdplatte darstellen, die kontinuierlich Energie zuführt. Dann gibt es keine *Brennerflamme*, was zur Folge hat, dass die Schüler alleine aufstehen und auf die Tische klettern müssen. Der Lehrer sagt dann nur die aktuelle Temperatur an und die *Teilchen* verhalten sich entsprechend.

Eine gute Möglichkeit besteht darin, die Schüler selbst ein Modell finden zu lassen, vor allem, wenn sie schon Erfahrung im interaktiven Modellieren haben. Hierzu führt der Lehrer das „reale" Experiment

vor: In einem Reagenzglas wird zerstoßenes Eis über einer Brennerflamme zum Sieden gebracht. Aufgabe ist es, dieses Experiment im
Teilchenbild zu erklären.

Die hier ausführlich beschriebene Umsetzung soll die vielen Möglichkeiten des interaktiven Schülermodells im Unterricht aufzeigen und
nicht festlegen, wie es am besten ausgeführt wird. Unterricht ist etwas
Lebendiges und so entstehen bei verschiedenen Klassen verschiedene
Umsetzungen.

Pädagogische Bemerkungen

Wenn alle Schüler bei −273,16 °C erstarren, entsteht eine Atmosphäre
wie in Madame Tussauds Wachsfigurenkabinett. Wer es noch nie
erlebt hat, dass über fünfundzwanzig Menschen in einem Raum komplett „einfrieren", mag den Zustand genießen. Wenn nur ein oder
zwei Personen sich ein kleines bisschen bewegen, sind die Illusion
und die Ästhetik eines Wachsfigurenkabinetts verschwunden. Die Ästhetik wird hier folglich zum Erzieher. Das Erlebnis ist nur möglich,
wenn alle mitmachen.

Die *Gasflamme* (bzw. der *Tauchsieder*) ist eine Sonderrolle. Würde man
einem Schüler diese Rolle geben, würde er sich wahrscheinlich recht
unwohl darin fühlen. Natürlich fällt es zwei Schülern leichter, eine
Person auf den Tisch zu heben, aber viel wesentlicher ist, dass kein
Schüler durch eine Sonderrolle vorgeführt wird.

Didaktische Bemerkung

Vielleicht hat der eine oder andere Schüler gedacht, dass ein Wasser-
molekül etwa wie auf der folgenden Abbildung aussieht:

Aber auch das ist nur ein Modell. In der Schülerdarstellung hat das
Teilchen eine Nase und Beine. Kein Schüler wird je denken, dass Wassermoleküle in etwa so wie Annette oder Peter aussehen. Es besteht
also keine Gefahr, dass Wirklichkeit und Modell miteinander verwechselt werden.

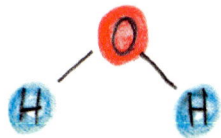

6.3 Kältemischung

Im Winter wird Salz gestreut, um die Straßen vom Eis frei zu bekommen. Jeder hat das schon häufig gesehen: Das Salz schmilzt das
Eis und die Straße ist frei. Die Schüler sollen folgende Frage beantworten: *Erwärmt das Salz die Straße bzw. das Eis, bleibt die Temperatur
gleich oder sinkt sie sogar?*

Häufig vermuten die Schüler, dass das Salz die Temperatur erhöht. Die Vermutung soll mit einem „Laborexperiment" geklärt werden. Wir machen also ein Experiment im Klassenzimmer, von dem wir *annehmen,* dass es die Sachlage der Straßensituation im Wesentlichen erfasst.

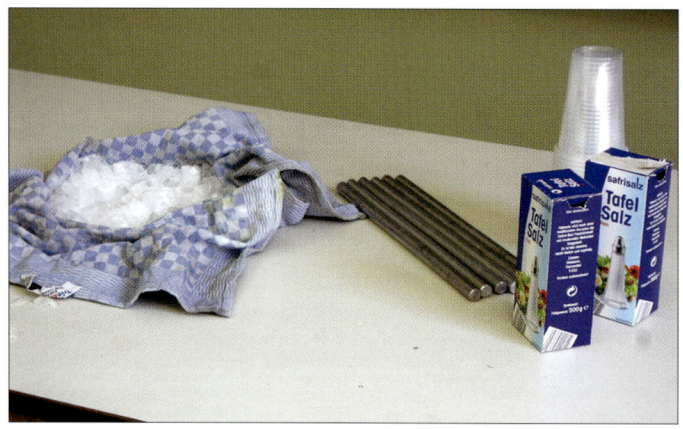 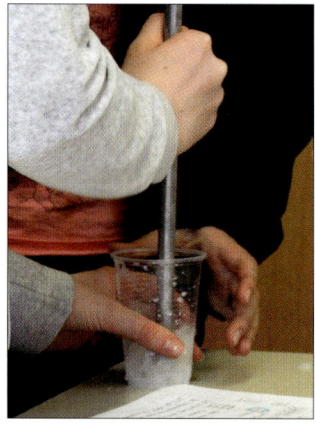

Für den Versuch benötigt jede Gruppe einen Becher, Salz und Eis. Wenn zum Schluss die tiefste Temperatur ermittelt werden soll, noch ein Thermometer. Die Eiswürfel zerschlagen Sie am besten mit einem harten Gegenstand (Hammer, Metallstange) in einem Handtuch. Kurze Stativstangen oder Löffel dienen als Rührgerät.

Ein Teil Salz, drei Teile Eis. Mit dieser Mischung kommen Sie auf ca. –18 °C. Der Literaturwert liegt bei –21,3 °C.

Besser ist es, wenn die Schüler zuerst die Temperatur schätzen, indem sie einen Finger in die Mischung halten, bevor sie mit dem Thermometer die Temperatur messen.

So einprägsam das fühlende Erleben ist: **Achtung, es besteht die Gefahr einer Erfrierung!** Fünf Sekunden sind harmlos, ab einer Minute können Erfrierungen ersten und zweiten Grades entstehen!

Anschließend überlegt sich jede Gruppe eine Erklärung, warum die Temperatur abnimmt. Die Lösung könnte in etwa so aussehen: Das Salz zwingt das Eis, seinen Aggregatzustand zu wechseln. Hierfür ist eine Schmelzwärme von $330 \frac{J}{g}$ nötig. Diese Energie wird in Form von Wärme aus der Umgebung genommen. Daher sinkt die Temperatur. Der folgende Versuch lässt sich auf fast die gleiche Weise erklären.

6.4 Kühlung durch Alkohol

Feuchten Sie ein größeres Stück Watte mit reinem Alkohol (Spiritus) gut an und streichen Sie jedem Schüler, der möchte, damit über den Arm: Die feuchte Stelle kühlt unmittelbar ab.

Erklärung
Die spezifische *Verdampfungswärme* des Alkohols beträgt $844 \frac{J}{g}$. Verdampft demnach ein Gramm, so muss die Energie von 844 Joule der Umgebung entnommen werden: Die Temperatur der Haut sinkt.

6.5 Physik genießen: Vanilleeis mit heißen Himbeeren

Bei einem physikalischen Arbeitsessen wird folgende Frage untersucht: Vanilleeis mit heißen Himbeeren in *einem* Teller – warum gibt es nicht gleich Matsch, warum schmilzt das Eis nicht sofort und warum bleiben die Himbeeren so erstaunlich lange heiß?

Alles, was in der Küche am Herd passiert, lässt sich durch eine physikalische Brille betrachten. Einfrieren, Auftauen, Schmelz- und Verdampfungswärme, Wärmeleitung – all das kann bei dieser Übung thematisiert und vertieft werden, da die Temperaturen von –20 °C bis 100 °C alle Aggregatzustände aufzeigen. Es handelt sich also nicht nur um den Versuch *Vanilleeis mit heißen Himbeeren*, vielmehr geht es um eine ganze Reihe von Versuchen, die ganz alltäglich sind. Das quasi selbstverständliche Handeln in der Küche wird physikalisch hinterfragt und begründet.

Organisation und Vorbereitung

Sie benötigen einen Dreifuß, ein Thermometer, einen Gasbrenner und eine Unterrichtsstunde.

Natürlich können Sie auch noch den Topf, das Vanilleeis, die Himbeeren, die Küchentücher, den Zucker, die Schüsseln und die Löffel zum Essen organisieren. Viel einfacher und wertvoller ist es jedoch, wenn die Schüler an die Sachen denken. Es ist der konsequente Wechsel in der Lehrerrolle: vom „Belehrenden" hin zum „Strukturgeber" – kurz: Sie strukturieren den Ablauf und schaffen damit einen Erlebnisraum.[7] Dadurch wird erstens der Versuch aufgewertet, da die Schüler das Material aus ihrer Welt mitbringen, also auch etwas dafür tun. Zweitens sind Sie nicht verantwortlich, wenn etwas fehlt. Drittens müssen Sie sich keine Gedanken um den Abwasch machen, wenn jeder sein eigenes Geschirr mitbringt und wieder nach Hause mitnimmt. Und schließlich werden Sie diesen Versuch häufiger durchführen, wenn Sie nicht alles vorbereiten müssen.

Praktische Umsetzung: Eine Stunde vorher wird vereinbart, wer was mitbringt. Insgesamt werden benötigt:

- ein Gasbrenner und ein Dreifuß (alternativ eine Kochplatte)
- ein Thermometer
- zwei bis drei Liter Vanilleeis
- ca. 750 Gramm gefrorene Himbeeren
- ca. fünf Esslöffel Zucker (zum Süßen der meist ungezuckerten Himbeeren)
- einen Kochtopf

---

7   Vergleiche ggf. in Band 1 den Abschnitt über Lernumgebung

- drei große Löffel zum Austeilen (zwei für das Eis, einer für die Himbeeren)
- Küchentücher (um den Raum anschließend zu reinigen)
- Schüsseln und Löffel

Der Lehrer kann die ersten beiden Dinge bereitstellen. Wenn klar ist, wer was mitbringt, muss noch die Finanzierung (evtl. Klassenkasse) geklärt werden. Schüsseln und Löffel bringt am besten jeder selbst in einer Plastiktüte mit, dann muss der Abwasch nicht in der Physikstunde erfolgen.

Umsetzung im Unterricht:
Es geht nicht nur um die Frage, warum man das in dieser Form überhaupt essen kann, sondern um eine ganze Reihe von kleinen Versuchen. Diese können diskutiert werden, bis das Mahl bereitet ist.

Versuch 1:
Es dauert einige Zeit, bis die Himbeeren heiß sind. Daher sollte das Vanilleeis vor dem Schmelzen gerettet werden. Welche Möglichkeiten gibt es im Klassenzimmer?
Eine mögliche Antwort: Das Vanilleeis muss vor der Zufuhr von Wärme geschützt werden. Das wird dadurch erreicht, dass es mit einem Material „eingekleidet" wird, das eine möglichst *niedrige Wärmeleitfähigkeit* besitzt. Das entspricht genau den Kleidungsstücken, die im Winter „vor der Kälte" schützen. Kleidung sorgt dafür, dass die Wärme schlechter vom Körper abfließt. Während im Winter die Wärme im Körper bleiben soll, möchte man im Falle des Vanilleeises, dass die Wärme „außen" bleibt. Das Prinzip ist das Gleiche. Es bleibt den Schülern überlassen, das Kleidungsstück zu finden, das am wenigsten die Wärme leitet. Mitunter kommen die Schüler auf die Idee, mit Alufolie zu arbeiten, um auch noch die Wärmestrahlung zurückzuspiegeln. Sie bauen im Grunde also eine einfache Thermoskanne. Da die Schmelzwärme von Wasser hoch ist, muss man sich mit der Rettung des Vanilleeises nicht zu sehr eilen. Es bedarf einiges an Energie, bis es auftaut. Der nächste Versuch verdeutlicht das:

Versuch 2:
Es dauert recht lange, bis die Himbeeren heiß sind. Warum?
Während unter ständigem Rühren (durch einen Schüler) auf kleiner Flamme die Himbeeren erhitzt werden, lässt sich folgendes Diagramm aufzeichnen und besprechen. Die Himbeeren wurden bei –20 °C aus

der Tiefkühltruhe genommen und bestehen fast nur aus Wasser. Wir stellen uns vor, dass einem Gramm Eis kontinuierlich Energie in Form von Wärme zugeführt wird. Folgendes Diagramm (nicht maßstäblich) zeigt die Abhängigkeit der Temperaturerhöhung von der Wärmezuführung:

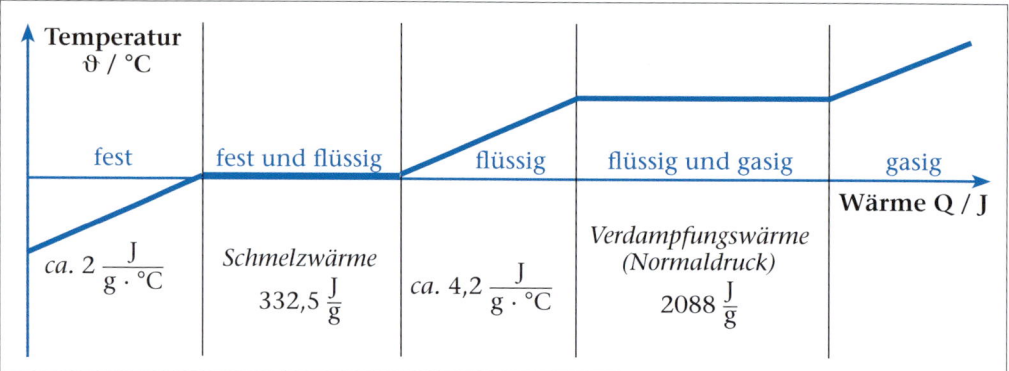

Die Wärmekapazität von Eis ist in erster Näherung konstant $2 \frac{J}{g \cdot C}$. Um die Temperatur von –20 °C auf 0 °C zu erhöhen, werden demnach 40 Joule für ein Gramm benötigt. Um es schließlich ganz aufzutauen, werden weitere 332,5 Joule pro Gramm (Schmelzwärme) benötigt. Wegen der hohen Schmelzwärme dauert es so lange, bis die Himbeeren auftauen (vgl. die Übung in 6.1: *Warum kühlt ein Eiswürfel?*).

Versuch 3:
Warum muss man während der Erwärmung rühren?
Die Wärmeleitfähigkeit von Wasser ist so gering, dass im Topf alle drei Aggregatzustände gleichzeitig vorkommen! Während das Thermometer an einigen Stellen gerade einmal 35 °C anzeigt, siedet die Flüssigkeit bereits an anderer Stelle. Obwohl es im Topf Temperaturen von 100 °C gibt, kann man am Rand den Finger eintauchen.

Aufgrund der sehr niedrigen Wärmeleitfähigkeit würden die Himbeeren unten anbrennen, während sie oben noch gefroren sind. Mittels ständigem Rühren wird die Temperatur gleichmäßig verteilt. Hätte Wasser eine gute Leitfähigkeit, bräuchte man keinen Kochlöffel.

Versuch 4:

Die Himbeeren haben jetzt eine Temperatur von ca. 75 °C. Ist es nötig, den Brenner während dem Schöpfen auf kleiner Flamme zu lassen?
Wasser hat eine sehr hohe Wärmekapazität und ist noch dazu ein schlechter Wärmeleiter. Daher sinkt die Temperatur der Himbeeren nur sehr langsam. (Setzt man noch den Deckel auf den Topf, dann verdampft auch fast keine Flüssigkeit.)

Versuch 5:

Im Teller bleiben die Himbeeren erstaunlich lange heiß und das Eis schmilzt nur sehr langsam. Warum ist das so?
Es liegt an den extremen Eigenschaften des Wassers, dass man Vanilleeis mit heißen Himbeeren in dieser Form genießen kann und nicht sofort ein Matsch im Teller entsteht. In den Versuchen 1 – 4 sind schon alle Gründe demonstriert worden:
Vanilleeis und Himbeeren bestehen hauptsächlich aus Wasser, das ein sehr *schlechter Wärmeleiter* ist. An der Grenze zwischen Eis und Himbeeren wirkt das Wasser der Himbeeren (bzw. das Wasser des geschmolzenen Eises) als Isolierschicht. Zweitens ist die *Schmelzwärme* von Wasser sehr hoch, daher schmilzt das Eis nur sehr langsam. Und schließlich ist die *Wärmekapazität* von Wasser sehr hoch, daher kühlen die Himbeeren nur allmählich ab.

Noch zwei didaktische Bemerkungen:
Hier wird Unterricht unmittelbar mit dem „normalen" Leben verknüpft. Natürlich wird die Küche in den Unterrichtsraum geholt und ein Lernen mit allen Sinnen wird ermöglicht. Riechen und schmecken prägen sich sehr gut ein; abstrakte Begriffe wie Wärmekapazität, Wärmeleitung, Schmelzwärme werden erlebt, mit dem Alltag vernetzt und prägen sich daher nachhaltiger ein.
Und es gibt noch eine weitere Dimension, die des ungewöhnlichen Erlebens: Wenn die Schüler nach Hause kommen oder ihre Freunde treffen und erzählen, dann wird sehr wahrscheinlich die Frage gestellt: „Warum esst ihr denn Vanilleeis mit Himbeeren im Physikunterricht? Was hat denn das mit Physik zu tun?" Und es wird dem Befragten nichts anderes übrig bleiben, als zu erklären, warum im Unterricht Eis gegessen wurde.

6.6 Ein Geldschein brennt – Siedepunkt und Verdampfungswärme

Der Versuch ist genial einfach: drei Teile (Verschlusskappen) Alkohol, zwei Teile Wasser und optional noch einen Teelöffel Salz, damit die Flamme gut sichtbar gelb-orange leuchtet.

Testen Sie am besten erst einmal für sich die Mischung. Mein erstes Ergebnis sah so aus: Genau genommen war es mein zweiter Versuch: Beim ersten war es zu wenig Spiritus, beim zweiten zu viel. Die Kunst liegt darin, eine möglichst große

und lang anhaltende Flamme zu erzeugen, ohne dass der Schein Schaden nimmt.

Umsetzung im Klassenzimmer

Die Emotion steigt natürlich mit dem Wert des Geldes. Zwanzig Euro sind besser als fünf. Und wenn es nicht Ihr eigenes Geld ist, noch besser. Achten Sie darauf, dass der Geldschein überall gut in die Flüssigkeit eingetaucht wurde und lassen Sie möglichst den Besitzer selbst zünden.

Der Versuch ist eng verwandt mit 4.5. (*Wasser siedet in einem Papierbecher*). Solange das Wasser in dem Gemisch nicht verdampft ist, kann der Schein nicht heißer als 100 °C werden. Erst muss das Geld trocknen, damit die Temperatur ansteigen kann und der Flammpunkt von Papier erreicht wird. Doch das Verdampfen von Wasser benötigt viel Energie: ca. 2257 Joule pro Gramm! Zum Vergleich: Das ist siebenmal (!) mehr, als benötigt wird, um Wasser von Zimmertemperatur zum Sieden zu bringen.

Erweiterung:

Auch wenn man den Schein in reinen Spiritus legt, brennt er nicht sofort an. Die Temperatur des Scheines ist in diesem Fall sogar noch tiefer als im vorherigen Versuch, da die Siedetemperatur von Alkohol bei 65 °C liegt. Erst wenn „trockene Stellen" entstehen, wird der Schein angegriffen. Statt eines Geldscheines nimmt man jedoch besser ein Stück Zeitungspapier oder einen mit Spiritus getränkten Wattebausch. Das ist billiger!

Ein schönes Beispiel um zu zeigen, dass nur Gase und nicht Flüssigkeiten oder Feststoffe brennen. Zündet man trockenes Papier oder Holz an, so wird das Material erst vergast. Es brennt also nicht das Papier oder das Holz, sondern das durch die Hitze entstehende Gas.

6.7 Abschätzung der Verdampfungswärme

Ein hübsches Gedankenexperiment, um auf die Verdampfungswärme aufmerksam zu machen: Gäbe es keine Verdampfungswärme, würde Wasser schlagartig beim Erreichen der Siedetemperatur verdampfen und somit sein Volumen um ungefähr den Faktor 1700 erhöhen. Die Druckwelle würde die Fenster hinausschlagen!

Die Verdampfungswärme soll in einem Hausaufgabenexperiment abgeschätzt werden: Ein alter Topf wird mit wenig kaltem Wasser gefüllt (Füllhöhe ca. ein Zentimeter) und die Herdplatte eingeschaltet. Wenn das Wasser ca. 20 °C warm ist, wird der Deckel aufgesetzt und die Zeit gestoppt, bis das Wasser siedet. Dann wird der Deckel abgenommen und erneut die Zeit bestimmt, wie lange das Wasser braucht, um vollständig zu verdampfen. Aus der spezifischen Wärmekapazität von Wasser ($4{,}2\ \frac{J}{g\cdot°C}$) kann man die Verdampfungswärme ermitteln. Achtung: Man muss bei dem Experiment dabei bleiben! Solange Wasser im Topf ist, wird der Topf mit 100 °C „gekühlt". Die Temperatur steigt sprunghaft an, wenn das Wasser verdampft ist (vgl. 4.5 *Wasser siedet in einem Papierbecher*).

Wärmelehre

Kapitel 7

Wärmelehre mit den Händen

Es ist hübsch, dass man fast die ganze Wärmelehre der Mittelstufe mit den Händen erfassen kann. Man kann ohne irgendeinen Aufwand direkt in ein Thema einführen, den Stoff zusammenfassen oder wiederholen.

Erster Hauptsatz der Wärmelehre
Die *innere Energie* eines Körpers kann auf zwei Arten erhöht werden: durch Zuführung einer Wärmemenge Q oder durch die Übertragung mechanischer Energie W:
$$\Delta U = Q + W$$

Wir können uns eine alltägliche Tatsache bewusst machen: Wenn es uns an den Händen „kalt" ist, wenden wir verschiedene Methoden an, um die innere Energie unserer „kalten Hände" zu erhöhen. Wir verfolgen dabei zwei Strategien, die im Hauptsatz enthalten sind:

Strategie 1: Zuführung der Wärmemenge Q
Der Hand wird eine Wärmemenge Q zugeführt, indem man sie in die Hosentasche steckt oder anhaucht. In beiden Fällen wird die Hand in ein Wärmebad getaucht.

Strategie 2: Übertragung mechanischer Energie W
Die Hände werden aneinander gerieben. Die mechanisch zugeführte Energie W lässt sich genauer beschreiben. Energie ist zurückgelegter Weg in Kraftrichtung. Wenn die Hände doppelt so stark aneinander gepresst werden (somit die doppelte Reibungskraft erzeugt wird), muss nur noch mit halber Geschwindigkeit gerieben werden, um dieselbe Wirkung zu erzielen.
Schließlich kann man in die Hände klatschen. Auch hier erhöht die mechanische Energie (Verformungsenergie) die innere Energie.

Wärmetransport

Wärmeleitung
Wir geben uns gegenseitig kurz die Hände. Wärme fließt durch den direkten Kontakt von der Hand mit höherer zu der mit tieferer Temperatur.

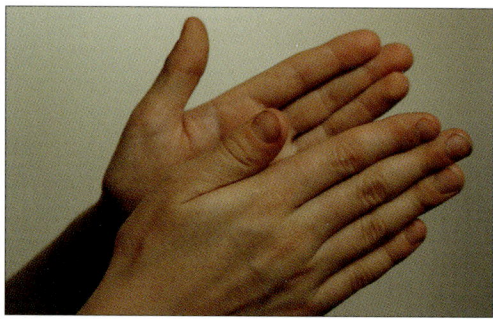
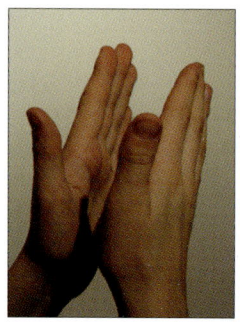

Wärmestrahlung
Wir halten die Handflächen in einem Abstand von ca. drei bis fünf Zentimetern zueinander und verändern den Abstand.
Um die Wärmestrahlung noch deutlicher zu spüren, können die Hände parallel zueinander verschoben werden.

Konvektion
Mit sauberen Händen allein ist die Konvektion schwer zu zeigen. Es müssten sich Partikel von der Hand ablösen (z. B. Staub oder Schmutz) und weitergegeben werden. Daher betrachten wir die Wärmeübertragung zwischen Lunge und Händen durch Anhauchen: Wir halten für einen kurzen Moment die eingeatmete Luft an, um sie zu erwärmen. Die ausströmende Luft erwärmt die Hände.

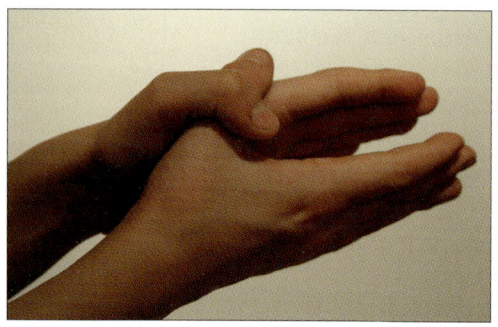

Eine Übung zum Wärmetransport
Die Handflächen werden wie im Beispiel der Wärmestrahlung im Abstand von ca. drei bis fünf Zentimetern zueinander gehalten. Zuerst senkrecht, also zum Himmel zeigend, und danach waagrecht, so dass die Handflächen parallel zur Erde ausgerichtet sind. Der Abstand zwischen den Handflächen wird nicht verändert. Man kann die Daumen als Abstandshalter verwenden:

In welchem Fall entsteht eine höhere Temperatur? Warum?

Eine mögliche Antwort

In senkrechter Stellung fühlen sich die Hände kühler an. In beiden Fällen ist zwar die Wärmestrahlung gleich, doch wird bei senkrechter Stellung der Hände die erwärmte Luft schneller abtransportiert. Sie steigt auf und es strömt kalte nach (Kamineffekt). Im anderen Fall staut sich die Luft etwas unter der oberen Hand.

Aus diesem Grund werden Kühllamellen bevorzugt senkrecht eingebaut. In unserem Händemodell haben wir zwei Lamellen „nachgebaut".

Eine Gruppenübung: Der Kamineffekt lässt sich mit mehreren Händen verstärken. Mit den Händen wird wie im Abschnitt 4.4 ein Schornstein gebaut.

Statt mit einer Turbine wird mit einem angefeuchtetem Zeigefinger untersucht, ob ein fühlbarer Luftstrom zustande gekommen ist. Die Frage, warum zum Nachweis ein feuchter Zeigefinger besser als ein trockener ist, klärt der folgende Abschnitt:

Verborgene Energie

Der Handrücken wird abgeleckt. Danach wird aus ca. 20 cm Entfernung leicht über die feuchte Stelle gepustet – es fühlt sich kühl an.

Erklärung

Die Feuchtigkeit verdunstet. Die für den Wechsel des Aggregatzustands benötigte Energie wird aus der Umgebung zugeführt. Die Temperatur sinkt. Fast jeder hat schon an flauen Tagen mit einem angefeuchteten Zeigefinger die Windrichtung bestimmt. Die Temperatur des Fingers kühlt an der Stelle ab, aus der der Wind weht. Es ist wieder derselbe Effekt: Im Windschatten des Zeigefingers verdunstet die Flüssigkeit langsamer als auf der Windseite. Also zeigt die kühle Seite in die Richtung, aus der der Wind kommt.

Wird statt der Zunge ein mit Alkohol getränkter Wattebausch verwendet, ist der Effekt wesentlich stärker, weil die Flüssigkeit schneller verdunstet. Kältesprays funktionieren auf diese Weise.

| Wärmelehre

Kapitel 8
Kinetische Gastheorie und die allgemeine Gasgleichung

Die kinetische Gastheorie verbindet zwei getrennte Gebiete der Physik miteinander. Durch die Vorstellung, dass ein ideales Gas aus kleinen Teilchen besteht, kann das makroskopische Verhalten von Gasen mit den Gesetzen der Mechanik erklärt werden! Kurz: Messbare (makroskopische) Größen wie Gasdruck und Temperatur werden in einem mechanischen Modell beschrieben. Welch ein Triumphzug für die Mechanik!

Auf den ersten Blick haben mechanische Größen wie Impuls, Masse und Geschwindigkeit nichts oder nur wenig mit der Temperatur und dem Druck eines Gases zu tun. In Kapitel 3 wurde der Begriff der Wärme bereits im Teilchenmodell behandelt.

Die allgemeine Gasgleichung beschreibt das Zusammenwirken dreier makroskopischer Größen. Es ist der Druck p, das eingenommene Gasvolumen V und die Temperatur T des Gases: $\frac{p \cdot V}{T}$ = konst = $n \cdot R$ wobei n die Anzahl der Mole und R die allgemeine Gaskonstante bezeichnet. In diesem Kapitel geht es nicht um die Herleitung der allgemeinen Gasgleichung.[8] Im Vordergrund steht das Nachempfinden makroskopischer Größen auf Teilchenebene. In diesem Sinne wird die allgemeine Gasgleichung mit theaterpädagogischen Methoden behandelt. Das Beispiel ist inhaltlich zentral und soll die didaktische Bedeutung von Menschenmodellen im Unterricht auf komplexeren Gebieten aufzeigen, mit dem Hintergedanken, dass die Methoden der Theaterpädagogik auch Einzug in die schulische Oberstufe und in die Hochschule finden. Vielleicht ist es besser, von einer Theater*didaktik*

---

8   Die allgemeine Gasgleichung kann auf experimentellem Wege gefunden werden. Ein möglicher Weg betrachtet ein ideales Gas (mit einem Volumen V_0, einem Druck p_0 und einer Temperatur T_0), welches in zwei Schritten eine Zustandsänderung erfährt. Hierbei werden die Gesetze von Gay-Lussac und Boyle-Mariotte nacheinander angewendet. Eine Darstellung findet sich zum Beispiel bei Manfred Ronge und Heinrich Schmid, Experimentalphysik I, Attempto Verlag Tübingen, [5]1990, S. 174.

statt von einer Theater*pädagogik* zu sprechen, wobei die Grenzen fließend sind.

Man kann die allgemeine Gasgleichung sowohl qualitativ als auch quantitativ behandeln. So kann eine Temperaturabnahme qualitativ durch das Verlangsamen des Gasteilchens dargestellt werden; ebenso kann man die (mittlere) kinetische Energie eines Teilchens ($W_B = \frac{1}{2} \cdot m \cdot v^2$) als Maß für die Temperatur verstehen.[9] Hierzu muss im Unterricht natürlich zuvor Energie und Impulserhaltung behandelt sein. Wie tief man in die Theorie einsteigen möchte, bleibt dem Leser überlassen. Der große Vorteil der theatralen Darstellung liegt darin, dass schwache und starke Schüler beliebig tief über die Thematik nachdenken können. Anders formuliert: Das Modellieren mit Schülern ist von sich aus binnendifferenziert!

Der Ablauf der Übung hängt stark vom Vorwissen der Schüler ab. Es gibt hunderte von Möglichkeiten, Fragen zu stellen und darauf zu antworten. Hier soll nur ein mögliches Grundgerüst wiedergegeben werden, um einen Zugang für die bekannten Gesetze auf Teilchenebene zu finden. An welcher Stelle der Lehrer für eine Frage oder eine Reflexion unterbricht, klärt sich durch die jeweilige Situation.

8.1 Modellbildung: Druck und Temperatur im Mikrokosmos der Teilchen

Manche Dinge im Modell sind absurd. Der eine oder andere Leser wird in den folgenden Zeilen vielleicht an die Absurdität von *Schrödingers Katze* erinnert, die nach den Gesetzen der Quantenmechanik gleichzeitig tot wie auch lebendig in ihrem Kasten sitzt. Das Kopfschütteln darüber ist vollkommen normal: Wenn wir die Dinge des ganz Kleinen auf unsere (makroskopische) Vorstellungswelt übertragen, erscheinen manche Dinge absurd. An diesem Unterschied lässt sich die Eigenart der mikroskopischen Welt veranschaulichen und etwas verstehen.

Das Gas wird durch die Klasse dargestellt. Jeder Schüler nimmt dabei die Rolle eines idealen *Gasteilchens* ein. (Die verschiedenen Rollen sind im Folgenden kursiv gedruckt.) Das heißt, er bewegt sich wie

---

9 In einem Gas der Temperatur T beträgt die mittlere kinetische Energie der Translationsbewegung eines Teilchens $\frac{3}{2} \cdot k \cdot T$, wobei T die Temperatur (in Kelvin) und k die Boltzmannkonstante darstellt.

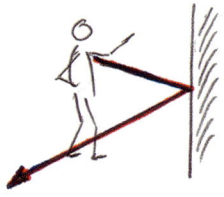

eine Billardkugel geradlinig durch den Raum; an der Wand wird er, wie in der Optik gelernt, reflektiert (Einfallswinkel = Reflexionswinkel). Als ideales Gas haben alle Schüler im Modell nicht nur dieselbe Masse, sondern sehen auch alle identisch aus. Individualität gibt es nur in der makroskopischen Welt; die *Modellteilchen* sind beliebig austauschbar.

Die Deutung der Temperatur im Mikrokosmos
Je schneller ein Schüler (*Teilchen*) sich bewegt, desto höher ist die Temperatur im Klassenraum. Genauer ist die (mittlere) thermische Energie der Teilchen ($W_B = \frac{1}{2} \cdot m \cdot v^2$) ein Maß für die Temperatur. Wird dem *Gasteilchen* die vierfache Energie zugeführt, hat es die doppelte Geschwindigkeit, da die Geschwindigkeit im Quadrat steht. Beim absoluten Nullpunkt bewegt sich kein *Teilchen*.

Bei einem idealen Gas können zwei *Teilchen* nicht aufeinandertreffen. In unserem Modell handelt es sich demnach um ein reales Gas. Prallen zwei *Teilchen* aufeinander, handelt es sich auch beim realen Gas um vollkommen elastische Stöße. In unserem Modell gibt es also keine blauen Flecken, weil nur vollkommen elastische Verformungen stattfinden. Man kann vereinbaren, dass alle Schüler zu Beginn dieselbe kinetische Energie (und somit dieselbe Geschwindigkeit) besitzen. Das ist natürlich sehr idealisiert! Wir können keine Aussagen für ein einzelnes *Teilchen* machen. Wir wissen nur, welche Energie wir insgesamt auf das Gas übertragen haben. Ergo können wir nur etwas über die durchschnittliche Energie eines einzelnen Teilchens aussagen. Es gibt also eine Geschwindigkeitsverteilung. Wenn nun ein langsamer Schüler frontal auf einen schnelleren stößt, werden gemäß dem Impulsgesetz der zuvor Langsame nach dem Stoß mit einer höheren und der andere mit einer langsameren Geschwindigkeit weitergehen. (Für den elastischen Stoß können die Schüler die Arme mitbenutzen. Langsamer ist besser.)

Die Deutung des Drucks im Mikrokosmos
Prallt ein *Teilchen* frontal gegen die Wand, wird es zurückgeworfen. Vor dem Stoß hatte das *Teilchen* den Impuls $p_{vor} = m \cdot v$; hinterher $p_{nach} = -m \cdot v$ hat es, da sich die Geschwindigkeit in der Richtung um-

kehrt. (Bei einem nichtfrontalen Stoß kann die Geschwindigkeit in Komponenten senkrecht und parallel zur Wand zerlegt werden.) Insgesamt gibt es eine Impulsänderung von $\Delta p = p_{nach} - p_{vor} = -2 \cdot m \cdot v$. Nun ist die zeitliche Änderung des Impulses nichts anderes als die Kraft, die der Schüler bzw. das *Teilchen* spürt. Während des Stoßes zeigt die Kraft in den Raum hinein. Damit erklärt sich das Vorzeichen: Ist die Geschwindigkeit des *Teilchens* vor dem Stoß positiv, so ergibt sich jetzt eine negative Kraft ($F = \frac{\Delta p}{\Delta t} = \frac{-2mv}{\Delta t}$), da beide Richtungen entgegengesetzt sind.

Der Gasdruck lässt sich also mit mikroskopischen Stößen deuten. Bei jedem Stoß wirkt über eine bestimmte Zeit (Δt) eine Kraft auf die Wand. Je mehr *Teilchen* gegen die Wand prasseln und je größer ihre Geschwindigkeit ist, desto stärker ist der Druck.

Die allgemeine Gasgleichung enthält drei Spezialfälle, die dadurch entstehen, dass eine Größe konstant gehalten wird. Für die Herleitung werden nur zwei benötigt; das Gesetz von Amontons ist der Vollständigkeit geschuldet. Wie üblich müssen die Schüler das Nachempfinden im Schülermodell wollen, ansonsten entsteht Chaos.

8.2 Gesetz von Boyle und Mariotte (p · V = konst)

(die Temperatur *T* bleibt konstant, isotherme Zustandsänderung)

Am besten macht man die Übung am Ende eines Ganges, wo keine Tische und Stühle im Weg stehen und vom Geschehen ablenken. Der Gang stellt die Wand des Zylinders dar. Um das Gasvolumen zu verändern, wird der zugehörige Kolben durch eine Schnur oder durch eine eingehakte Schülerkette dargestellt. Zuvor an die Tafel gezeichnete Bilder helfen mehr als tausend Worte:

Wird der Kolben (in *x*-Richtung) hineingedrückt, erfahren die *Teilchen* einen zusätzlichen Impuls (in *x*-Richtung) und werden daher schneller. Wir kennen das Phänomen beim Fahrradreifenaufpumpen: Das Ventil wird heiß. Um die Temperatur konstant zu halten, muss der Zylinder unendlich langsam hineingefahren werden, so dass die Wärme an die umgebenden Wände abgegeben werden kann. Im Folgenden soll genügend langsam vorgegangen werden.

Mit konstanter Temperatur bleiben die Energie und damit die Geschwindigkeit der einzelnen Teilchen (im Mittel) konstant. Wird das Volumen verkleinert, stoßen die Teilchen häufiger an die Wand, einfach deswegen, weil die Weglängen von Wand zu Wand kleiner werden. Bei halbem Volumen prasseln die Teilchen doppelt so häufig auf die das Gas berührende Zylinderfläche. Also verdoppelt sich die Kraft auf den Zylinder und somit der Druck. Nichts anderes besagt das Gesetz von Boyle und Mariotte!

8.3 Gesetz von Gay-Lussac ($\frac{V}{T}$ = konst)

(der Druck *p* bleibt konstant, isobare Zustandsänderung)

Dieses Gesetz quantitativ richtig nachzustellen, ist etwas kniffliger. Das Gesetz von Gay-Lussac sagt aus, dass sich Volumen und Temperatur proportional zueinander verhalten: doppeltes Volumen, doppelte Temperatur. Qualitativ lässt sich der Sachverhalt relativ leicht nachempfinden: Wird das Volumen verdoppelt, dann müssen sich die Teilchen schneller bewegen, um den Druck auf die Zylinderfläche (dargestellt durch die rote Schnur) konstant zu halten:

Man könnte vermuten, dass die *Teilchen* einfach ihre Geschwindigkeit verdoppeln. Damit würde bei doppeltem Volumen wieder dieselbe Anzahl an Stößen erfolgen. Allerdings besitzen die *Teilchen* jetzt die doppelte Geschwindigkeit; daher ist die Impulsänderung doppelt so groß und somit verdoppelt sich auch die Kraft auf die Wand. Wenn hingegen die Teilchen nur um den Faktor $\sqrt{2}$ schneller werden, verringern sich die Stöße bei der Volumenverdopplung entsprechend. Gleichzeitig erhöht sich der Impuls (und somit die Impulsänderung) um diesen Faktor ($p_{neu} = \sqrt{2} \cdot mv$). Ein Maß für den Druck auf die Wand ist das Produkt aus der Anzahl der Stöße und der damit verbundenen Impulsänderung (Kraft). Die Anzahl der Stöße nimmt bei der Volumenverdopplung um den Faktor $\sqrt{2}$ ab, während die Impulsänderung um den Faktor $\sqrt{2}$ zunimmt. Der Druck bleibt also konstant.

Bemerkung: Wenn wir das Gesetz von Gay-Lussac als bekannt voraussetzen, dann ist die Geschwindigkeitserhöhung um den Faktor $\sqrt{2}$ leicht einzusehen, da bei der kinetischen Energie ($T = \frac{1}{2} m \cdot v^2$) die Geschwindigkeit im Quadrat steht.

8.4 Gesetz von Amontons ($\frac{p}{T}$ = konstant)

(das Volumen V bleibt konstant, isochore Zustandsänderung)

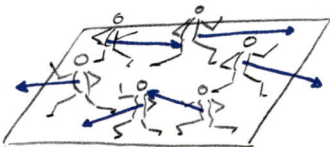

Wir wollen uns überlegen, wie sich der Druck (in x-Richtung) verändert, wenn sich die Geschwindigkeit der Teilchen (in x-Richtung) verdoppelt. Zum einen verdoppeln sich die Anzahl der Stöße, zum andern liefert jeder Stoß die doppelte Impulsänderung. Das Produkt aus der Anzahl der Stöße und der Impulsänderung hat sich somit vervierfacht, also der Druck ebenfalls.

Auch die Energie der Teilchen vervierfacht sich, da die Geschwindigkeit bei der kinetischen Energie im Quadrat steht. Somit bleibt der Quotient aus Druck und Temperatur konstant.

8.5 Abschließende Betrachtung

Falls ein Lehrer oder Dozent von der Möglichkeit des Nachempfindens der allgemeinen Gasgleichung angetan ist, so wird er sich fragen, ob man die Sache zuerst theoretisch an der Tafel herleitet oder ob man besser zuerst ins darstellende Spiel geht.

Die Antwort bleibe ich dem Leser schuldig. Bei mir ist die gewählte Reihenfolge eine Bauchentscheidung: So kann z. B. die makroskopisch gefundene Formel ($\frac{p \cdot V}{T}$ = konst = $n \cdot R$) überprüft werden, ob sie auch auf Teilchenebene zu verstehen ist. Es ist möglich, erst zu spielen, dann zur experimentellen Untersuchung (bzw. zur Tafel) zu gehen und dann wieder zu spielen. Durch das interaktive Modell wird der Sachverhalt wesentlich klarer und man kann auf Schülerfragen unmittelbar eingehen. In den letzten Abschnitten wurde lediglich eine grobe Skizze vorgestellt. Es ist schwer, ein dreidimensionales, interaktives Erleben auf ein starres zweidimensionales Buchformat zu bringen. Obwohl ich mir beim Schreiben alle Mühe gegeben habe, wird man den wesentlichen Vorteil des interaktiven Modells erst im konkreten Umsetzen nachvollziehen können.

Kapitel 9

Trägheit und gleichförmige Bewegung

9.1 Der Trägheitssatz

Der Weltraum – unendliche Weiten. Wir befinden uns fernab aller Planentensysteme und Galaxien. Mutterseelenallein rast Held Hugo mit einer Geschwindigkeit von tausend Metern pro Sekunde durch den Orbit. Dann der Schreck: Der Tank ist leer. Dem schließt sich die Frage an: Wird Hugo auf seiner Rakete unaufhörlich weiter durch den Weltraum gleiten oder endet irgendwann einmal die Bewegung?

Die Frage ist abstrakt. Man kann das nicht mit einer Klasse ausprobieren: einfach bei der NASA anrufen, eine Rakete mieten und möglichst vorher noch die Einverständniserklärung der Eltern einholen. Und eben weil es nicht geht, ist die Frage abstrakt. Keiner von uns ist je durch den interstellaren Raum geflogen. Wir können modellhaft, z. B. mit einer Luftkissen- oder Rollenfahrbahn, versuchen, die Situation nachzuempfinden – trotzdem ist ein Flug durchs Universum etwas anderes.

Die Frage, ob die Bewegung eine unaufhörliche ist oder nicht, ist grundlegend. Es ist die Frage nach dem Trägheitssatz. Selbst großartige Denker wie *Aristoteles* und *Galileo Galilei* kommen zu unterschiedlichen Ergebnissen. Das Ringen um die richtige Antwort kann gut mit Schülern nachempfunden werden. Alle Schüler, die der Meinung sind, dass die Bewegung unaufhörlich fortbesteht, beziehen ihren Standpunkt an der linken Wand des Klassenzimmers. Wer glaubt, dass die Bewegung irgendwann endet, entsprechend an der rechten Wand. Die Mitte ist nicht zugelassen, jeder muss in der folgenden Diskussion einen Standpunkt einnehmen.

BEWEGUNG IST
UNAUFHÖRLICH

BEWEGUNG
ENDET

Der Lehrer hält sich inhaltlich komplett aus der Diskussion heraus. Er legt den Rahmen für die Diskussion fest und sorgt für die Einhaltung von Regeln[10]:

- Ziel ist es, dass alle Schüler nach der Diskussion auf *einer* Seite stehen.
- Nur der spricht, der den Helden Hugo in der Hand hält.
- Das Rederecht wird mit Hugo, der als Redestab fungiert, an einen Mitschüler abgegeben. Dieser muss sich nicht unbedingt gemeldet haben. Durch diese Maßnahme wird kein Moderator benötigt.
- Jeder darf jederzeit den Standpunkt wechseln. Stillschweigend.
- Gesprochen wird nicht zum Lehrer, sondern jeweils zu der Gruppe, die man überzeugen möchte.
- Beide Parteien sollen, unabhängig von der Anzahl ihrer Mitglieder, abwechselnd reden. Als Erstes erhält die Minderheit das Wort.

Bisweilen ist die Atmosphäre so gespannt, dass der Wunsch nach freier Diskussion – also ohne Redestab – besteht. Dem kann der Lehrer nachgeben, indem er für drei Minuten die Diskussion unterbricht. Herrscht Gleichheit auf beiden Seiten, so kann man die Schüler auffordern, sich in Paaren gegenseitig zu überzeugen.
Oft ist es so, dass die „richtige" Seite immer mehr Mitglieder verliert. Zu Beginn mag es für den Lehrer schwer aushaltbar sein, seine Schüler in eine Sackgasse laufen zu lassen. Vielleicht hilft das Wissen, dass Forschung auf genau diese Art und Weise geschieht. Weiter ist es eine wichtige Erfahrung für einen Schüler, wenn er fast alleine auf der „richtigen" Seite steht oder zu stehen meint. Die Mehrheit hat nicht

---

10   Vergleiche Band I, *Methode Redestab*, S. 76

schon deshalb Recht, weil sie die Mehrheit ist. An dieser Stelle kann die demokratische Praxis in unserem Land kritisch betrachtet werden: Mehrheitsbeschlüsse sind nicht immer richtig. Oft ist es die geschickte Rhetorik eines Einzelnen, der seine Mitschüler zum Meinungswechsel veranlasst. Mitunter wechselt die Mehrheit ihre Position nach momentanen Stimmungen. So kann Politik zur Meinungsmache werden. Auch dieses Wissen gehört – leider – zum Leben und zum Handeln dazu. Es genügt eben nicht, die Wahrheit zu kennen, man muss die anderen auch davon überzeugen können. Was nützt es, wenn Sie wissen, dass jetzt etwas gegen die Klimakatastrophe unternommen werden muss, jedoch der Allgemeinheit nicht erklären können, dass dieses Projekt auch finanziert werden muss. Für die Schüler ist es ein Spiel, die anderen zu überzeugen. Es macht die Spannung in der Diskussion aus.

Die Auflösung kann durch *Aristoteles* und *Galilei* geschehen. Wahrscheinlich wird man die Texte mehrmals vorlesen müssen, da sie allein schon von der Sprache her schwierig zu verstehen sind. Dennoch ist die Konzentration, nach über einer halben Stunde Diskussion, ungeheuer hoch. Geschlossene Schüleraugen steigern die Wirkung der Texte:

> Aristoteles (384 – 322 v. Chr.)[11]
> *Alles, was sich bewegt, bewegt sich entweder von Natur aus* (fallender Stein) *oder durch eine äußere Kraft* (Wagen) *oder vermöge seines freien Willens* (Mensch).

> Galilei (um 1640)[12]
> *Indes ist zu beachten, daß der Geschwindigkeitswert, den der Körper aufweist, in ihm selbst unzerstörbar enthalten ist, (…) was man nur auf horizontalen Ebenen bemerkt (…). Hieraus folgt, daß die Bewegung in der Horizontalen eine unaufhörliche sei.*

---

11 Aristoteles: Physik. Übersetzt und mit Anmerkungen begleitet von C. H. Weiße, Leipzig: Johann Ambrosius Barth, 1829
12 Galilei: *Discorsi e dimostrazioni matematiche*, Leiden 1638
deutsch: *Unterredung und mathematische Demonstration über zwei neue Wissenszweige die Mechanik und die Fullgesetze betreffend*, Leipzig 1890

Für die, die auf der „falschen" Seite standen, mag es ein Trost sein, dass selbst Aristoteles die Auffassung vertrat, dass zur Aufrechterhaltung einer Bewegung ständig eine Kraft nötig sei.

Es bleibt zum Schluss noch die Formulierung des Trägheitssatzes:
Ein jeder Körper bleibt im Zustand der Ruhe oder der gleichförmigen Bewegung, solange keine äußeren Kräfte an ihm wirken. Und die Umkehrung: *Verändert ein Körper (beispielsweise Hugos Raumschiff) seinen Bewegungszustand, (indem er beschleunigt oder seine Richtung verändert,) muss eine Kraft auf ihn einwirken.*

9.2   Physik und Science Fiction

Science Fiction hat einen erheblichen Einfluss auf die physikalische Vorstellungswelt der Schüler. Natürlich mögen wir die Fluggeräusche im Kino, wenn ein Raumschiff auf der Leinwand von links nach rechts rauscht. Doch physikalisch betrachtet dürften wir nichts hören. Auch ein Raumgleiter schaltet beim Landeanflug nicht einfach seine Düsen aus und wird dadurch langsamer. Es gibt Filmlandungen, in denen die Rakete die ganze Zeit mit Hilfe ihrer Triebwerke beschleunigen würde und ohne Bremsraketen auf dem interstellaren Raumkreuzer wie ein Geschoss einschlagen müsste.

Umsetzung im Unterricht:
Es geht auch ohne passende Filmausschnitte. Aber etwas „Star Wars" im Physiksaal kann nicht schaden. Die Schüler erhalten dann die Aufgabe, physikalische Fehler zu finden.

Nach der Fehlersuche lässt sich die filmische Darstellung kritisch hinterfragen. Damit ein Film für den Betrachter wirkt und logisch erscheint, muss er an dessen Erfahrungen anknüpfen. So betrachtet ergibt es durchaus einen Sinn, wenn ein Raumschiff für seine Fortbewegung im Film fälschlicherweise stets Energie benötigt, eben weil die Besucher das vom Autofahren her kennen. Es ist eine gute Möglichkeit, die Unterhaltungsindustrie zu hinterfragen. Deren Ziel besteht ja nicht in erster Linie in der Vermittlung physikalischer Wirklichkeiten, sondern in der Füllung der Kinokassen! Haben wir Lehrer nicht einen wunderbar ehrlichen Beruf?

9.3 Experimente zur Trägheit

Rohe oder gekochte Eier?

Ob ein Ei roh oder bereits gekocht ist, lässt sich mit einem einfachen Verfahren feststellen: Man nimmt das Ei und wirft es mit aller Wucht gegen eine Wand. Die Methode funktioniert immer, hat allerdings den entscheidenden Nachteil, dass das Ei hinterher kaputt und die Wand schmutzig ist.

Umsetzung im Unterricht:

Jede Gruppe bekommt ein Ei und soll herausfinden, ob ihr Ei hart oder weich ist, *ohne* es zu zerstören. Interessanter wird es, wenn bereits gekochte Eier darunter sind. Manche Gruppen schütteln das Ei heftig und – in der Tat – man hört beim rohen Ei ein Gluckergeräusch. Es besteht allerdings die Gefahr, dass sich im Ei dann Eigelb und Eiweiß vermischen, es also innen zerstört wird. Man kann die Schütteltechnik ausschließen, indem eine Technik für einen älteren, schwerhörigen Menschen gefunden werden soll.

Eine mögliche Technik:

Ein rohes Ei lässt sich aufgrund der Trägheit des Dotters nur in eine langsame Rotation versetzen. Hingegen lässt sich ein hartgekochtes so schnell andrehen, dass es sich sogar aufrichtet (vgl.15.6).

Eine zweite Technik:

Wieder wird das Ei in Rotation versetzt. Danach hält man mit der flachen Hand *kurz* die Bewegung an. Ein hartgekochtes Ei bleibt danach in Ruhe, ein rohes dreht sich weiter.

Die zweite Lösung ist klarer, da sich „langsame" und „schnelle" Rotation nicht so deutlich unterscheiden lassen wie Ruhe und Bewegung.

Erklärung beider Techniken:

Der Eidotter ist *träge*. In erster Näherung wird nur die Schale in Rotation versetzt, das Innere bleibt in Ruhe. Daher lässt sich ein rohes Ei schlecht andrehen.

Aufgrund der Reibung zwischen Dotter und Schale rotiert nach kurzer Zeit alles. Wird jetzt das Ei außen (an der Schale) kurz festgehalten, dann behält der Dotter seinen Bewegungszustand bei und bringt anschließend auch die Schale wieder in Rotation.

Zerschlagen einer Leiste

Lässt sich eine auf zwei rohen Eiern gelagerte Leiste so zerschlagen, dass die Eier ganz bleiben? Mit Hilfe der obigen Technik kann man sich überzeugen, dass die Eier im folgenden Versuch roh sind. Im Aufbau wurde eine Leiste von 1 m Länge und einem Querschnitt von 10 mm x 10 mm verwendet. Leichter tun Sie sich mit 10 mm x 5 mm.

Statt Eierbecher zu verwenden, werden die Eier auf Ringe aus Knete gestellt. Damit die Leiste nicht abrutscht, wird oben ebenfalls Knete verwendet (vgl. Abbildung). Wenn Sie risikofreudig sind, nehmen Sie wie im Bild einen quadratischen Querschnitt von einem Zentimeter, ansonsten wählen Sie die Variante mit 10 mm x 5 mm. Achten Sie beim Aufbau darauf, in welche Richtung sich das Holz besser durchbiegen lässt.

Geschlagen wird mit einem Metallstab (Stativmaterial) auf die Mitte der Holzleiste. Vor dem Schlag kann eine weitere Leiste mit den Händen zerbrochen werden, um die Stabilität des Holzes zu zeigen.

Die Schüler(gruppen) bekommen fünf Minuten Zeit, um zu überlegen, wie man am besten auf die Latte schlägt. Häufig entstehen zwei Meinungen: Das eine Lager will gerade so stark draufschlagen, dass die Leiste bricht, das andere will so schnell wie möglich zuschlagen. Um die Diskussion weiter anzuregen, kann man „Schlagstöcke" aus unterschiedlichem Material auslegen. Hier werden eine Stativstange aus Aluminium und eine aus Stahl zur Auswahl gestellt.

Erklärung:
Die Holzleiste ist träge, kann somit der Bewegung des Schlages nicht schnell genug folgen und zerbricht. Durch den Schlag werden die Bruchstücke in Rotation um ihren Schwerpunkt versetzt, so dass sie sich von den Eiern abheben.

Die Eier bleiben also (am ehesten) ganz, wenn man so schnell wie möglich mit dem Alustab zuschlägt. Im Bild lässt sich die Bewegung der Bruchstücke gut erkennen.

Der Alustab besitzt die geringere Masse und kann daher leichter beschleunigt werden. Wichtig ist, dass wirklich schnell zugeschlagen wird. Ist der Schlag zu langsam, wird ein Putzeimer nötig.

Zur Didaktik:

Natürlich kann man den Stab auch auf beiden Seiten in Papierschlaufen hängen, aber das Erlebnis ist dann nicht so stark. Bei der hier verwendeten Leiste (Querschnitt: 10 mm x 10 mm, Länge: 1 m, Fichte) gehen im Schnitt bei jedem dritten Schlag die Eier kaputt. Didaktisch gesehen lässt sich am Scheitern genauso gut lernen, sogar noch nachhaltiger.

In den Experimenten wurden Eier verwendet, um das Phänomen der Trägheit in den Alltag zu bringen. Rohe und hartgekochte Eier beim Backen und Kochen unterscheiden zu können, ist eine echte Hilfe.

Alternativen und weitere Experimente zur Trägheit

Wer keine Eier zur Hand hat oder einer eventuellen Sauerei ausweichen möchte, kann wie oben erwähnt den Stab in Papierschlaufen einhängen. Ebenfalls wirkungsvoll ist es, wenn zwei Schüler den Stab halten. Der Stab wird dabei von oben gehalten und zwar so, dass zwischen Daumen und Zeigefinger eine Sollbruchstelle entsteht, wo die Leiste herausrutschen kann, falls sie nicht bricht:

Die Schüler sollen sich weitere Experimente zur Trägheit überlegen und ggf. durchführen. Es gibt viele Beispiele:

- Ein nicht angeschnallter Autofahrer behält seine Bewegung beim Aufprall bei und „fliegt" durch die Windschutzscheibe.
- Wird ein Stück Papier sehr schnell unter einer Münze weggezogen, bleibt diese liegen.
- Ein Hammer besteht aus einem Kopf und einem Stiel. Um beides fest ineinander zu verkeilen, schlägt man mit einem weiteren Hammer auf den (Holz-)Stiel, weil er eine geringere Masse als der Metallkopf hat und somit weniger träge ist.
- Ein Blatt Klopapier reißt von der Rolle ab, wenn man rasch zieht. Bei langsamem Zug lässt sich die ganze Rolle abwickeln.

9.4   Die einfachste Form der Bewegung

Die Idee der Trägheit lässt sich einfach nachempfinden: Die Schüler sollen sich so *träge* wie nur möglich hinsetzen.[13] Hilfreich ist die Vor-

---

13   Der Begriff der Trägheit wird hier in einem bestimmten (physikalischen) Sinn verwendet. Es geht bei der Trägheit nicht um Bewegungslosigkeit. Trägheit ist mit Faulheit gleichgesetzt. Soll beispielsweise eine Hand gehoben werden, muss etwas dafür getan werden, um deren Bewegungszustand zu ändern.

Beim Unterrichten ist es wichtig, dass der Schüler nicht unreflektiert Begriffe aus dem Alltag auf die Physik anwendet und an sogenannten Präkonzepten festhält. Man darf also kritisch sein: Auch ein gleichförmig bewegter Körper ist träge.

stellung, dass man zwei Tage gewandert ist und nicht geschlafen hat. Das Ergebnis der Übung sieht in etwa so aus:

Es ist eine Tatsache, dass *jeder Körper seinen Bewegungszustand beibehält, solange keine (äußere) Kraft an ihm angreift.* Das lässt sich leicht illustrieren, indem der Lehrer zum Beispiel den Arm eines Schülers hochhält. Ohne Krafteinwirkung (des Lehrers) wäre der Arm nicht nach oben gekommen und er würde ewig oben bleiben, wenn die Erdanziehungskraft ihn nicht wieder nach unten bewegen würde.

Die einfachste Art der Bewegung eines Körpers ist offensichtlich die, bei der keine äußere Kraft angreift. Als Resultat würde man eine *gleichförmige Bewegung* erhalten. Leider lässt sich eine solche idealisierte Bewegung nicht realisieren. Ein Luftkissentisch vermindert nur die Reibungskraft und selbst im interstellaren Raum befindet sich noch ein Atom auf einem Kubikmeter. Wir sprechen also von einer Idee, die es real nicht gibt. Wir sagen: *Wenn* es keine Reibung gäbe, *dann würde* der Körper endlos seine Geschwindigkeit beibehalten. Das fasziniert: Die Physik wird zur Ideenlehre. Wir abstrahieren und vereinfachen damit die Wirklichkeit. Somit kann die Idee der Trägheit als Basismodell für die Mechanik gesehen werden.

Eine gleichförmige Bewegung *ohne* Krafteinwirkung gibt es aufgrund von Reibung nicht. Der Trägheitssatz lässt sich jedoch erweitern, indem die *Summe aller auf den Körper wirkenden Kräfte* verschwindet. Auf diese Weise lässt sich eine gleichförmige Bewegung realisieren. In den folgenden Unterkapiteln wird das ausgenutzt.

9.5   Die gleichförmige Bewegung mit der Bahn

Vor allem jüngere Schüler haben Schwierigkeiten mit dem Lesen von Schaubildern. Das ist verständlich, da in jedem Punkt eines Diagramms zwei Informationen enthalten sind: Die Projektion auf die *x*-Achse liefert eine Zeitangabe, die Projektion auf die *y*-Achse eine Streckenangabe. Vor allem das Fortschreiten der Zeit macht das Lesen eines Schaubildes nicht gerade einfach.

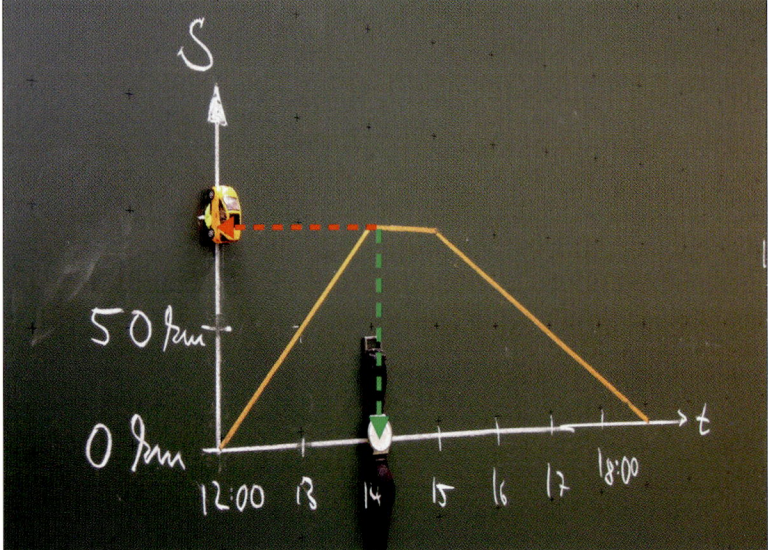

Das Auto fährt in der Abbildung nach oben. Das Fortschreiten der Zeit wird durch entsprechendes Fortschreiten nach rechts verdeutlicht.

Übungsvorschlag:
Die Schüler besorgen sich als Hausaufgabe einen Fahrplan einer ihnen möglichst vertrauten Strecke (z. B. unter http://reiseauskunft.bahn. de/bin/query.exe/d). Hier wurde ein Fahrplan ausgeteilt, damit die Schaubilder in der Folgestunde miteinander verglichen werden konnten:

Hechingen	ab	13:01	2	🚆	HzL85726	Hohenzollerische Landesbahn AG
Bodelshausen	ab	13:05				Fahrradmitnahme begrenzt
Bad Sebastiansweiler-Belsen	ab	13:08				möglich, nur 2. Klasse,
Mössingen	ab	13:14				Hohenzollerische Landesbahn AG
Nehren	ab	13:17				
Dußlingen	ab	13:21				
Tübingen-Derendingen	ab	13:26				
Tübingen Hbf						

Um das Schaubild zeichnen zu können, benötigen die Schüler noch die jeweiligen Entfernungen vom Startbahnhof. Sie können mit einer Landkarte oder einem Routenplaner bestimmt werden. In ICs oder ICEs liegen stets Informationen über die Zeiten aus, die auch die Entfernungen zwischen den einzelnen Bahnhöfen enthalten. Dort sind sogar die Haltezeiten (an/ab) in den Bahnhöfen angegeben, was bei der dargestellten

Strecke Hechingen-Tübingen vernachlässigt wurde. Die Sache mit dem ICE oder IC ist also einfacher, aber weiter entfernt vom Schüleralltag.

Die gezeichneten Schaubilder lassen sich bestens an einer Modellbahn diskutieren:

Wo ist der Zug am schnellsten? Bewegt sich der Zug überhaupt zu allen Zeiten gleichförmig? Wie müssten die Haltezeiten an den Stationen eingezeichnet werden? Wo ist die Wartezeit am längsten? Wie schnell fährt der Zug im Durchschnitt (ohne Haltezeiten)? Und so weiter …

9.6 Geschichten und Diagramme

Ein Schaubild soll von den Schülern interpretiert werden. Konkret: Wie schnell und welchen Weg ist das Auto gefahren und wo steht es jetzt?

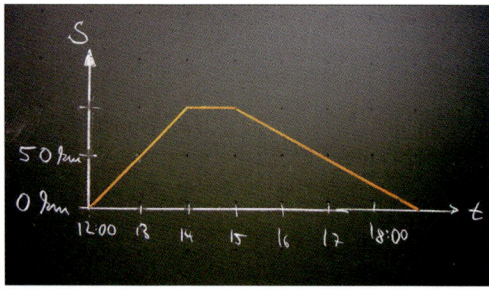

Schritt 1 – Einzelarbeit
Der Lehrer zeichnet z. B. das abgebildete Diagramm an die Tafel. Zunächst versucht jeder die Aufgabe alleine zu lösen. Wer auf keinen grünen Zweig kommt, soll sich eine möglichst klare Frage zu dem Schaubild überlegen. Damit hat nach einer knappen Minute jeder Schüler zumindest eine Idee im Kopf (Methode: Fluss in den Farbsee[14]).

Schritt 2 – Diskussion
Auf ein Zeichen des Lehrers wird eine dreiminütige freie Gruppendiskussion eröffnet. Eine gute Hilfe für die Schüler ist ein Modellauto für jede Gruppe.

Schritt 3 – Lösungsfindung
Es darf nur eine Person reden. Der jeweilige Redner erhält einen bestimmten Gegenstand (Kreide, Mäppchen) und gibt ihn nach seinem Beitrag an einen Mitschüler weiter. Der Lehrer achtet nur auf die Regeleinhaltung, in das Gespräch greift er inhaltlich überhaupt nicht ein (Methode: Redestab).

Je nach Klasse reichen meist schon zwei Beispiele, um eine komplette Schulstunde zu füllen. Hier noch ein zweites:

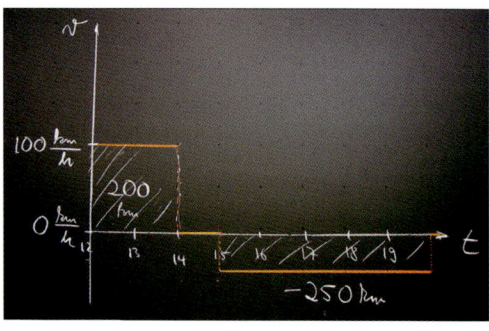

Die Geschichte hierzu könnte so lauten: Ein Auto fährt zwei Stunden lang mit 100 km/h über eine Landstraße. Um 14 Uhr hat es einen Unfall. Eine Stunde später kommt der ADAC und schleppt das Auto mit 50 km/h ab. Die Werkstatt liegt allerdings 50 km entgegengesetzt zur ursprünglichen Fahrtrichtung.

---

14 Vgl. Band 1 *Fluss in den Farbsee*, S. 70

Die Wegstrecken „200 km" und „−250 km" sind erst hinterher ins Tafelbild eingefügt worden.

9.7 Längenmessung mit der Uhr

Möchte man eine bestimmte Strecke messen, so kann man das mit Hilfe einer Uhr – vorausgesetzt, man kennt die eigene Schrittgeschwindigkeit.

Sie benötigen Schnur, Kreide und Stoppuhren. Die Datenerhebung dauert ca. 45 Minuten, die gesamte Umsetzung im Unterricht etwa 90 Minuten.

Vorgehensweise:
Schritt 1: Datenerhebung
Jede Gruppe zeichnet einen großen Kreis (Umfang 20 oder 40 Meter) und bestimmt damit die Schrittgeschwindigkeit jedes Mitglieds.

Bevor die Zeitmessung beginnt, soll sich der Läufer zuerst einlaufen: Das Ziel ist, eine Gangart zu finden, die möglichst gleichmäßig und für ihn typisch ist. Die Zeit wird stets an der Markierung „Start" von einem Partner gemessen. Es entsteht folgende Wertetabelle:

Manche Schüler machen folgenden (systematischen) Fehler, dass sie *um* den Kreis herum laufen. Möchte man genaue Ergebnisse, dann muss der Schwerpunkt (der Bauchnabel) stets exakt über der Kreislinie sein.

Zeit (t in s)	Wegstrecke (s in m)
0	0
	20
	40
	60
	80
	100
...	...

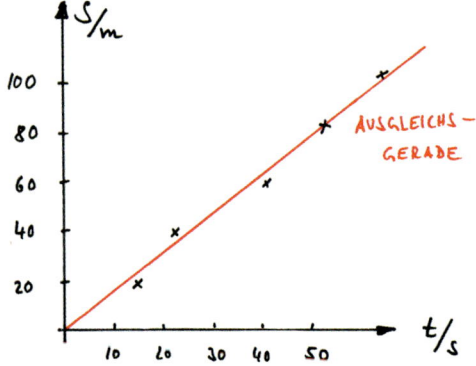

Schritt 2: Aufbereitung der Daten
Mit Hilfe einer Ausgleichsgerade im Zeit-Weg-Diagramm wird die Durchschnittsgeschwindigkeit bestimmt. Vergleiche die Skizze:

Schritt 3: Praxistest
Jeder Schüler soll die Länge einer vorgegebenen geraden Wegstrecke bestimmen. Die Laufstrecke markiert man am einfachsten mit einer Schnur; so kann man noch eine Woche später die Weglänge im Klassenzimmer ausmessen.

104

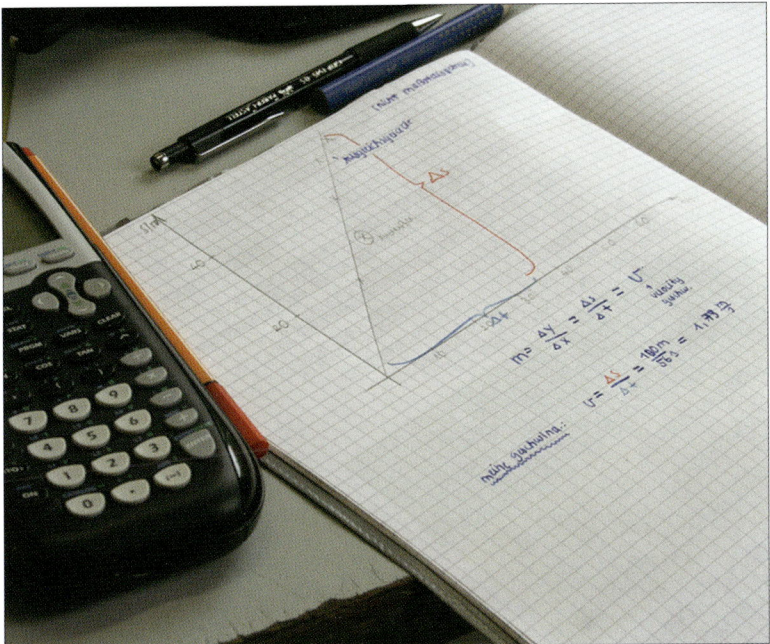

Der Schüler läuft also in seinem Tempo die Strecke ab und misst dabei selbst die Zeit. Ziel ist eine Genauigkeit von mindestens 5 %.

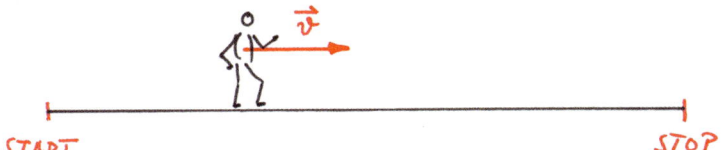

Das Diagramm wie auch die Berechnung der Weglänge kann zu Hause erstellt werden. Im Unterricht müssen nur die Daten erhoben werden. In der Folgestunde wird die Schnur abgemessen.

Bemerkung:

In der modernen Physik ist die Längenmessung durch die Definition der Lichtgeschwindigkeit auf eine Zeitmessung zurückgeführt. Der Versuch stellt also in gewissem Sinne eine Analogie dar. Um im dargestellten Schülerexperiment die Streckenmessung auf eine Zeitmessung zurückzuführen, muss man sich auf eine bestimmte Schrittgeschwindigkeit festlegen. In der Analogie entspricht diese der Lichtgeschwindigkeit.

Didaktische Erweiterungen:

Lesen aus Diagrammen

Wenn jeder Schüler mit Hilfe einer Ausgleichsgerade seine eigene Geschwindigkeit bestimmt hat, können weitere, vertiefende Fragen gestellt werden:

Wie würde das Schaubild verlaufen, wenn du exakt in der halben Geschwindigkeit gelaufen wärest?

Die Antwort wird hierbei mit Hilfe eines Stiftes gelegt:

Da jeder in seinem Heft (aufgrund seiner individuellen Geschwindigkeit) ein anderes Schaubild hat, muss die Erklärung konstruktiv sein; ein Zahlenwert würde nicht genügen. Die Antwort könnte in etwa so ausfallen: *In der gleichen Zeit wird nur die halbe Strecke zurückgelegt, also muss im Steigungsdreieck die Strecke halbiert werden.*

Ebenso kann nach der doppelten Geschwindigkeit gefragt werden. Zur Erklärung wird jetzt die Strecke auf der senkrechten Achse ver-

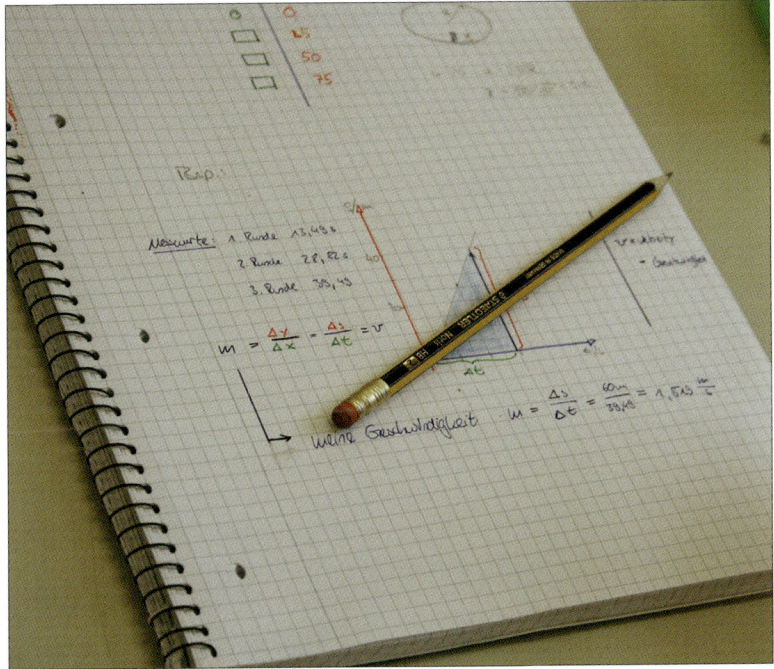

doppelt. Weiter kann man fragen, was es bedeutet, wenn das Schaubild waagrecht verläuft. Oder senkrecht. Das die Geschwindigkeit anschaulich die Steigung bedeutet, ist leicht nachzuvollziehen, da ja *jeder* ein Schaubild selbst gelaufen ist.

Abschätzen des relativen Fehlers
Interessanter ist die Übung, wenn man die Schüler zu Beginn schätzen lässt, wie groß ihr relativer Fehler ist. „Am besten wird gelernt unter leichter Anspannung, leichtem Stress, aber das Arbeitsergebnis muss *etwas besser sein als erwartet.*"[15] Es ist also durchaus sinnvoll, ein gewisses Maß an Genauigkeit vorzugeben (hier 5 %), das die Schüler unterbieten können.

Umsetzung:
Der Lehrer erklärt kurz den Ablauf der Übung. Wenn nötig, gibt es noch eine kurze Einführung in absolute und relative Fehler. Die Schätzungen werden vorerst nicht laut ausgesprochen; wer eine Prozent-

---

15   Ulrich Herrmann: *Neurodidaktik – neue Wege des Lehrens und Lernens*, in: Ulrich Herrmann (Hrsg.): Neurodidaktik, Beltz Verlag, Weinheim [2]2009, S. 11

angabe gefunden hat, lehnt sich zurück. Wenn alle so weit sind, notiert der Lehrer die Schätzwerte an der Tafel. Meist schätzen sich die Schüler zu schlecht ein. Genauigkeiten von fünf Prozent oder darunter sind durchaus realistisch.

Gruppenergebnisse sind besser – Leistungsvorteile der Gruppe

Mit Hilfe der relativen Fehler kann man sehr gut den Wert und die Bedeutung von Gruppenarbeit darstellen. Zuerst ermittelt jeder seinen *eigenen persönlichen* relativen Fehler. Hierzu wird zunächst der absolute Fehler nach der Formel $F_{abs} = R - s$ berechnet, wobei R den Rechenwert und s die durch den Zollstock abgemessene „wirkliche" Wegstrecke darstellt. (Wenn man möchte, kann man am Ende der Übung thematisieren, dass natürlich auch dieser Messwert einen Fehler besitzt und wir ihn hier vernachlässigt haben.) Bei der Berechnung achte man genau auf das Vorzeichen: Ist R größer als s, so erhält man ein positives, im anderen Falle ein negatives Ergebnis. Somit besitzt auch der jeweils persönliche *relative Fehler* F_{rel} ein Vorzeichen: $F_{rel} = \frac{F_{abs}}{s} = \frac{R - s}{s}$.

Arithmetisches Mittel innerhalb der Farbgruppen[16]: Die jeweils persönlichen Fehler werden *innerhalb der Farbgruppe* (also unter den Personen, die denselben Kreis genutzt haben) unter Berücksichtigung des Vorzeichens zusammengezählt, das Ergebnis durch die Anzahl der Teilnehmer geteilt und anschließend an die Tafel geschrieben ($F_{rel, „Gruppenfarbe"}$).

Hier wird letztlich über die Zeit und Geschwindigkeit der einzelnen (Farb-)Gruppenteilnehmer gemittelt. Nicht berücksichtigt wurden bisher die gezeichnenten Kreise. Sicherlich sind auch die Umfänge der Kreise mit einem Fehler behaftet. Darüber wird jetzt gemittelt:

Arithmetisches Mittel über die Gruppen: Zum Schluss werden die relativen Fehler der einzelnen Gruppen nochmals gemittelt, so dass man einen einzigen Wert für die Klasse bekommt: $F_{rel, Klasse}$

Das Klassenergebnis ($F_{rel, Klasse}$) wird nun mit dem eigenen persönlichen Fehler verglichen. Fast immer schneidet dieser Gruppenwert sehr gut ab, häufig ist er sogar besser als das beste Einzelergebnis!

„Wenn es die Gruppe nicht geben würde, dann müssten wir sie erfinden, da in ihr Ergebnisse erzielt werden können, die der individuellen Leistung der einzelnen Gruppenmitglieder überlegen sind."[17]

---

16 Die einzelnen Gruppen bekommen jeweils eine unterschiedliche Farbe und werden so zu Farbgruppen, vgl. Band 1, Seite 57 ff.

17 Peter Wellhöfer: *Gruppendynamik und soziales Lernen*, Lucius & Lucius, Stuttgart, ²2001, S. 51, „Spezielle Aspekte der Gruppendynamik"

Nachhaltigkeit

Jeder Schüler ermittelt seine *eigene* Geschwindigkeit. Damit hat der Unterricht unmittelbar mit ihm persönlich zu tun. Individuelles Lernen ist wesentlich nachhaltiger, als wenn alle dasselbe tun.

Es kann die Geschwindigkeit auf dem Weg zur Bushaltestelle oder auf der Joggingstrecke sein; je klarer das Bild, desto leichter und genauer ist später die Geschwindigkeit wieder abrufbar. Die eigene Geschwindigkeit prägt sich genauer und nachhaltiger ein, wenn man sie mit einer Emotion verknüpft. Wer also bei seinem Weg zur Bushaltestelle zusätzlich seine Stimmung (verschlafen, widerwillig, freudig, erwartend, …) abrufen kann, wird bessere Ergebnisse erzielen.

9.8 Nachstellen von t-s Diagrammen

Zu jeder Bewegung existiert ein Zeit-Weg-Diagramm. Aus dieser Tatsache lässt sich eine Übung entwickeln: Ein Schüler schreitet einen Weg ab, und die anderen versuchen das entsprechende Schaubild herauszufinden.

Konkrete Umsetzung:

Einführung:

Auf einer gedachten Linie (Laufsteg) wird eine Null markiert. Gegebenenfalls kann mit Kreppband nachgeholfen werden. Nun zeigt der Lehrer einem Freiwilligen z. B. ein solches t-s-Diagramm:

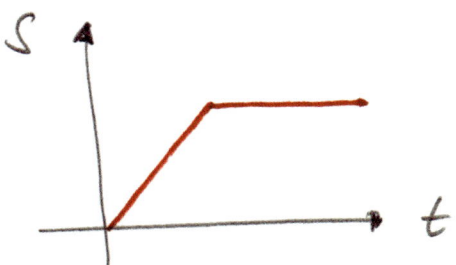

Es wird von drei herunter gezählt. Mit einem Klatschen beginnt der Schüler die Aufzeichnung des Zeit-Weg-Diagrammes. Ein zweites Klatschen beendet sie. In unserem Beispiel stellt sich der Schüler auf Position „null". Mit einem Klatschen geht er mit gleichförmiger Geschwindigkeit los, bleibt dann ruckartig stehen und klatscht nach einer kurzen Zeit ein zweites Mal.

In diesem einfachen Beispiel geht es hauptsächlich darum, das Klatschen und den Laufsteg samt Nullmarkierung einzuführen.

Die Übung:

Der Lehrer zeichnet zehn verschiedene Diagramme an die Tafel und nummeriert sie durch. Es ist eine Art Test: Jeder Schüler überlegt für sich in Stille, wie die zugehörige Bewegung aussieht.

Nun wird der Laufsteg freigegeben: Ein Schüler sucht sich ein Schaubild aus und schreitet die zugehörige Bewegung ab. Im obigen Bild sieht man den Schüler gerade klatschen. Die Bewegung wird zweimal gezeigt. Die Null auf dem Laufsteg wurde in dieser Übung durch die linke Pultkante gegeben.

Wem klar ist, um welche Schaubildnummer es sich handelt, lehnt sich zurück. Wenn alle so weit sind, gibt der Lehrer ein Zeichen, worauf alle Schüler *gleichzeitig* mit den Fingern ihr Votum anzeigen. Auf diese Weise macht jeder die Übung für sich.

Wenn das Diagramm richtig erkannt wurde, darf es der Läufer an der Tafel auswischen und an dessen Stelle ein neues zeichnen.

Auf diese Weise gibt es immer zehn (neue) Möglichkeiten. Meistens werden die Aufgaben mit der Zeit schwerer. Die Schüler übernehmen von selbst die Rolle des Lehrers bzw. Prüfers.

Die Übung kann man natürlich sehr gut draußen umsetzen. Bei dieser Alternative überlegt sich zuerst jede Gruppe eine (wiederholbare) Bewegung, die dann der Klasse vorgeführt wird. Sie wird dann von den anderen in Form eines *t-s*-Diagramms aufgezeichnet.

Emotionale Erweiterung und Schnittpunkte im Schaubild

Gesucht ist ein Liebespaar oder zwei Schauspieler, die sich ca. fünf Sekunden umarmen können: *Romeo und Julia.* Der Lehrer gibt die Ge-

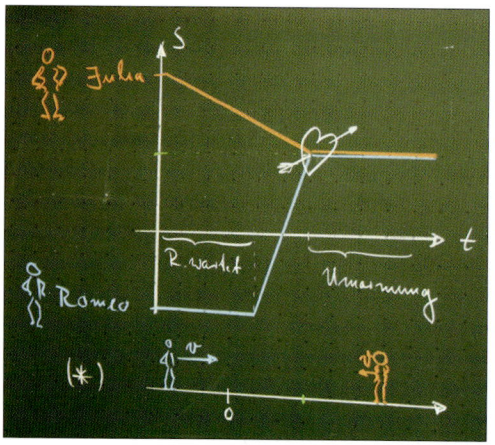

schichte vor: Zu Beginn befinden sich beide auf dem Laufsteg. Julia bei $s = 5$ m, Romeo bei $s = -2$ m.

Mit dem Klatschen des Lehrers schlafwandelt die verliebte Julia langsam auf Romeo zu. Da Romeo kurzsichtig ist, erkennt er seine Geliebte erst, als sie zwei Meter näher gekommen ist ($s = 3$ m). Dann aber rennt er so schnell er kann auf seine Julia zu und umarmt sie einige Sekunden lang.

Das Ergebnis könnte in etwa so aussehen:

Die Schüler notieren unter dem Schaubild die zugehörige Geschichte. Es ist ein emotionales Lernen. Nicht umsonst ist hier Julia in Rot (rosa) und Romeo in Blau (hellblau) gezeichnet. Man kann auch die Namen der Darsteller dazuschreiben, das prägt sich noch besser ein.

Erweiterung

Qualitative Erweiterung:

Man kann in der Übung t-v-Diagramme zulassen. Damit erhöht sich die Anforderung an die Lesekompetenz beträchtlich. Die Kurve im Schaubild hängt nun auch von der Achsenbeschriftung ab. Wir sind hier ganz nahe an der Differential- und Integralrechnung (die Steigung im t-s-Diagramm entspricht der Geschwindigkeit, die Fläche unter der Kurve im t-v-Diagramm der zurückgelegten Strecke).

Quantitative Erweiterung:

Bei allen Übungen kann der Laufsteg mit (Meter-)Angaben beschriftet werden. Dadurch wird die Übung viel schwerer, da jetzt das Schaubild nicht nur qualitativ, sondern auch quantitativ untersucht wird. Die meisten Schaubilder lassen sich in der Realität nicht umsetzen. Ein Knick in der Kurve des Schaubildes entspricht ja einer zeitlosen Änderung der Geschwindigkeit. Die Kräfte hierzu müssten unendlich sein. In der Praxis sind also alle Kurven abgerundet.

Kapitel 10

Die gleichmäßig beschleunigte Bewegung

10.1 Die Bewegungsgleichungen $s = \frac{1}{2}a \cdot t^2$ und $v = a \cdot t$

Bisher wurden nur Bewegungen untersucht, bei denen die Summe
der äußeren Kräfte null ist. In jedem anderen Fall wird der Körper
seinen Bewegungszustand ändern, mit anderen Worten: Er wird beschleunigt.
Der einfachste Fall ist offensichtlich der, dass die beschleunigende
Kraft sich die ganze Zeit nicht verändert, also die gleichförmig beschleunigte Bewegung.
Natürlich kann man die Realisierung einer solchen Bewegung vorgeben. Das ist langweilig. Lässt man die Schüler selbst eine solche
Bewegung finden, beispielsweise mit der „Redestab-Methode"[18] oder

---

18   Vgl. Band 1, S. 76

zumindest als Hausaufgabe, ist es viel interessanter. Zumal jeder diese Bewegung kennt, sie hundert Mal am Tag sieht, aber eben doch nicht als gleichförmig beschleunigt wahrnimmt: der freie Fall. Natürlich werden Begriffe wie Luftwiderstand, Luftreibung, Schwebeteilchen in der Luft genannt und vielleicht wird sogar die Änderung der Schwerkraft während des Falls einbezogen. Letzteres zeigt, dass die meisten Berechnungen, die auf den Formeln der gleichmäßig beschleunigten Bewegung beruhen, nur eine idealisierte Näherung darstellen.

Leider läuft die Bewegung beim freien Fall so schnell ab, dass eine Messung im Freihandversuch nicht möglich ist. Eine geneigte Ebene verlangsamt die Bewegung: An ihr sollen die Bewegungsgleichungen gefunden werden.

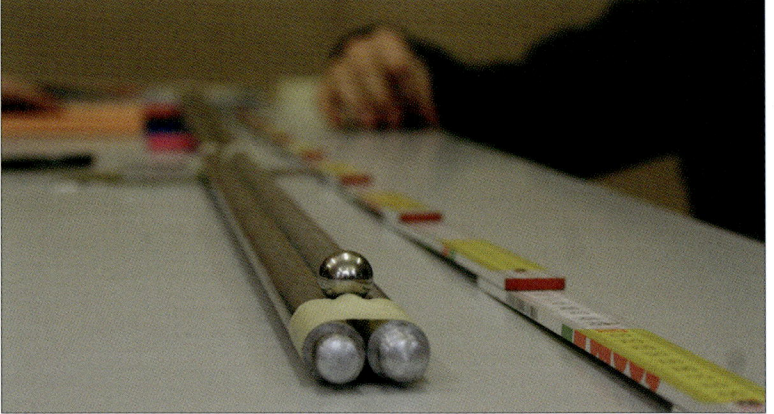

Die Durchführung des Versuches dauert ca. eine Doppelstunde.

Erster Schritt: Versuchsbeschreibung – Erklärung des Versuches
In diesem Schritt ist nur eine Bahn zur Erklärung am Pult aufgebaut. Erst wenn alle Schüler das Vorgehen prinzipiell verstanden haben, wird das Material für die Gruppen ausgegeben (zweiter Schritt).
Der Versuch ist einfach: Eine Kugel rollt aus der Ruhe heraus eine geneigte Ebene hinunter und bewegt sich im Anschluss gleichförmig weiter. Es soll erstens bestimmt werden, welche Strecke die Kugel auf der schiefen Ebene in einer, zwei, drei, … Sekunden zurückgelegt hat, und zweitens, welche Geschwindigkeit sie in diesen Momenten besitzt. Die Geschwindigkeit wird an der gleichförmig weiter rollenden Kugel gemessen.

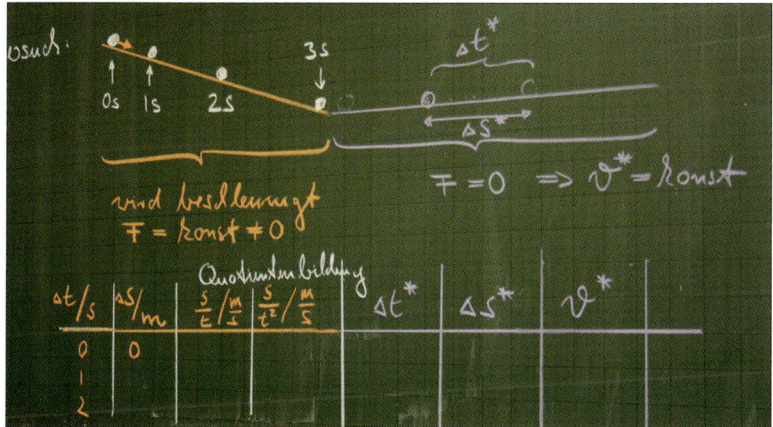

Da es sich um zwei verschiedene Bewegungen handelt, wurden auch zwei Farben verwendet: die beschleunigte Bewegung und die gleichförmige Bewegung.

Anfahrzeit Δt in s	Anfahrstrecke Δs in m	Quotient aus …		Δt^* in s	Δs^* in m	v in $\frac{m}{s}$	$\frac{v^*}{t}$ in $\frac{m}{s^2}$
		$\frac{s}{t}$ in $\frac{m}{s}$	$\frac{s}{t^2}$ in $\frac{m}{s^2}$				
0	0	–					
1							
2							
3							
4							
5							

Erster Versuch (Beschleunigungsstrecke)

Um die Beschleunigungsstrecke zu ermitteln, wird zum Zeitpunkt t = 0 s die Kugel oben losgelassen und der von ihr zurückgelegte Weg nach einer, zwei, drei, … Sekunden gemessen.

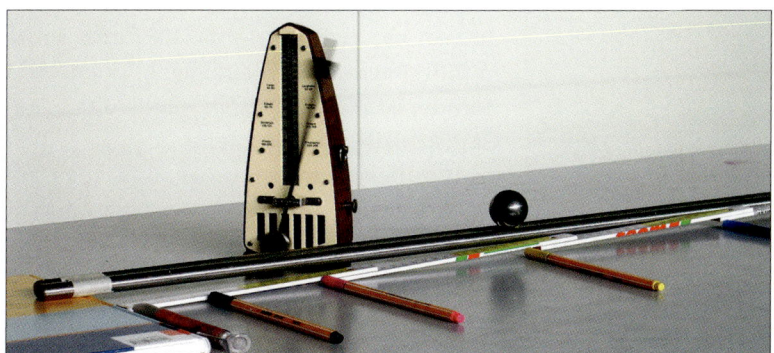

Zweiter Versuch (Geschwindigkeit)

Die Geschwindigkeit der Kugel nach einer, zwei, drei, … Sekunden wird auf der blauen Seite ($F = 0$) bestimmt. Als Beispiel soll die Geschwindigkeit der Kugel nach zwei Sekunden ermittelt werden: Wie weit die Kugel in zwei Sekunden auf der schiefen Ebene kommt, wissen wir aus dem ersten Versuch. Sagen wir, es sind 23 cm. Genau diese Beschleunigungsstrecke erhält die Kugel, indem wir sie 23 cm links vom Knick (Übergang der Beschleunigungsstrecke auf die der gleichförmigen Bewegung) auf die geneigte Rinnenbahn legen. Jetzt wird sie mit konstanter Kraft auf einer Wegstrecke von 23 cm gleichmäßig beschleunigt, um danach mit konstanter Geschwindigkeit auf der blauen Seite weiterzurollen. Hier wird die Geschwindigkeit der Kugel ermittelt. Für gleichförmige Bewegungen gilt $v^\star = \frac{s^\star}{t^\star}$. (Um von der Beschleunigungsstrecke s (bzw. -zeit t) zu unterscheiden, wurde $s^\star$ (bzw. $t^\star$) geschrieben.)

Zweiter Schritt – Versuchsaufbau

Material: Jede Gruppe benötigt eine Uhr, vier Stativstangen, Kreppband und eine Kugel.

Zuerst wird der „blaue Teil" aufgebaut, bei dem sich die Kugel gleichförmig bewegt. Damit die Bewegung wirklich gleichförmig ist, müssen sich die Reibungskraft und die Hangabtriebskraft der Kugel aufheben, so dass die Gesamtkraft, die auf die Kugel einwirkt, verschwindet ($F = 0$, Trägheitssatz). Die Rinne (zwei Stangen, die am Ende durch ein Kreppband zusammengehalten werden) benötigt also eine leichte Neigung. Um sie zu ermitteln, wird die Kugel leicht angestoßen: Wird sie langsamer, muss noch etwas unterlegt werden. Wenn die Kugel ungefähr gleichmäßig rollt, liegt der „blaue" Versuchsteil richtig.

Anschließend wird die Beschleunigungsstrecke so angelegt, dass über die gesamte Beschleunigungsstrecke (ca. 1 m) ein Gefälle von ca. 1 cm entsteht. Die Kugel sollte mindestens 4 s beschleunigen können. Zum Schluss ist noch zu testen, ob die Kugel am Knick nicht hängen bleibt oder gar einen Schubs bekommt. Mitunter muss man auf der Beschleunigungsseite noch ein wenig Papier unterlegen.

Dritter Schritt – Versuchsdurchführung:

Die Schüler erhalten 45 Minuten Zeit. Die Aufgabe wird verbindlicher, wenn jede Gruppe im Anschluss ihre Ergebnisse vorzeigen muss. Als Minimum sollten die Messwerte aufgenommen werden.

Ziel ist das Auffinden von Proportionalitäten, also $v^* \sim t$ und $s \sim t^2$. Anders formuliert: $\frac{v^*}{t}$ und $\frac{s^*}{t^2}$ sind konstant. Es hilft, wenn man an dieser Stelle die Bedeutung von Konstanten in der Physik ins Bewusstsein ruft: Experimentalphysik heißt Konstanten finden und verstehen. Mit ihnen lässt sich die Natur quantitativ beschreiben.

Bestimmung der Anfahrstrecke s

Um die Anfahrstrecke *s* in Abhängigkeit von der Zeit zu messen, wird nach jeder Sekunde, welche die Kugel unterwegs ist, ein Stift neben die Bahn gelegt:

Bei der zweiten Talfahrt der Kugel wird die Lage der Stifte korrigiert. Der Versuch wird so oft wiederholt, bis die Stifte exakt liegen.

Einer aus der Gruppe gibt mit Hilfe einer Uhr den Zeittakt vor (tick-tack-tick-tack-…), die anderen übernehmen den Rhythmus. Auf diese Weise synchronisieren sich die Schüler mit der Uhr. *Rhythm is it* – gemeinsames Klatschen gelingt mit einer Genauigkeit von weit unter einer zehntel Sekunde! Wer die Kugel hält, zählt ein: drei, zwei, eins, los!

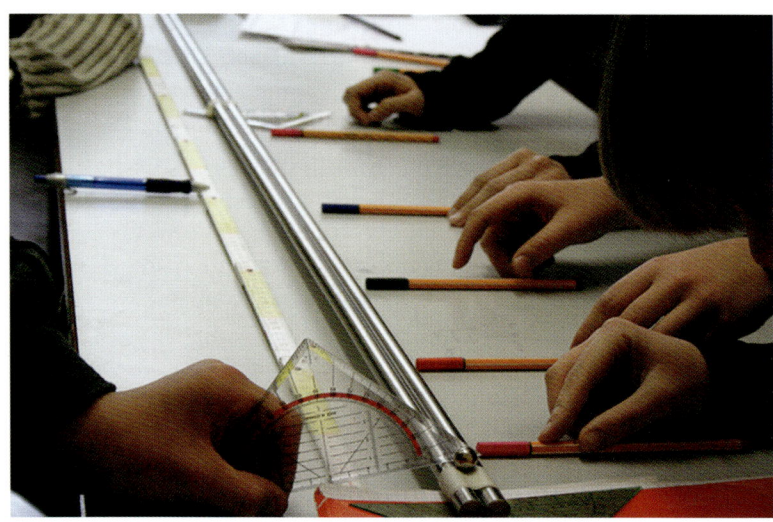

Bestimmung der Geschwindigkeit

Auf der horizontalen Strecke wird die Geschwindigkeit nach ein, zwei, ... Sekunden bestimmt. Hier erfährt die Kugel keine beschleunigende Kraft. Die Geschwindigkeit der Kugel ist quasi „eingefroren".

Die Kugel wird so hingelegt, dass sie genau eine Sekunde bis zur Knickstelle benötigt. (Die Entfernung ist aus dem ersten Versuch für die Anfahrstrecke *s* für alle Zeiten bekannt). Dann misst man die

Strecke, die sie in einer Sekunde auf der horizontalen Strecke zurücklegt, und bestimmt damit die Geschwindigkeit.

Vierter Schritt – Auswertung

Die Bewegungsgleichungen werden aus der Tabelle abgelesen. Das kann gut in der Folgestunde geschehen.

Man beginnt mit dem *Geschwindigkeit-Zeit-Gesetz* ($v = a \cdot t$):
$\frac{v^\star}{t}$ scheint (im Rahmen der Messgenauigkeit) konstant zu sein. Jeder Schüler soll sich einen Namen für die Konstante überlegen.

Der Quotient $\frac{v^\star}{t}$ lässt sich anschaulich deuten: Er gibt die Änderung der Geschwindigkeit pro Sekunde an, also die Beschleunigung. Sie wird mit dem Buchstaben *a* von *acceleration* bezeichnet. Die Schüler überlegen sich die Einheit:

$$[a] = \left[\frac{v}{t}\right] = \frac{\frac{m}{s}}{s} = \frac{m}{s} \cdot \frac{1}{s} = \frac{m}{s^2}$$

Mit Einheiten umzugehen ist wichtig. Sie können das Verständnis Ihrer Schüler testen, indem Sie fragen, was z. B. $0{,}2\,\frac{m}{s^2}$ anschaulich bedeutet bzw. wie sich das einem kleinen Kind (6–7 Jahre) erklären lässt. Es fällt den Schülern zu Beginn meist schwer, mit dieser „komischen" Einheit umzugehen. Dabei bedeutet $0{,}2\,\frac{m}{s^2}$ ja nur, dass die Geschwindigkeit pro Sekunde um $0{,}2\,\frac{m}{s}$ zunimmt. Es hilft, wenn die Schüler ein konkretes Beispiel am eigenen Körper erfahren: So kann man beliebig lange mit einer Geschwindigkeit von $0{,}2\,\frac{m}{s}$ durchs Klassenzimmer gehen, beschleunigt man dagegen mit $0{,}2\,\frac{m}{s^2}$, wird es nach wenigen Sekunden anstrengend.

Das Weg-Zeit-Gesetz ($s = \frac{1}{2}\,a \cdot t^2$):
Der Tabelle entnimmt man, dass der Quotient $0{,}2\,\frac{m}{t^2}$ (im Rahmen der Messgenauigkeit) konstant ist. Die Konstante ist dabei halb so groß wie die zuvor berechnete Beschleunigung *a*.
Also gilt: $\frac{s}{t^2} = \frac{1}{2}\,a$ bzw. $s = \frac{1}{2}\,a \cdot t^2$.

Fünfter Schritt – einfache Anwendung/Übung

Ein zylinderförmiger Stift rollt eine geneigte Ebene herunter. Hierzu wird ein Radiergummi unter ein Buch oder einen Block gelegt, so dass ein Gefälle von einem knappen Zentimeter entsteht.

Der Stift wird an der Oberkante des Buches losgelassen. Gesucht ist die (End-)Geschwindigkeit am unteren Rand. Bevor gerechnet wird, soll sie abgeschätzt werden.

Didaktische Hinweise

In der Aufgabenstellung wurde weder ein Hinweis noch ein Lösungsweg vorgegeben. Auch nicht, dass eine Zeit- und eine Streckenmessung nötig sind, um die Geschwindigkeit des Stiftes zu bestimmen. Ausgelegte Stoppuhren und Meterstäbe sind Hilfestellungen. Eine weitere mögliche Hilfe besteht in dem Tipp, erst die Beschleunigung auszurechnen.

Handlungsorientierte Aufgaben, die mit Materialien gestellt werden, sind in aller Regel von selbst binnendifferenzierend: Genau betrachtet stellt ein Buch keine exakte Ebene dar, es gibt Unebenheiten. Deutlicher wird es, wenn man statt eines Buches oder Blocks ein Heft nimmt. Auf der gekrümmten Fläche beschleunigt der Stift offensichtlich nicht gleichmäßig. Schnelle Schüler können sich überlegen, was sie in diesem Fall berechnet haben. (Die berechnete Beschleunigung ist die *konstante Beschleunigung*, die der Körper erfahren müsste, um dieselbe Endgeschwindigkeit zu erreichen.) Somit kann die Aufgabe – im Gegensatz zu Arbeits- oder Aufgabenblättern – auf unterschiedlichem Niveau angegangen werden.

Für schwache Schüler ist es häufig schwer, die Bedeutung der einzelnen Buchstaben an der Tafel zu erkennen. So kann s für die Strecke wie für die Sekunde stehen, m für Masse oder Meter, W für Arbeit (Energie) oder Watt, t für Zeit oder Tonne. Hat man den Überblick, ist es ein Leichtes, aus dem Kontext heraus den jeweiligen Bedeutungsgehalt zu erschließen – ein Anfänger verwechselt mitunter eine Einheit wie $\frac{m}{s^2}$ mit einer Formel und setzt hier für m eine Masse und für s eine Strecke ein. Der Vorteil bei dieser konkreten Aufgabe ist, dass auch ein schwacher Schüler (der nicht auf den Lösungsansatz kommt) versteht, welche Größen in die Formel eingesetzt werden müssen.

Eine Lösungsmöglichkeit

Es werden die Beschleunigungsstrecke (Buchlänge) und -zeit bestimmt. Hier im Beispiel ist $s = 0{,}27$ m und $t = 2{,}3$ s.

Für die gleichmäßig beschleunigte Bewegung gelten die Bewegungsgleichungen:

(i) $s = \frac{1}{2} a \cdot t^2$ und (ii) $v = a \cdot t$ bzw. (ii*) $a = \frac{v}{t}$.

(ii*) in (i): $s = \frac{1}{2} a \cdot t^2 = \frac{1}{2} \cdot \frac{v}{t} \cdot t^2 = \frac{v \cdot t}{2}$.

$$\text{Auflösen nach } v \text{ ergibt: } s = \frac{v \cdot t}{2} \Leftrightarrow \frac{2s}{t} = v.$$

Damit: $v = \frac{2s}{t} = \frac{2 \cdot 0{,}27 \text{m}}{2{,}3 \text{s}} \approx 0{,}23 \frac{\text{m}}{\text{s}}$. Das Ergebnis wird mit der zuvor geschätzten Endgeschwindigkeit verglichen.

10.2 Der freie Fall

Die alltäglichste gleichmäßig beschleunigte Bewegung ist der freie Fall. Lassen wir einen Gegenstand los, so wird er von der Erdanziehungskraft beschleunigt. Sinnigerweise nennt man diese Beschleunigung die Erdbeschleunigung. Statt a wird in diesem speziellen Fall g geschrieben. Der Wert von g soll von den Schülern in Gruppen bestimmt werden.

Idee

Die Idee ist einfach: Ein Stück Knete wird fallengelassen. Dabei werden Fallzeit und Fallstrecke bestimmt. Mittels $s = \frac{1}{2} a \cdot t^2$ bzw. $h = \frac{1}{2} g \cdot t^2$ $\Leftrightarrow g = \frac{2h}{t^2}$ wird die Erdbeschleunigung g berechnet.

Versuchsdurchführung:

Knete, Schnüre, Zollstöcke, Stoppuhren und eine Waage werden bereitgestellt. Die Schüler protokollieren selbstständig ihr Vorgehen und die gemessenen Größen.

Die Fallstrecke wird mit Schnur und Zollstock bestimmt, die Masse der Knetkugel mit der Waage. (Zu diesem Zeitpunkt ist es noch unklar, dass alle Körper gleich schnell fallen. Es wird also mehr protokolliert als später für die Rechnung benötigt wird. Es liegt in der Natur des Forschens, dass zu Beginn nicht klar ist, von welchen Parametern die Ergebnisse abhängen.)

Je länger die Fallstrecke, desto genauere Werte erhält man für *g*. Wichtig ist, dass der Fall
der Knetkugel und die Zeitmessung *exakt*
gleichzeitig gestartet werden. Hierzu muss
der Zeitstopper mit dem Loslassen der Kugel
synchronisiert werden. Das geschieht wie bei
den Bewegungsgleichungen im letzten Abschnitt über den Rhythmus.[19] Der Versuch
wird mehrere Male wiederholt, die Genauigkeit der Zeitmessung liegt bei ca. 0,1 Sekunden.

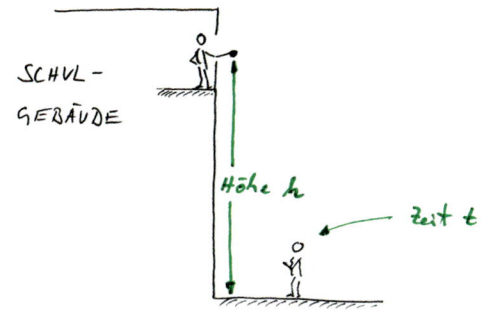

Das jeweilige Gruppenergebnis wird in der
entsprechenden Gruppenfarbe an die Tafel
geschrieben. Für die Durchführung und die
Rechnung bekommen die Schüler 30 Minuten Zeit. Bei der Zeiteinhaltung sollte man
recht streng sein. Denn es ist hilfreich, wenn
einer in der Gruppe die Zeit im Auge behält
(Zeitmanager), und wenn es hinterher doch
wieder mehr Zeit gibt, wird die interne Grup-
penorganisation sinnlos.

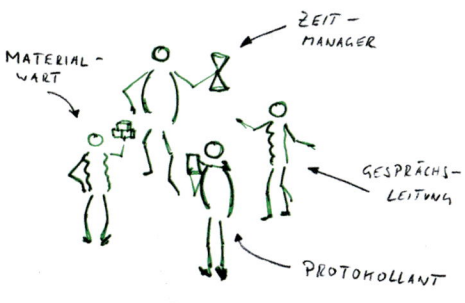

Hilfreich für die Gruppenstruktur können zusätzliche Rollen sein,
wie Gesprächsleitung, Protokollant und Materialwart (vgl. auch Band
I, S. 72).

Alle Körper fallen gleich schnell.
Vor der Versuchsauswertung sollte geklärt werden, dass alle Körper
gleich schnell fallen. Viele Schüler überrascht diese Tatsache, weil sie
ihrer Alltagserfahrung scheinbar widerspricht: Ein Wattebausch oder
ein Blatt Papier fallen (in Luft) langsamer als ein Stein. An dieser Stelle
des Unterrichts kann der Fall einer Feder und eines Metallstücks in
einer Vakuumröhre demonstriert werden. Alternativ bietet sich auch

---

19   *Anmerkung zur Synchronisation:*
Bei dem Versuch sind die einzelnen Gruppenmitglieder über fünf Meter voneinander
entfernt. Wenn die Synchronisation der Zeit über ein akustisches Signal (Klatschen) her-
gestellt werden soll, ergeben sich bei genauerer Betrachtung Schwierigkeiten, da der Schall
bei einer Geschwindigkeit von $v_c = \frac{340\,\mathrm{m}}{\mathrm{s}}$ für die fünf Meter eine Zeit von ca. 0,15 Sekunden
benötigt. Ein verwandtes Problem stellt sich in der Relativitätstheorie: Wie muss man
vorgehen, um Uhren an verschiedenen Orten zu synchronisieren? Doch wieder zurück
zur Übung: Hier reicht es, wenn der Taktgeber der Gruppe zu allen dieselbe Entfernung
einnimmt.

eine deduktive Erklärung mit Hilfe der zuvor fallengelassenen Knete an:

Eine kleine Kugel Knete fällt genauso schnell wie eine weitere, genauso große Knetekugel. Auch wenn die beiden kleinen Kugeln sich berühren, fallen sie gleich schnell. Folglich kann man beide zusammendrücken und erhält eine große Kugel, die wiederum gleich schnell wie eine kleine fällt.

Es ist klar, dass sieben Kugeln die siebenfache Erdanziehungskraft spüren, aber es muss auch die siebenfache Masse beschleunigt werden.

Auf diese Weise kann man sich jeden Gegenstand aus kleinen Teilen zusammengesetzt denken.

Auswertung

Über die einzelnen Gruppenergebnisse wird gemittelt. Gibt es einen Ausreißer, wird er diskutiert und – falls ein systematischer Fehler gefunden wird – eingeklammert. In der Regel sind die Ergebnisse mit größerer Fallhöhe besser, da hier der relative Fehler kleiner wird. Verglichen wird mit dem Literaturwert. Er beträgt (in Deutschland) $g = 9{,}81\,\frac{m}{s^2}$. Meist ist das Gesamtergebnis besser als das *beste* Kleingruppenergebnis!

Didaktische Bemerkung

Natürlich kann man so ziemlich alles aus dem Schulgebäude fallen lassen. Allerdings könnte eine Stahlkugel oder ein Stein aus mehreren Metern Höhe ein Loch in den Kopf schlagen. Aber es gibt noch einen weiteren, didaktischen Grund für Knete: Knete hat keine feste Form wie eine Stahlkugel oder ein Stein. Man kann beliebig viel davon nehmen und die häufig gestellte Schülerfrage: „Wie viel soll man von der Knete nehmen?" führt unmittelbar auf die Frage nach der Massenab- bzw. Massenunabhängigkeit. Erstaunlicherweise hängen die Ergebnisse (Luftreibung vernachlässigt) nicht von der Masse ab.

Alternativen

Die Aufgabenstellung kann im Idealfall so lauten:

„Bestimmt die Erdbeschleunigung *g* so genau wie möglich. Zeit: 30 Minuten."

In der Regel werden die Schüler überfordert sein: Sie benötigen eine Idee zu einer Versuchsanordnung; sie sollten die „richtigen" Daten messen; so muss geklärt werden, ob das Ergebnis von der Masse abhängt oder nicht, welche Fallhöhe gewählt werden sollte, wie man mit möglichst kleinen Fehlern misst, …

Man kann wie oben beschrieben vorgehen, aber die Gruppen selber entscheiden lassen, ob und wie viel an Hilfestellung sie möchten. Hierzu fragt der Lehrer vor der Versuchsbeschreibung, ob eine Gruppe ohne Tipp den Faktor *g* bestimmen möchte. Sie würde dann den Raum verlassen. Nach einer sehr knappen Einführung wollen vielleicht weitere Gruppen alleine weiterarbeiten. Aber selbst wenn *alle* im Raum bleiben, hat die Freiwilligkeit des Zuhörens zur Folge, *dass* alle zuhören.

10.3 Die eigene Reaktionszeit

Sobald Physik individuell und persönlich wird, wird sie zum eigenen Thema. In dieser Übung bestimmt jeder Schüler seine eigene Reaktionszeit.

In der Mittelstufe kann die Reaktionszeit qualitativ mit einem fallenden Stift demonstriert werden, der wie in der folgenden Abbildung losgelassen wird. Es ist nahezu unmöglich, den Stift des Partners aufzufangen! Mit einem Zollstock und den Bewegungsgleichungen kann die Reaktionszeit quantitativ bestimmt werden.

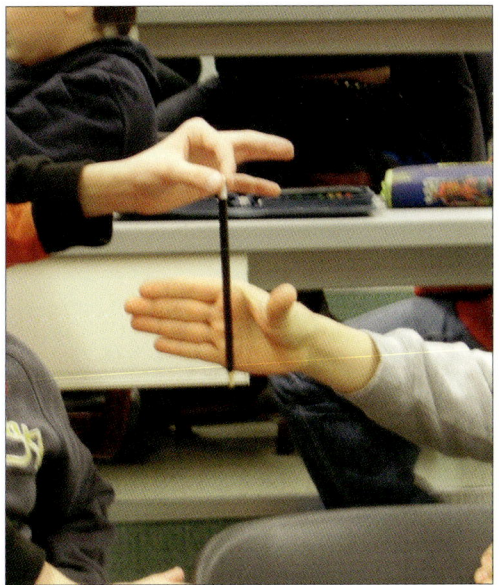

Ein Schüler lässt einen Zollstock in die geöffnete Hand seines Partners fallen, der so schnell wie möglich zugreift. Die Fallstrecke wird am Zollstock abgelesen und daraus die individuelle Reaktionszeit bestimmt. Typische Werte liegen zwischen 0,2 und 0,3 Sekunden.

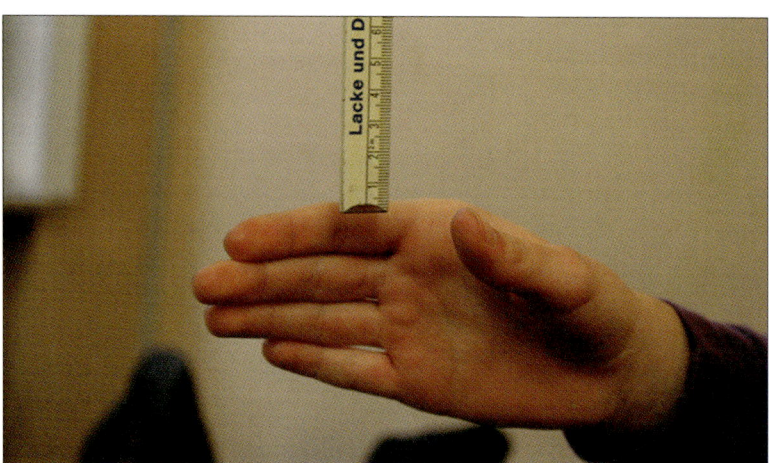

Lösung: Im Beispiel beträgt die Fallhöhe $54\,\text{cm} = 0{,}54\,\text{m}$. Es handelt sich um eine gleichförmig beschleunigte Bewegung ($g = 9{,}81\,\frac{\text{m}}{\text{s}^2}$). Es gilt: $s = \frac{1}{2}\,a \cdot t^2$ bzw. $h = \frac{1}{2}\,g \cdot t^2 \Leftrightarrow t^2 = \frac{2h}{g}$. Damit beträgt die Reaktionszeit:

$$t = \sqrt{\frac{2h}{g}} = \sqrt{\frac{2 \cdot 0{,}54\,\text{m}}{9{,}81\frac{\text{m}}{\text{s}^2}}} \approx 0{,}33\,\text{s}$$

Kapitel 11

Die Grundgleichung der Mechanik im Schülerexperiment

Möchte man ein Auto beschleunigen, ist klar, dass man hierzu eine Kraft benötigt. Und dass es einen Unterschied macht, ob man mit derselben Kraft einen Wagen mit kleiner Masse oder einen mit großer Masse beschleunigt, ist auch klar:

Die quantitative Behandlung der drei Größen Beschleunigung (*a*), Kraft (*F*) und Masse (*m*) führt auf die *Grundgleichung der Mechanik*. Der Versuchsaufbau ist einfach: Man zieht mit Hilfe eines Kraftmessers an einem Auto. Trotzdem fließen viele Dinge ein, die vielleicht im ersten Moment übersehen werden. So sorgt der Einfluss der Reibung, die Richtungsabhängigkeit der Kraft und der Umgang mit dem Kraftmesser unter anderem dafür, dass hier bis zu vier oder mehr Schulstunden sinnvoll gelernt werden kann oder soll.

11.1 Fragestellung und Vermutung

Wer sich ein Auto kauft, interessiert sich in der Regel für die Beschleunigung. Daher lautet die zentrale Frage: *Wovon hängt die Beschleunigung ab?*

Die Schülervermutungen lassen sich sammeln und an der Tafel zusammenfassen (linke Tafelhälfte):

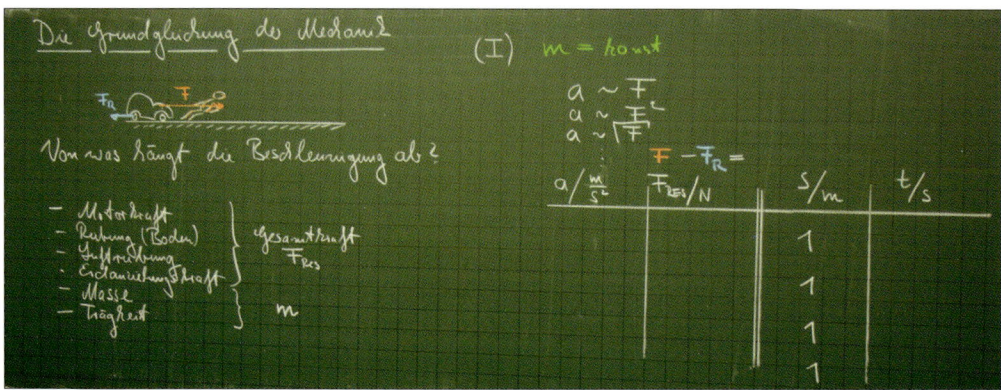

Egal, was die Schüler alles aufzählen: Alles, was gesagt wird, lässt sich auf die Gesamtkraft F_{Res} und die Masse m zurückführen! Damit konkretisiert sich die Fragestellung; mit den Vermutungen lässt sich genauer nachfragen:

Wie ändert sich die Beschleunigung, wenn die Kraft verdoppelt, verdreifacht oder halbiert wird? Wie ändert sich die die Beschleunigung, wenn die Masse verdoppelt, verdreifacht oder halbiert wird?

Wie auch immer gefragt wird: Gesucht ist der Zusammenhang zwischen den einzelnen Größen Beschleunigung (a), Kraft (F) und Masse (m). Bei der experimentellen Untersuchung wird immer eine Größe konstant gehalten. Als Erstes bleibt die Masse unverändert:

Den meisten Schülern ist klar, dass (bei konstanter Masse) die Beschleunigung mit der Kraft zunimmt. Die Vermutungen hierzu werden gesammelt: Sie helfen im Experiment ungemein:

- $a \sim F$ • $a \sim \sqrt{F}$ • $a \sim F^2$ (*m* = konst.)

Entsprechende Vermutungen lassen sich über den Zusammenhang von *Beschleunigung und Masse* und *Masse und Kraft* nennen. Um die gewünschte Gleichung $F = m \cdot a$ abzuleiten, benötigt man zumindest noch den Zusammenhang von Beschleunigung und Masse:

- $a \sim m$ • $a \sim \frac{1}{m}$ • $a \sim \frac{1}{m^2}$ (*F* = konst.)

11.2 Durchführung

Jede Gruppe benötigt ein gerade fahrendes Spielzeugauto, Knete und eine Büroklammer (oder ein Skateboard mit einem dicken Seil), einen Kraftmesser, einen Zollstock und einen Taschenrechner.

Eine Büroklammer wird mit Knete am Fahrzeug befestigt und ein Kraftmesser mit passender Federstärke eingehängt. Ein Meterstab markiert die Beschleunigungsstrecke. Die Beschleunigung selbst kann nicht direkt ermittelt werden, sondern muss mit dem entsprechenden Gesetz für gleichförmige, geradlinige Beschleunigung mit Hilfe von Beschleunigungsstrecke s und der Zeitdauer t bestimmt werden:

Mit F_{res} ist die resultierende Kraft gemeint, bestehend aus der antreibenden Kraft (Kraftmesser) und der Reibungskraft. (Vgl. auch den zweiten Fehler im folgenden Abschnitt.) Die grau unterlegte Spalte muss mittels $s = \frac{1}{2}at^2 \Leftrightarrow a = \frac{2s}{t^2}$ bestimmt werden. Wählt man für $s = 1$ m, sieht die Tabelle so aus:

a in $\frac{m}{s^2}$	F_{res} in N	s in m	t in s
		1	
		1	
		1	
		1	

m = konst.

Die Tabelle für den zweiten Versuch lautet entsprechend:

a in $\frac{m}{s^2}$	m in kg	s in m	t in s
		1	
		1	
		1	
		1	

F_{res} = konst.

Es bedarf etwas Übung, die Kraft über die Beschleunigungsstrecke konstant zu halten.

11.3 Fehlerquellen

1. Fehlerqelle

Um die Masse des Autos zu bestimmen, hängt man das Fahrzeug *senkrecht* an den Kraftmesser. Später wird das Auto *waagrecht* gezogen. Im ersten Fall wird die innere Hülse des Kraftmessers mitgewogen,

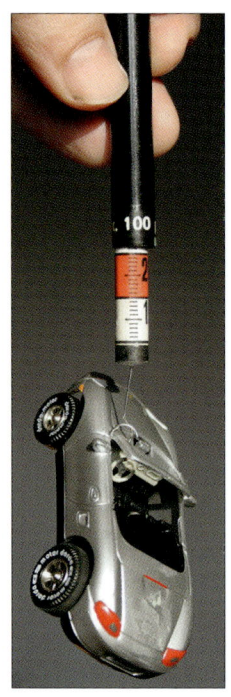

im zweiten Falle nicht. Demnach muss jedes Mal neu die „Null" einge-stellt werden. Wenn man möchte, kann man an dieser Stelle auf den grundlegenden Unterschied zwischen *träger* und *schwerer Masse* ein-gehen. Um die Masse zu bestimmen, wird die *schwere* Eigenschaft der Masse ausgenutzt; die Beschleunigung wird mittels der *trägen* Ei-genschaft bestimmt.

2. Fehlerquelle
Was der Kraftmesser anzeigt, ist *nicht* die beschleunigende Kraft. Um sie zu bestimmen, muss die Reibungskraft abgezogen werden, die in erster Näherung geschwindigkeitsunabhängig ist, aber für jede Masse neu bestimmt werden muss. Das ist keinesfalls klar. Hierzu zieht man das Auto in gleichmäßiger Geschwindigkeit über den Tisch und liest den Wert ab (Trägheitssatz).

3. Fehlerquelle
Der Kraftmesser wird während der Beschleunigung nicht waagrecht gezogen. An dieser Stelle kann sehr gut die Richtungsabhängigkeit der Kraft demonstriert werden, da im Extremfall das Auto *nach oben gehoben* statt *nach vorne gezogen* wird.

11.4 Alternative: Skateboard statt Auto

Größer und schöner. Man beachte allerdings, dass ein Skateboard eine große Reibung besitzt und so ein dickes Seil zum Ziehen benötigt wird. Eine Schnur würde zu sehr in die Hand schneiden.

Mechanik

Kapitel 12

Kräfte

Die Zerlegung und die Addition von Kräften werden hier mit Hilfe von Figurentheater eingeführt. Ich hoffe, Sie mögen Comics. Wenn Spiderman in den Seilen hängt, ist das etwas anderes als beispielsweise eine Straßenlampe: Der Zuhörer kann unmittelbar in die Rolle der Figur schlüpfen. Die Richtungen der Kräfte werden auf diese Weise „empfunden", als ob wir selbst in der Situation wären.[20] Natürlich können Sie im Unterricht nach den Kräften fragen, die an einer Straßenlampe angreifen. Aber auf diese Weise leuchtet es unmittelbar ein:

Ergo: Comics sind gut! Und zwar deswegen, weil *Wort* und *Bild* in diesem Medium verknüpft sind. Modern ausgedrückt: Der Comic spricht beide Gehirnhälften an. Aber das kann natürlich auch ein

---

20 Vergleiche den Abschnitt *Einsatz des Figurentheaters im Unterricht*, Band I, S.49

Buch mit Bildern. Der Comic kann mehr: Durch die Einfachheit der Figur kann sich jeder in den Helden hineinversetzen. *Wir* erleben die Heldentaten selbst. In einem Fotoroman gelingt uns das nicht.[21]

Im Folgenden wird das Problem der Kräftezerlegung implizit durch die Geschichte von Spiderman dargestellt. Gefragt ist nach den Kräften in den Seilen; die Antwort wird erst im letzten Abschnitt gegeben. Zuerst wird untersucht, wie Kräfte überhaupt addiert werden, da die Addition von Vektoren eindeutig und somit leichter als die Zerlegung eines Vektors ist. Der Leser kennt das Addieren und Zerlegen von Kräften; es geht hier in erster Linie um die didaktische und methodische Darstellung des Themas.

12.1   Addition von Kräften

Hier sehen wir den Helden unserer Geschichte: Spiderman, noch ohne seinen berühmten Anzug, also noch ganz am Anfang seiner Kariere.

---

21 Scott McCloud, *Comics richtig lesen*, Carlsen Verlag GmbH, Hamburg, ⁴2001.

Bei seinen ersten Versuchen in den Wolkenkratzerschluchten Manhattans ist er schlichtweg hängen geblieben. An der Tafel ist die Situation nachempfunden, wie er in den Seilen hängt.

Offensichtlich wirken Schwerkraft und zwei Seilkräfte auf unseren Helden. Ziel dieses Kapitels ist es, die beiden Seilkräfte zu berechnen. *Ist die linke oder die rechte Seilkraft größer? Was ergibt die Summe aller Kräfte?*

Und auch wenn wir im Moment noch nicht wissen, *wie* Kräfte addiert werden, so wissen wir doch, *dass die Summe aller Kräfte, die auf unseren Helden einwirkt, null ergeben muss.* Das ist eine unmittelbare Folge des Trägheitssatzes: Gäbe es eine äußere Kraft, die von null verschieden ist, könnte Spiderman nicht in Ruhe hängen, sondern würde beschleunigen. Bezeichnet man die Schwerkraft mit $\vec{F}_G$ und die Seilkräfte mit $\vec{F}_1$ bzw. $\vec{F}_2$, so gilt $\vec{F}_G + \vec{F}_1 + \vec{F}_2 = \vec{0}$.

Weiter lässt sich feststellen, dass im rechten Seil die Kraft größer als im linken ist. Intuitiv ist klar, dass das linke Seil mehr trägt, da es „senkrechter" ist. Wenn nur ein Seil vorhanden wäre, würde es senkrecht hängen. Das ist immerhin eine qualitative Antwort; für die quantitative muss zuerst die Addition von Kräften näher untersucht werden. Davor noch zwei Bemerkungen zu Spiderman im Unterricht:

Die Montage gelingt mit einem kleinen Stück handelsüblicher Knete, in welches die Schnur einfach eingedrückt wird. Je besser die Tafel gewischt ist, desto besser hält die Konstruktion, vgl. Abbildung.

Es gibt Schüler, die es „kindisch" finden, wenn mit Stofftieren im Unterricht gearbeitet wird. In diesem Fall können Sie vorab den didaktischen Wert des Comics bzw. des Figurentheaters darstellen. Dann darf sich jeder im Raum wieder „erwachsen" fühlen.

Übung: Addition von Kräften

An einem konkreten Beispiel soll untersucht werden, wie sich zwei Kräfte addieren. Die Beträge von $\vec{F}_1$ bzw. $\vec{F}_2$ sind dabei 3 bzw. 4 Newton. Die Kräfte stehen in einem rechten Winkel zueinander. Gesucht sind Betrag und Richtung der Summe beider Kräfte (vgl. Skizze).

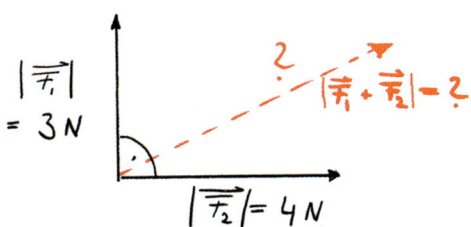

1. Hinweise zur Aufgabenstellung

Es werden pro Gruppe drei Kraftmesser benötigt. Die Kraftmesser dürfen nur am hinteren Ende angefasst werden, ansonsten besteht wegen eventuellen Querkräften Zerstörungsgefahr des Anzeigeröhrchens.

Es hilft den Schülern, wenn man zu Beginn der Übung die Bedeutung der Richtung in den (einfachen) Extremfällen darstellt:

Wenn beide Kräfte in eine Richtung zeigen, ist der Fall einfach: Die Summe ergibt 7 Newton.

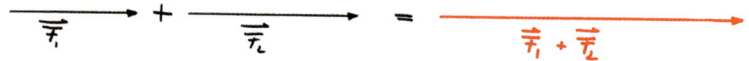

Wenn die Kräfte in entgegengesetzter Richtung zeigen, muss man die eine von der anderen abziehen:

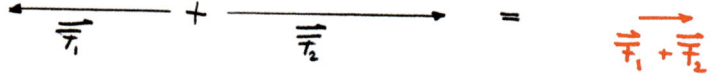

2. Entwickeln einer Hypothese

Jeder Schüler überlegt für sich an seinem Platz eine mögliche Lösung. Auf ein Zeichen des Lehrers (nach ca. 2 Minuten) geht jeder in seine Gruppe; sie einigt sich auf eine oder zwei Vermutungen.[22]

---

22 Vgl. *Fluss in den Farbsee*, Band I, S. 70

3. Überprüfung bzw. experimentelle Lösung

Anschließend holt sich jede Gruppe vom Pult drei Kraftmesser und versucht, ihre Vermutung experimentell zu bestätigen.

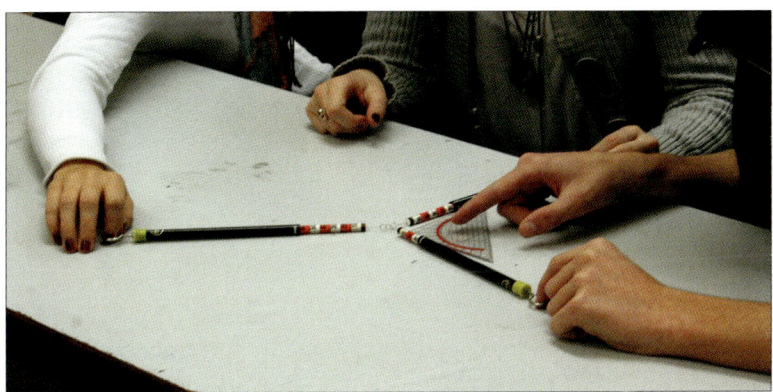

Ein Schüler soll mit genau 3, ein weiterer mit 4 Newton ziehen und zwar *genau* im rechten Winkel. Ein Dritter gleicht die Summe der beiden Kräfte aus. Sein Kraftmesser zeigt genau in die entgegengesetzte Richtung der gesuchten Kraft, da die Kraft ja kompensiert werden muss. Der Betrag der Summe wird richtig angezeigt.

Es ist gar nicht so einfach, die Lösung zu finden. Wenn einer von den drei Schülern die Richtung oder den Betrag ändert, hat das Auswirkungen auf alle anderen. Man hört häufig Sätze wie: „Bleib' doch mal an deiner Stelle!" Genau das soll gelernt werden! Die Änderung eines Vektors verändert den gesamten Kräftezug bzw. das gesamte Kräfteparallelogramm.

Ist die Lösung experimentell gefunden, vergessen wir für einen Moment die Kräfte und betrachten ein anderes, allgemeineres Experiment.

12.2   Vektoren

Ein einfaches und überraschendes Experiment: Von einem Startpunkt aus wird unser Held entlang eines durch Stifte markierten Weges losgeschickt.

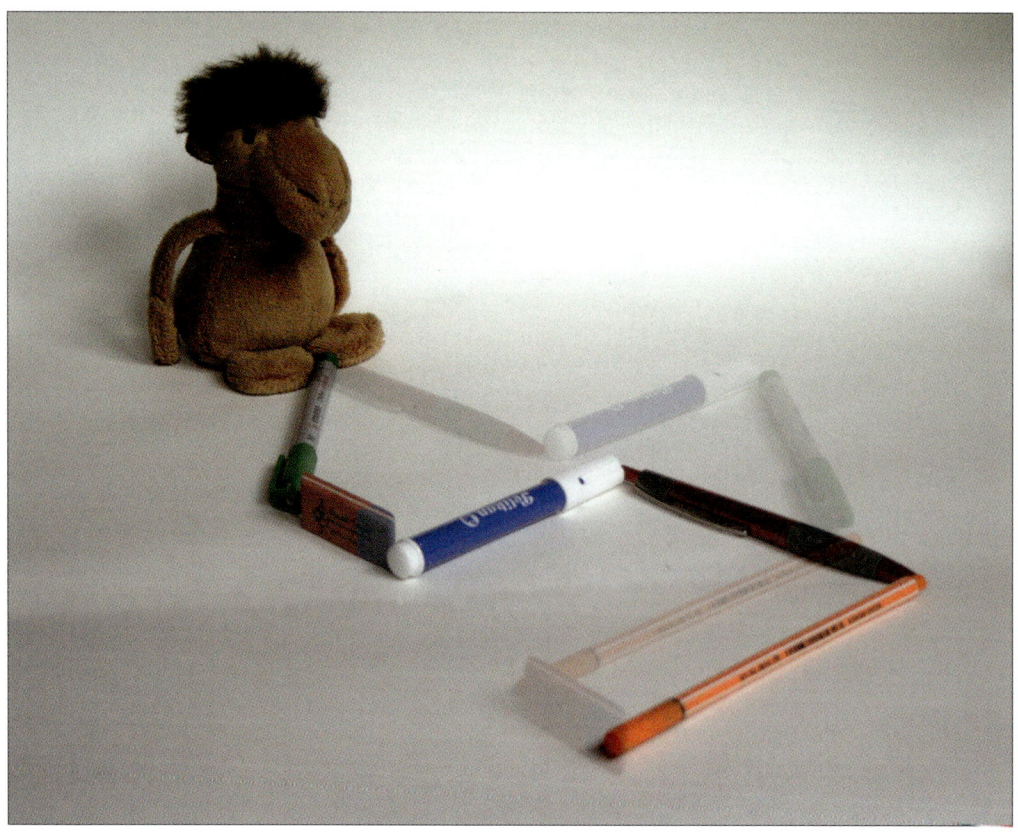

Die einzelnen Stifte stellen Pfeile dar, die er abzugehen hat; die Spitzen der Stifte stehen für die Pfeilspitzen. Offensichtlich haben die Stifte unterschiedliche Richtungen und Längen.

Das Ziel wird mit einem Radiergummi oder einer Münze markiert. Wenn jetzt die Stifte in ihrer Reihenfolge vertauscht werden, ohne dass dabei ihre jeweilige Richtung geändert wird, kommt dann unser Held wieder am selben Ort heraus? Die einzige Bedingung ist, dass jeder Stift weiterhin in dieselbe Himmelsrichtung zeigt. Ein Stift verschiebt sich folglich wie eine Kompassnadel, die, egal wo sie sich befindet, weiter in dieselbe Richtung zeigt (Richtungsvektor). Es hilft, wenn die Art und Weise des Verschiebens zuerst vom Lehrer vorgeführt wird, ohne dass er die Lösung verrät.

Die Frage ist, ob das Ende des Spaziergangs von der Reihenfolge der Stifte abhängt oder nicht. Wer eine Antwort für einen Spaziergang in der Ebene gefunden hat, mag sich überlegen, ob die Sache auch im Raum funktioniert. Und wenn eine Gruppe das gemeistert hat, kann sie nach einer Erklärung für die Vertauschbarkeit suchen. Am besten nach einer, die ein kleines Kind versteht.

Umsetzung:
Die Schüler versuchen an ihrem Platz in der Gruppe oder in Partnerarbeit, die Lösung zu finden. Mit einem Gegenstand (Radiergummi) wird der Startpunkt und davon ausgehend eine Wegstrecke markiert.

Im Bild ist das Ziel durch die Dose (rechts) dargestellt. Der dunkelblaue Stift in der Abbildung zeigt noch in die falsche (entgegengesetzte) Richtung.

Im nächsten Bild wird dieselbe Gesetzmäßigkeit für den Raum untersucht:

Eine mögliche Erklärung[23]:

Eine schülernahe Erklärung für die Ebene findet sich mit Hilfe der Projektion auf die Koordinaten: Der Tageslichtprojektor wird „unendlich weit" von der Projektionswand aufgestellt. Betrachtet man nur den *Schatten,* also die *Projektion auf die x-Achse*, so ist der *x*-Wert des Standortes sehr einfach zu bestimmen:

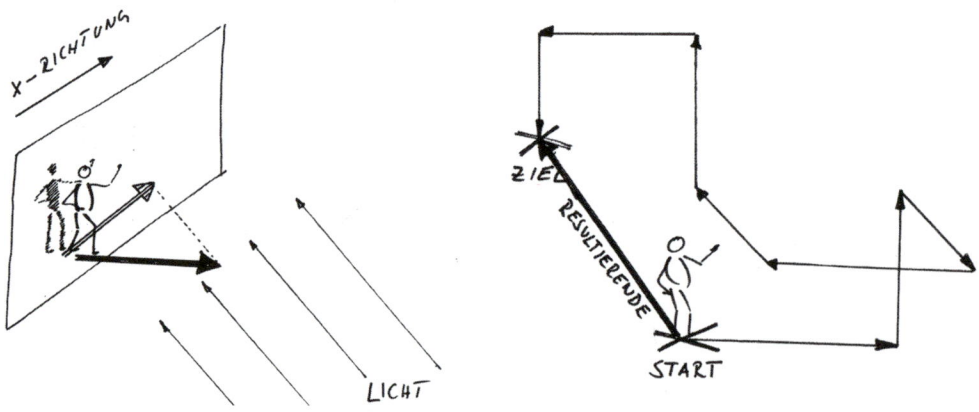

---

23 Entnommen aus Martin Kramer, *Mathematik als Abenteuer*, Aulis/Stark ²2010

Entfernt sich unser Held senkrecht (in *y*-Richtung) von der Wand, bleibt der Ort des Schattens (*x*-Richtung) unverändert. Geht er in eine andere Richtung, so legt der Schatten nur den *x*-Anteil zurück (vergleiche Abbildung oben).

Analog kann man den Tageslichtprojektor im Osten (um 90° gedreht) aufstellen und erhält die Projektion der Bewegung in *y*-Richtung. Damit ist auch der *y*-Wert des Zielpunktes festgelegt. Der direkte Weg vom Start zum Ziel ist die Vektorsumme.

Die Erklärung führt die Vektoraddition mittels Projektion auf eine Addition in einer Koordinate zurück. Das ist keinesfalls selbstverständlich.

12.3 Zurück zu den Kräften: Skalare und Vektoren

Es gibt zwei Arten von Größen in der Physik: die *ungerichteten* Größen wie Masse, Zeit, Temperatur, …; man nennt sie Skalare und kann mit ihnen genauso rechnen wie in der Grundschule.

Die *gerichteten* Größen wie Strecke, Geschwindigkeit, Kraft, Impuls, … nennt man Vektoren. Ihre Addition ist neu. Man kann sie anschaulich als eine Addition von Pfeilen verstehen.

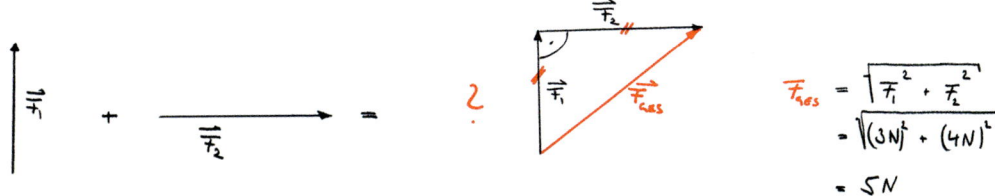

Wie bei den Wegstrecken lassen sich die Kraftpfeile zu einem *Vektorzug* aneinanderhängen. Bei den Wegstrecken entspricht der direkte Weg der Summe aller Wege; entsprechend lassen sich im Fall der Kraft Richtung und Weg ablesen.

12.4 Kräftezerlegung

Das Addieren zweier Kräfte (Vektoren) ist einfacher als die Zerlegung einer Kraft und zwar deswegen, weil nur die Addition eindeutig ist. Es gibt unendlich viele Möglichkeiten, eine Kraft in zwei oder beliebig viele Kräfte zu zerlegen. Man muss aus der Aufgabenstellung die

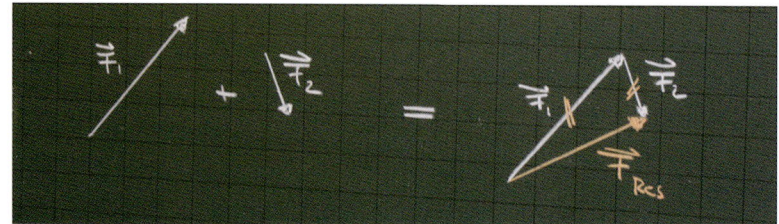

Zerlegungsrichtungen finden. Im Beispiel mit Spiderman sind die Richtungen durch die Seile gegeben. Da die Summe der Kräfte null ergeben muss, ist der Vektorzug geschlossen. Die Situation unseres Helden wird mit Knete und Schnüren erneut nachgestellt. Jetzt werden die weiteren Kräfte an der Tafel konstruiert. Es ergibt sich in etwa ein Bild wie zu Beginn des Kapitels. Die Rechnung kann analog zu folgender Übung ausgeführt werden:

Eine vertiefende Übung

Wir befinden uns immer noch in den Straßenschluchten von Manhattan. Eine Lampe soll mit einem Seil zwischen zwei Häuserblocks in gleicher Höhe aufgehängt werden. Welche Kraft ist nötig, um das Seil waagrecht zu spannen? Oder anders formuliert: Wie groß ist die dazu nötige Seilkraft?

Jeder soll still für sich einen ungefähren Schätzwert finden. Wer die Lösung hat, verschränkt die Arme. Wenn alle so weit sind, werden Vermutungen geäußert. Es ist erstaunlich: Viele Schüler argumentieren, dass die Kraft in einem Seil nicht größer sein kann als die Gewichtskraft der Lampe. Die Aufgabe ist bekannt und der Leser weiß, dass eine endliche Seilkraft nicht ausreicht.

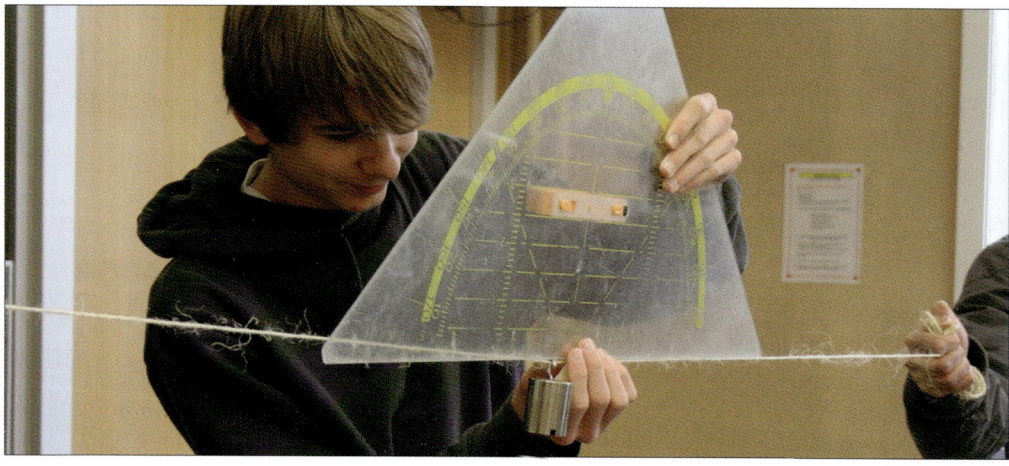

Die Situation wird nachgestellt. Eine dicke reißfeste Schnur wird von zwei Schülern gespannt. Je dicker die Schur oder das Seil, desto besser (Unfallgefahr beim plötzlichen Reißen). Nun wird ein Wägestück in die Mitte gehängt: Egal wie sehr links und rechts gezogen wird, das Seil hängt jetzt durch.

Die Kraft im Seil soll nun bestimmt werden. Hierzu misst ein dritter Schüler den Winkel an der Knickstelle.

Die Aufgabe wirkt in der konkreten Umsetzung. Bei einem gemessenen Winkel von 2 Grad und einer Belastung von 2 Newton ergibt sich für den Betrag der Seilkraft ca. 57,3 Newton. Eine „nur" gerechnete Lösung ist bei weitem nicht so einprägsam wie der Gesichtsausdruck der Seilzieher.

Lösung: Die Skizze ist nicht maßstabstreu. Bekannt sind alle Richtungen der Kräfte und der Betrag der Schwerkraft.

Daraus lässt sich ein geschlossener Vektor- bzw. Kräftezug (alternativ ein Kräfteparallelogramm) konstruieren.

Im unteren rechtwinkligen Dreieck gilt mit $F_G = 2N$ und $\alpha = 2°$:

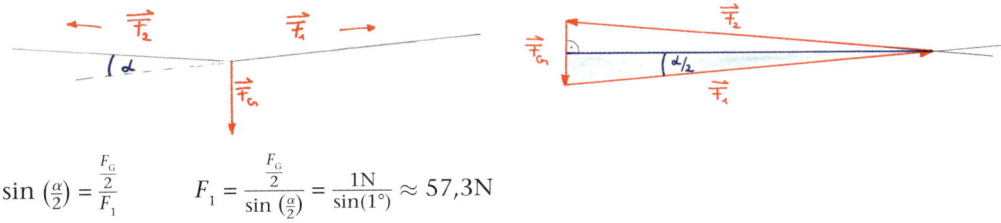

$$\sin\left(\tfrac{\alpha}{2}\right) = \frac{\tfrac{F_G}{2}}{F_1} \qquad F_1 = \frac{\tfrac{F_G}{2}}{\sin\left(\tfrac{\alpha}{2}\right)} = \frac{1N}{\sin(1°)} \approx 57,3N$$

Spektakulärer ist eine größere Masse; dann lässt sich auch der Winkel leichter ablesen.

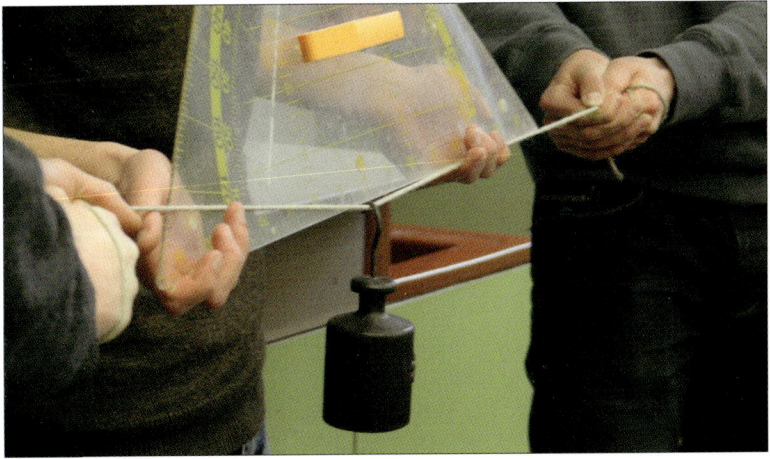

Reibung wird häufig negativ bewertet. Wenn „etwas reibt", ist damit meist eine unerwünschte Reibung gemeint. Aber wie sähe ein Leben ohne Reibung aus? Ohne Reibung könnten wir nicht auf der Straße gehen. Kein Fahrrad, kein Auto und kein Zug würden fahren. Ein Fußballspiel wäre undenkbar ...

Es ist eine amüsante Übung oder Hausaufgabe, darüber nachzudenken, wie ein Tag ohne Reibung aussehen würde, und es rückt das Phänomen der Reibung ins rechte Licht.

13.1 Experimentelles Forschen: eine Formel für die Reibung

Jeder kennt es: Wir nehmen irgendeinen Gegenstand und lassen ihn über den Tisch gleiten. Irgendwann bleibt er stehen. Der Grund dafür ist die Reibung.

Die Aufgabenstellung an die Gruppen ist offen gestellt:

„Ihr habt drei Schulstunden Zeit, euch eine Formel zu überlegen, welche die Reibungskraft näherungsweise beschreibt. Dinge, die ihr für euer Forschen benötigt, gebe ich – falls vorhanden – heraus. Über euer Vorgehen, speziell über die durchgeführten Versuche ist wie üblich Protokoll zu führen: Versuch – Beobachtung – Folgerung. Natürlich lässt sich die Lösung in fast jedem Physikbuch nachschlagen, aber dann ist der Sinn der Übung dahin. Wer schummelt, dem wird es schnell langweilig!"

Voraussetzung für diese Arbeitsform ist, dass die Schüler mit der gegebenen Freiheit sinnvoll umgehen können. Sicherlich klappt diese offene Form nicht in allen Klassen. Aber wenn die Schüler Feuer gefangen haben, gehört diese Aufgabenstellung mit zu den besten. Stellt man eine Aufgabe in dieser (radikalen) Art zum ersten Mal, sollte man vielleicht eine Hilfestellung geben: Zuerst sammelt man in der Klasse Vermutungen, wovon die Reibung abhängig sein könnte und schreibt sie an die Tafel:

- von der Geschwindigkeit
- vom Material
- von der Auflagefläche

Es ist erstaunlich, auf welche Ideen die Schüler kommen, wenn man sie „loslässt". Hier
untersucht eine Schülerin die Abhängigkeit
der Reibungskraft von der Auflagefläche:
Das Experiment der Schülerin ist genial!
Links und rechts wird jeweils dieselbe Anzahl an Stiften verwendet, um die Masse konstant zu halten. Rechts sind die sechs Stifte
zu einem Zelt zusammengeklebt, links liegen sie in Reihe. Damit hat
sich rechts die Auflagefläche halbiert. Der Stoß mit dem Tagebuch ermöglicht für beide Körper dieselbe Anfangsgeschwindigkeit. Diese
einfache Anordnung ermöglicht somit eine Untersuchung des Ein-
flusses der Auflagefläche.

Der Lehrer nimmt bei dieser Form des Unterrichts eine komplett neue
Rolle ein: Ein Belehren ist unangebracht; er berät, beobachtet, legt
äußere Strukturen fest, fragt nach und überlegt mit. So wie bei wis-
senschaftlichem Arbeiten üblich. Eine gute Hilfe für die Gruppen ist
eine interne Rollenverteilung (Zeitmanager, Protokollschreiber, Ge-
sprächsführung, Materialwart).

Diese Art von Unterricht ist prozess- und nicht produktorientiert. Der
Leser kennt das Ergebnis der Forschungsarbeit: Die Formel $F_R = f \cdot F_N$
beschreibt in erster Näherung sehr gut die Reibung zwischen unterschiedlichen Materialien. Natürlich kann man die Reibung in wenigen
Minuten einführen, ein Beispiel dazu machen und dann zu einem
anderen Thema übergehen. Aber erst nach mehreren Stunden Forschungsarbeit kann man über die Einfachheit der Näherung staunen.
Der folgende Abschnitt stellt eine (vom Lehrer) stärker geführte Einführung der Reibung dar. Hat man sich für die soeben geschilderte
radikalere Einführung entschieden, ist das Beispiel eine hübsche Übung.

13.2 Einführung des Reibungskoeffizienten

Im folgenden Kräftemessen kommt der Reibung eine positive Rolle
zu. Zwei Freiwillige kommen nach vorne und bekommen je ein Ende
eines dicken Seiles in die Hand. Jeder versucht den anderen auf seine
Seite zu ziehen.

Offensichtlich gewinnt der, der die höhere Reibungskraft besitzt.

Aufgabenstellung

Nach der Demonstration der beiden Freiwilligen wird die Klasse in eine linke und eine rechte Hälfte geteilt. Jede Gruppe soll die am besten geeignete Person für den Zweikampf auswählen.

Ein möglicher Lösungsweg

Je größer die Gewichtskraft der Person, desto besser. Aber es kommt ebenso auf die Beschaffenheit der Schuhsohle an, genauer: auf das Materialpaar Boden-Schuhsohle. Gesucht ist also eine möglichst hohe Reibungskonstante f zwischen Schuhsohle und Boden.

Die Formel für die Reibung findet mit einem Lehrervortrag den Weg in die Schulhefte. Schülervermutungen werden geäußert, schließlich die Reibungskonstante f wie üblich mit $F_R = f \cdot F_N$ definiert und festgestellt, dass die Reibung (in erster Näherung) unabhängig von der Geschwindigkeit ist.

Die Geschwindigkeitsunabhängigkeit wird an den eigenen Schuhen überprüft, indem mit einem Kraftmesser in unterschiedlicher Geschwindigkeit gezogen wird. Der Kraftmesser sollte bei konstanter Geschwindigkeit immer denselben Wert anzeigen.

Um die Reibungskonstante f für das Materialpaar Boden-Schuhsohle zu bestimmten, werden die Beträge der Schwerkraft des Schuhs F_G (bzw. Anpresskraft oder Normalkraft) und dessen Reibungskraft F_R auf dem Boden benötigt. Die Messung der Schwerkraft ist einfach.

Die Bestimmung der Reibungskraft ist etwas kniffliger: Erstens gibt es zwei Arten von Reibung: die Gleitreibungs- und die Haftreibungs-

kraft. Entsprechend gibt es einen Gleitrei-
bungs- (f_{gl}) und einen Haftreibungskoeffizienten (f_h). In dieser Übung sollen beide
bestimmt werden.

Zweitens lässt sich bei der Bestimmung der
Reibungskraft nahezu beliebig viel falsch
machen: Man muss waagrecht zum Boden
ziehen, sonst misst man irgendetwas, aber
nicht den Betrag der Reibungskraft. Und
man muss beim Ziehen die Geschwindigkeit
konstant halten, sonst misst man zusätzlich
die Kraft, die für die Beschleunigung nötig
ist.

Auswahlkriterium für die geeignetste Person
Für den beschriebenen Wettkampf sollte die
Gleitreibungskraft maximal gewählt werden.
Im ersten Moment ist man vielleicht versucht, an die Haftreibung zu
denken; es wird allerdings bei der Demonstration recht schnell klar,
dass jeder den anderen sehr leicht ins Rutschen bringen kann. (Selbst
ohne Reibung kann kurzzeitig aufgrund der Trägheit ($F = m \cdot a$) eine
beschleunigende Kraft auf den Gegner ausgeübt werden.)
Für die Gleitreibungskraft gilt: $F_{gl} = f_{gl} \cdot F_N$. Also sollte der massereichs-
te Schüler die Schuhe mit dem höchsten Gleitreibungskoeffizienten
anziehen.

Pädagogisch-didaktische Bemerkung:
Die Übung ist sehr persönlich. Didaktisch gesehen ist das Experimentieren am eigenen Schuh besser, da das die Physik in den Schüleralltag transportiert und jetzt eine Rangfolge unter den Schuhen möglich ist. Der Schüler bekommt einen erweiterten Blick für Schuhsoh-
len; er hat ein Maß (f) gefunden, um Schuhe zu vergleichen! Je höher
f, desto rutschfester.
Aber es kann sein, dass ein Schüler Schweißfüße hat und es ihm
peinlich ist, seine Schuhe auszuziehen. Es ist die Aufgabe des Lehrers,
einen Ausweg für solche Schüler zu finden, ohne dass sie vorgeführt
werden. So *muss* zum Beispiel nicht jeder an seinen eigenen Schuhen
die Reibungskraft messen, auch wenn die Bestimmung eines Reibungskoeffizienten am eigenen Schuhwerk ein nachhaltigeres Erlebnis in sich birgt, als wenn fremde Dinge untersucht werden. In
welchem Unterricht zieht man schon seine Schuhe aus? Man kann

145

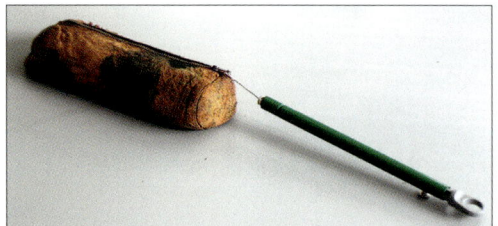
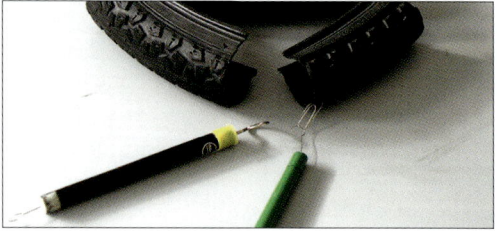

alternativ Reibungskoeffizienten zwischen Mäppchen und Tisch oder anderen Materialpaaren bestimmen lassen:

Auch die Suche nach maximaler Schwerkraft kann heikel sein. Wenn ein sehr beleibter Schüler in der Klasse ist, besteht die Gefahr, dass er durch die Übung bloßgestellt wird. Sein „Massereichtum" bringt zwar seiner Seite den Sieg näher … aber vielleicht sind Sie trotzdem lieber etwas vorsichtig, da Fußschweiß und Leibesfülle sehr peinlich sein können. Na ja, Sie kennen Ihre Klasse besser als ich.

13.3   Rutschender Schuh – Haftreibungskoeffizient

Man kann den Haftreibungskoeffizienten recht schnell mit Hilfe einer geneigten Ebene messen. Hierzu wird das Wissen über die geneigte Ebene vom folgenden Kapitel benötigt.

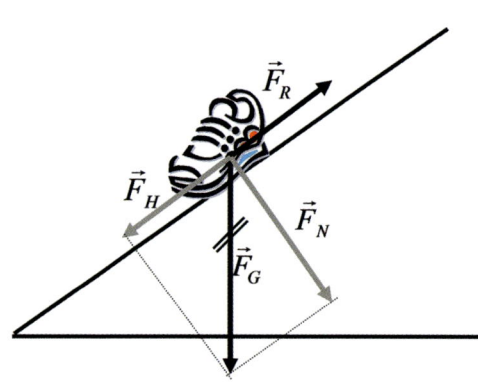

Ein Schuh wird auf ein Brett (oder das Tafelgeodreieck) gestellt, dessen Neigungswinkel α immer weiter erhöht wird. Wenn die Hangabtriebskraft minimal höher als die Haftreibung ist, beginnt der Schuh zu gleiten. Gesucht ist der Haftreibungskoeffizient f_h zwischen Ebene und Schuhsohle in Abhängigkeit vom Winkel.

Lösungsskizze

Der Schuh beginnt zu gleiten, wenn $F_H \geq F_R$ gilt. Im Gleichgewicht ($F_H = F_R$) gilt:

$$F_H = F_R$$
$$F_G \cdot \sin(\alpha) = F_N \cdot f_h$$
$$F_G \cdot \sin(\alpha) = F_G \cdot \cos(\alpha) \cdot f_h$$
$$\sin(\alpha) = \cos(\alpha) \cdot f_h$$
$$\frac{\sin(\alpha)}{\cos(\alpha)} = f_h$$
$$\tan(\alpha) = f_h$$

Kapitel 14

Kräfte an der geneigten Ebene

Rollt ein beladenes Auto schneller ins Tal als ein unbeladenes?

Fast immer können die Schüler das experimentelle Ergebnis, dass die Masse bei der Talfahrt keine Rolle spielt, kaum glauben. Mit Schülerworten ausgedrückt, passiert etwas, was „nicht sein kann" oder „nicht sein darf". Die Irritation motiviert eine theoretische Betrachtung.
Die Abschnitte in diesem Kapitel führen vom experimentellen Befund über die Erforschung der geneigten Ebene schließlich zu einer theoretischen Begründung der Massenunabhängigkeit. Die Vorgehensweise, „mitten" in einem komplexen Experiment zu beginnen, erinnert an den von Martin Wagenschein so bezeichneten historisch-genetischen Weg: Der Schüler betrachtet die (physikalischen) Probleme zu einem Zeitpunkt, zudem sie noch nicht gelöst sind.[24]

---

24 Vgl. Martin Wagenschein, Verstehen lehren: Genetisch, Sokratisch, Exemplarisch. Beltz, Weinheim ²1999

Zum Material: Der dargestellte Lehrgang verwendet die Darda-Bahn[25] (vgl. Kapitel 10). In vielen Physiksammlungen finden sich zu Demonstrationszwecken Autos und Bahnenstücke, aber netter ist es, wenn die Schüler ihre eigene Bahn aus der Kindheit von zu Hause mitbringen. Für die Umsetzung im Demoexperiment genügen ein Auto und eine Bahnstrecke von mehreren Metern. Wenn die Schüler in Gruppen selbstständig vorgehen, wird das Material für jede Gruppe benötigt.

14.1 Eine Talfahrt – experimentelle Befunde

Die aufgebaute Bahn sollte möglichst viele Stützstellen besitzen. Ansonsten verformt das Auto bei seiner Fahrt die Form der Bahn. Je länger die Bahn ist, desto geringer wird der relative Fehler bei der Zeitmessung.

Die Fahrzeit des unbeladenen Wagens lässt sich sehr genau ermitteln, da das Experiment wiederholbar ist. Aus ca. fünf Messungen wird der Mittelwert gebildet. Anschließend wird das Auto beladen (z. B. mit einem Wägestück von 50 g), so dass die Gesamtmasse sich mindestens verdoppelt, und eine zweite Messreihe gestartet.

---

25 http://de.wikipedia.org/wiki/Darda-Bahn

Für die meisten Schüler ist das Ergebnis überraschend: Die Fahrzeit ist – im Rahmen der Messgenauigkeit – unabhängig von der Masse. Und mich wundert, dass es die Schüler wundert; schließlich hatten wir die gleiche Diskussion beim freien Fall. Hatten wir nicht bei den Bewegungsgesetzen bereits eine geneigte Ebene …?

Aber die Schüler argumentieren aus ihrem Erfahrungsbereich: Wasserrutsche und Schlittenhang. Wir wollen diesen beiden „Rutschentypen" kurz nachgehen.

Wasserrutsche: Gemeint sind die großen Rutschen in Erlebnisbädern. Hier ist es tatsächlich so, dass der schwerere Papa seinen leichteren Sohn einholt. Das liegt daran, dass die Rutsche mit Wasser gefüllt ist, das vom Rutschenden zur Seite gedrückt werden muss. Es ist im Grunde also eine Verdrängungsfahrt, wie wir sie von Schiffen kennen. Lassen wir beispielsweise einen Weinkorken die Rutsche hinunterfahren, so hat er die Wassergeschwindigkeit. Wenn wir stattdessen ein tonnenschweres Objekt die Rutsche hinablassen, „spürt" es das Wasser fast nicht.

Schlittenfahrt: Auch hier macht der schwerere Papa das Rennen. Im letzten Kapitel wurde für die Reibung der Zusammenhang $f = \frac{F_R}{F_N}$ gefunden. Dieser Zusammenhang gilt für unterschiedliche Festkörper in erster Näherung auch ganz gut. Bei der Schlittenfahrt ist der Reibungskoeffizient jedoch *abhängig* von der Anpresskraft. Die eiserne Schlittenkufe erzeugt aufgrund des Anpressdrucks einen Gleitfilm. Aus diesem Grund ist die Reibung auf Eis so gering.

Es gibt ein hübsches Experiment zu dieser Eigentümlichkeit des Eises: Wir legen über einen Eiswürfel einen dünnen Eisendraht, verknoten ihn unterhalb des Würfels und hängen einen Körper von hoher Masse daran. Aufgrund des Drucks verflüssigt sich das Eis unterhalb des Drahtes und nach und nach schneidet sich daher der Draht durch den Klotz. Das Erstaunliche: Der Eiswürfel ist nach dem Experiment nicht zerschnitten, sondern an einem Stück. Der Draht ist gleichsam durch das Eis gewandert, ohne es zu zerschneiden.

Die Metallkufe unseres Schlittens verflüssigt ebenfalls das Eis unter sich. Als Folge davon haben wir zwischen Festkörpern keine Reibung mehr. Es ist also ein anderes Experiment als unsere Talfahrt mit dem Auto. Wir können die beiden Situationen nicht vergleichen.

14.2 Hangabtriebskraft an der geneigten Ebene

Eine neue Stunde, eine neue Übung: Wir wollen mehr über die Kraft erfahren, die das Auto den Hang hinunter fahren lässt. Hierzu soll die Abhängigkeit der Hangabtriebskraft F_H vom Neigungswinkel α mit Hilfe der geneigten Ebene untersucht werden. F_H ist die Kraft, welche das Auto beschleunigt.

Konkrete Umsetzung im Unterricht

Vorerst werden nur Kraftmesser, Knete, Büroklammern und Wägestücke, aber noch kein Bahnenstück ausgegeben. Jede Kleingruppe belädt ihr Auto mit entsprechenden Gewichten, so dass die Schwerkraft ($\alpha = 90°$) des beladenen Autos dem Vollausschlag des Kraftmessers entspricht. Z. B. eignet sich eine Gesamtmasse zwischen 80 und 100 Gramm gut bei der Verwendung eines Kraftmessers mit $F_{max} = 1$ Newton. Außer dem Wägestück wird mit etwas Knete eine Büroklammer zum Einhaken des Kraftmessers befestigt (vgl. Abbildung).

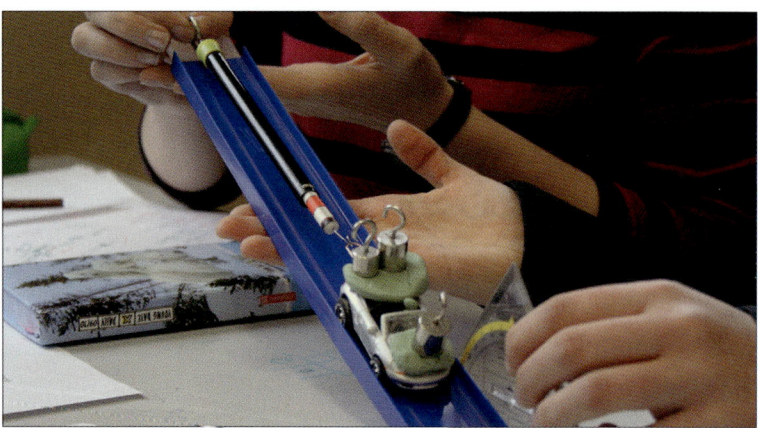

Dann soll sich die Gruppe vor der experimentellen Bestimmung den Zusammenhang zwischen F_H und α überlegen. Jeder zeichnet nach der Gruppenbesprechung seine persönliche Vermutung über das Schaubild mit Bleistift in das Achsenkreuz ein.

Die Gruppe erhält jetzt ein Bahnenstück und ermittelt die Abhängigkeit experimentell. Gemessen wird der Betrag von F_H durch die minimale Festhaltekraft, die genau in die entgegengesetzte Richtung zeigt. Gemessen wird also genau *parallel* zur geneigten Ebene. Die Kurve wird mit Rot in dasselbe Schaubild eingezeichnet.

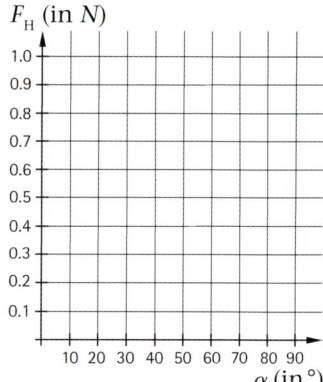

In einem weiteren Schritt soll die Gruppe den analytischen Zusammenhang zwischen Hangabtriebskraft und Neigungswinkel vermuten bzw. überlegen und ihn überprüfen. Schwächeren Gruppen kann der Lehrer die Formel $F_H = \sin(\alpha) \cdot F_G$ direkt zur Überprüfung geben.

Didaktische Bemerkung

Eines der wichtigsten Dinge in der Experimentalphysik, vielleicht sogar das wichtigste, ist die Bedeutung von Proportionalität. Nun sind die Abhängigkeiten in der Schulphysik meist linear: gleichförmige Bewegung $s \propto t$, Grundgleichung der Mechanik $F \propto a$, Ohm'sches Gesetz $U \propto I$, Wärmekapazität $Q \propto \vartheta$.

Der Zusammenhang zwischen Hangabtriebskraft und Neigungswinkel ist ein anschauliches Beispiel für einen nichtlinearen Zusammenhang.

14.3 Theoretische Begründung der Massenunabhängigkeit bei der Talfahrt

Eine Lösung mit Reibung:

Für die Beschleunigung des Autos gilt die Grundgleichung der Mechanik:

$F = m \cdot a$ bzw. $a = \frac{F}{m}$.

Die Kraft F, die das Auto beschleunigt, setzt sich aus der Hangabtriebskraft und der Reibungskraft zusammen:

$F = F_H - F_R$

Berechnung der Hangabtriebskraft F_H

$\frac{F_H}{F_G} = \sin \alpha$

$F_H = F_G \cdot \sin \alpha$

$F_H = mg \cdot \sin \alpha$

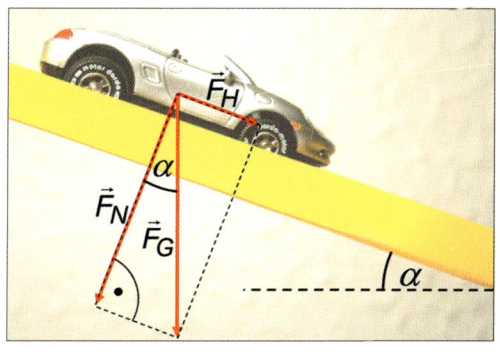

Berechnung der Reibungskraft F_R

Die Reibungskraft hängt von der Anpresskraft F_N ab:

$$F_R = f \cdot F_N$$

$$F_R = f \cdot \underbrace{F_G \cdot \cos\alpha}_{F_N}$$

$$F_R = f \cdot mg \cdot \cos\alpha$$

Somit ergibt sich für die beschleunigende Kraft:

$$F = F_H - F_R$$

$$F = mg \cdot \sin\alpha - f \cdot mg \cdot \cos\alpha$$

Damit folgt für die Beschleunigung:

$$a = \frac{F}{m} = \frac{mg \cdot \sin\alpha - f \cdot mg \cdot \cos\alpha}{m} = \frac{m(g \cdot \sin\alpha - f \cdot g \cdot \cos\alpha)}{m} = g \cdot \sin\alpha - f \cdot g \cdot \cos\alpha$$

Im letzten Rechenschritt hat sich die Masse herausgekürzt; somit ist die Beschleunigung a unabhängig von der Masse.

Alternative Rechnung ohne Reibung

Möchte man die Reibung im Unterricht nicht behandeln, kann man sie bei der Talfahrt vernachlässigen. Damit vereinfacht sich die Rechnung wesentlich.

Die beschleunigende Kraft F ist die Hangabtriebskraft:

$$a = \frac{F}{m} = \frac{F_H}{m}$$

Berechnung der Hangabtriebskraft F_H

$$\frac{F_H}{F_G} = \sin\alpha$$

$$F_H = F_G \cdot \sin\alpha$$

$$F_H = mg \cdot \sin\alpha$$

Damit folgt für die Beschleunigung:

$$a = \frac{F}{m} = \frac{mg \cdot \sin\alpha}{m} = g \cdot \sin\alpha$$

Auch hier hat sich die Masse herausgekürzt; wieder ist die Beschleunigung a unabhängig von der Masse.

Folgerung:

Hier wurde die Beschleunigung an der schiefen Ebene berechnet. Das Resultat gilt allerdings für beliebige geformte Bahnen, da zu jedem Zeitpunkt die Beschleunigung unabhängig von der Masse ist. Ein beladenes Auto erfährt also dieselbe Beschleunigung wie ein leeres.

Mechanik |

Kapitel 15
Kreisbewegung

Es gibt viele Arten, sich durch den Raum zu bewegen: im Kreis, in einer Schlangenlinie, im Zick-Zack, … Von all diesen Bewegungen ist die gleichförmige, geradlinige ausgezeichnet. Sie ist relativ, die Kreisbewegung hingegen ist absolut. Warum das so ist, wissen wir nicht. Es ist eine sehr tiefgehende Frage, mit der diese Lehrgangs-skizze beginnt.

15.1 Einführung

Fragestellung:
Absolute und relative Bewegung[26]
Eine Wissenschaftlerin sitzt vollständig isoliert in einem Kasten, der sich auf einem geradlinigen Weg gleichmäßig durch den interstellaren Raum bewegt, während eine andere Wissenschaftlerin vollständig isoliert in einem anderen Kasten sitzt, der sich gleichmäßig im Raum dreht. Jede Wissenschaftlerin kann alle wissenschaftlichen Errungen-schaften benutzen, um ihre Bewegung im Raum zu ermitteln.
Welche Behauptung ist richtig?

a.) Nur die Wissenschaftlerin im geradlinig be-
wegten Kasten kann ihre Bewegung ermitteln.

b.) Nur die Wissenschaftlerin im sich drehenden
Kasten kann ihre Bewegung ermitteln.

c.) Beide können ihre Bewegung ermitteln.

d.) Keine kann ihre Bewegung ermitteln.

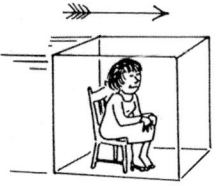 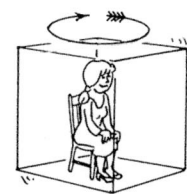

---

26 Fragestellung entnommen aus *Epsteins Physikstunde*, erschienen bei Birkhäuser Verlag Basel ³1992.

Umsetzung im Unterricht:

Die Schüler dürfen nicht miteinander sprechen. Herrscht vollkommene Stille, wird die Fragestellung für jeden Schüler sichtbar mit einem Tageslichtprojektor an die Wand geworfen. Wer sich für eine Antwort (a, b, c oder d) entschieden hat, verschränkt die Arme. Wenn alle so weit sind, werden die vier Ecken im Raum mit den entsprechenden Buchstaben versehen.

Die Schüler sollen sich auf eine Lösung einigen. Ziel ist es, die anderen mit Argumenten auf die eigene Seite zu ziehen. Damit kein Chaos entsteht, darf nur der sprechen, der den Redestab (ein Mäppchen, Tafelschwamm, …) in der Hand hält. Ist ein Schüler von einem Argument überzeugt worden, darf er unmittelbar (schweigend) seinen Standpunkt wechseln.

Wenn der Diskussionsbedarf sehr groß wird, darf für drei Minuten frei im Raum ohne Redestab diskutiert und überzeugt werden. Danach wird erneut Stellung bezogen.[27]

Lösung:

Manche Klassen stehen am Ende der Übung bei der Aussage b, manche bei d. Ich habe beides schon erlebt. Die Aussage b ist richtig; es gibt für die Wissenschaftlerin im sich drehenden Kasten zwei mögliche Trägheitskräfte, die nachgewiesen werden können:

Fliehkraft: Ein Gedankenexperiment: Man krabble in eine Waschmaschine und stelle den Schleudergang an. (Bitte den Versuch nicht in Realität durchführen.) Zur Veranschaulichung setze man eine Figur auf eine drehende Scheibe und schalte den Motor an:

Wenn wir uns in die Figur hineinversetzen, spüren wir stellvertretend die Fliehkraft, die sie nach außen schleudert.

Wenn die Bewegung sehr langsam ist, kann ein Foucault'sches Pendel zur Hilfe genommen werden. Der Physikraum wird zu dem bekannten Kasten der einführenden Fragestellung. Zur Verstärkung der Analogie kann die Raumverdunklung heruntergelassen werden, so dass man von der Außenwelt abgeschnitten ist.

---

27 Die Methode ist in Band I „Raum für Diskussionen: Standpunkte einnehmen" (S. 77) ausführlich beschrieben.

Corioliskraft: Zwei Personen befinden sich auf einer sich drehenden Scheibe. Der eine rollt dem anderen einen roten Ball zu. Da die Scheibe sich dreht, geht der Ball vorbei. Der mitrotierende Beobachter schließt auf eine Kraft in seinem Bezugssystem (drehende Scheibe), die den Ball von seiner erwarteten geradlinigen Bahn ablenkt: die Corioliskraft. Statt einen Ball zu rollen, kann ein Pendel aufgehängt werden. Wenn Fridolin am Nordpol ist, so dreht sich für ihn das Pendel an einem Tag einmal um die eigene Achse. Für uns außenstehende Beobachter schwingt das Pendel lediglich hin und her.

Wir können das Erleben von Fridolin in einem Partnerexperiment nachempfinden. Hierzu setzt sich einer auf einen (Dreh-) Stuhl, hält mit einem starren Arm das Pendel fest und lenkt es aus. Während der Schwingung lässt der Partner einen Tag vergehen, indem er den Stuhl langsam und gleichmäßig einmal um die Achse dreht.

Analog kann die Erdrotation durch ein Foucault'sches Pendel nachgewiesen werden. Die Situation der Wissenschaftlerin im Kasten kann aufgegriffen werden. Die Isolierung von der Außenwelt kann durch die Raumverdunkelung simuliert werden: Wir selbst sitzen also in einem Kasten und befinden uns in derselben Situation wie die Wissenschaftlerin.

Bemerkungen/Erweiterungen:
Der Schüler erlebt im Bus, im Karussell, in der Achterbahn nicht die Zentri*petal*kraft, sondern die Zentri*fugal*kraft. Daher betrachten wir in diesem erlebnisorientierten Lehrgang zuerst die Trägheits- bzw. Scheinkräfte. Bei dem Drehstuhlexperiment kann sehr gut der Unterschied zwischen äußerem und innerem Beobachter dargestellt werden: Einmal sind wir äußere Beobachter (Fridolin auf sich drehender Scheibe), einmal sitzen wir selbst im rotierenden Bezugssystem (Drehstuhlexperiment).

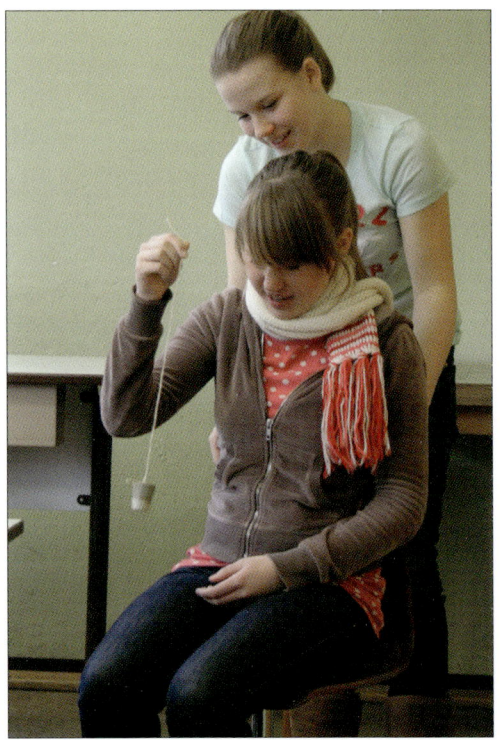 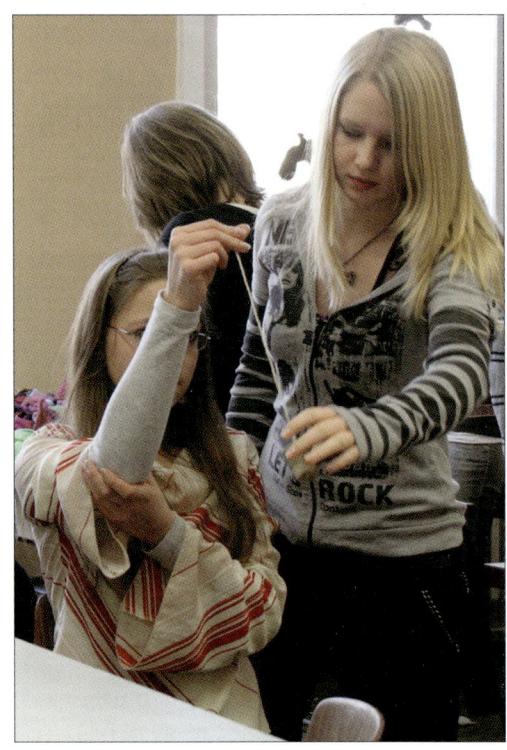

Wenn man die Drehfrequenz im Stuhlexperiment erhöht, kann man (falls die Pendelaufhängung sich nicht auf der Drehachse befindet) auch die Zentrifugalkraft beobachten. Das Experiment demonstriert, dass beide Kräfte gleichzeitig vorkommen.

15.2 Beschreibung von Drehbewegungen

Um Drehbewegungen beschreiben zu können, werden neue Begriffe wie die Frequenz f, die Umlaufzeit T, die Bahngeschwindigkeit $\vec{v}_B$ und die Winkelgeschwindigkeit $\vec{\omega}$ benötigt. Alle lassen sich durch folgendes Beispiel einführen:

Zwei Figuren sitzen gleich weit vom Drehpunkt entfernt auf einem Drehteller, der sich gleichmäßig bewegt. Im Augenblick bewegen sich beide gleich schnell. Nun bewegt sich unser Held Fridolin ein Stück in Richtung Mitte. Wer ist jetzt *schneller*?

Die Frage beantwortet jeder Schüler schweigend für sich. Es gibt drei mögliche Antworten:

a) Fridolin ist schneller, b) Fridolin ist langsamer, c) beide sind gleich schnell.

Wer sich entschieden hat, verschränkt zum
Zeichen die Arme. Meist teilen sich die Ant-
worten b) und c) die Stimmen zu gleichen
Teilen. Und beide Gruppen haben Recht, so-
lange nicht geklärt ist, was genau unter dem
Begriff „schnell" verstanden wird. Es verlangt

nach einer exakten Definition und damit der Einführung der Winkelgeschwindigkeit $\vec{\omega}$ und der Bahngeschwindigkeit $\vec{v}_B$. Hier werden
beide Größen als Vektoren geschrieben. Bei der Winkelgeschwindigkeit zeigt der Vektor in Richtung der Drehachse. Stellt der Daumen
der rechten Hand die Drehachse dar, zeigen die Finger die Drehrichtung an. (Der Betrag entspricht der Länge von $\vec{\omega}$.)

Als Schüler empfand ich die Winkelgeschwindigkeit als schwierig.
Vielleicht deswegen, weil „Winkel pro Zeit" in meinem Alltag keine
Bedeutung hatte. Die Bahngeschwindigkeit kannte ich aus dem Stra-
ßenverkehr; hingegen lernte ich die Winkelgeschwindigkeit als eine
abstrakte mechanische Größe kennen, die in meinem Alltag noch
nicht auftauchte.

Nachempfinden von Bahn- und Winkelgeschwindigkeit

Die Winkelgeschwindigkeit $\omega := \frac{\Delta\alpha}{\Delta t}$ wird analog zur Bahngeschwindigkeit $v_B := \frac{\Delta s}{\Delta t}$ definiert. Zu beiden Geschwindigkeitstypen werden jeweils
Übungen vorgestellt.

Bahngeschwindigkeit

Die Schüler stehen schweigend auf und gehen mit einer Bahngeschwindigkeit von $v_B = 0{,}2\,\frac{m}{s}$ durch den Raum. Die Einhaltung der
Stille ist wichtig. Unterbrechen Sie, sobald privat gesprochen wird,
damit die Konzentration nicht verloren geht. Je exakter die Geschwindigkeit umgesetzt wird, desto besser ist die Lernatmosphäre im Raum:
Bei einer Geschwindigkeit von $0{,}2\,\frac{m}{s}$ wird in fünf Sekunden ein Meter
zurückgelegt und nicht 1,5 Meter! Hindernisse und eventueller Gegen-
verkehr müssen rechtzeitig wahrgenommen werden, damit die Geschwindigkeit konstant eingehalten werden kann. Wir erhöhen auf
$v_B = 0{,}3\,\frac{m}{s}$. Mit einem Signal (Lehrer klatscht oder schaltet die Raumbe-
leuchtung aus) werden die Reibungskräfte ausgeschaltet und jeder

Schüler geht aufgrund seiner Trägheit *tangential* mit demselben Geschwindigkeitsbetrag weiter. Hier sind die Tangential- bzw. die Bahngeschwindigkeiten in grün eingezeichnet:

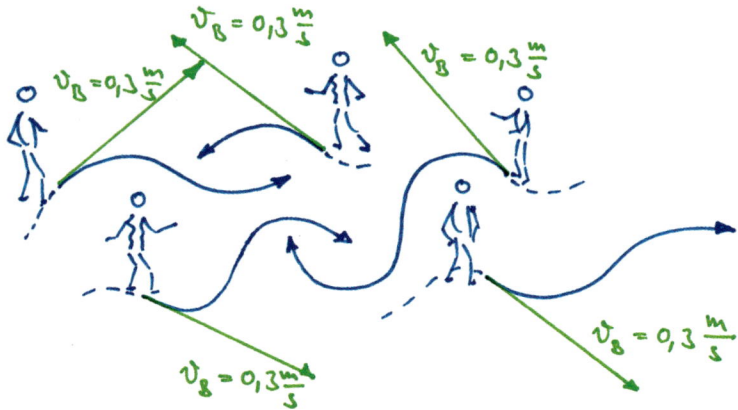

Die Schüler können auch in unterschiedlichen Geschwindigkeiten gehen. Mit dem Ausschalten der Reibung werden stets Betrag und Richtung der Geschwindigkeit eingefroren. Mit einem zweiten Klatschen wird die Reibung wieder eingeschaltet. Um den tangentialen Charakter der Geschwindigkeit zu zeigen, genügen wenige Sekunden. Wenn man die Reibung für längere Zeit unterbricht, wird das Klassenzimmer zum Billardtisch, aber das ist eine andere Übung.

Negative Geschwindigkeiten, zum Beispiel $v_B = -0,1\frac{m}{s}$, deuten die Schüler von sich aus und gehen entsprechend rückwärts. Die spielerische Umsetzung ist selbsterklärend, die Bedeutung des Vorzeichens muss nicht erklärt werden! Betragsmäßig hohe negative Geschwindigkeiten sollten vermieden werden (Unfallgefahr).

Winkelgeschwindigkeit

Die Schüler verringern ihre Bahngeschwindigkeit auf null und zwar so, dass sie bei Stillstand etwas Platz um sich haben. Beide Hände werden zu einem Zeiger zusammengelegt (Gebetshaltung).

Die Aufgabe lautet: *„Dreht euch bitte um $\frac{\pi}{2}$ (bzw. um 90°)"*. Ein Teil der Schüler dreht sich daraufhin rechts herum, ein Teil links herum. Wie bei der Bahngeschwindigkeit hat auch hier das Vorzeichen die Bedeutung einer Richtung. $+\frac{\pi}{2}$ bedeutet (mathematisch) eine Drehung gegen Uhrzeigersinn, $-\frac{\pi}{2}$ entsprechend dagegen. Das Bogenmaß lässt sich üben: Der Lehrer gibt den Winkel vor $(+\frac{\pi}{4}, +\frac{\pi}{8}, -\pi, +5\pi)$ und die Schüler drehen entsprechend. Es wird so lange geübt, bis alle das Bogenmaß verstanden haben.

Im nächsten Schritt wird die Winkelgeschwindigkeit erlebt: Die Schüler sollen mit $+\frac{\pi}{2}$ pro Sekunde ($\omega = +\frac{\pi}{2} \cdot s^{-1}$) rotieren. Man sollte meinen, dass sich jetzt alle gleichmäßig in vier Sekunden einmal gegen den Uhrzeigersinn um die eigene Achse drehen. Stattdessen führen die Schüler ruckartig pro Sekunde eine Viertelumdrehung aus. Im Fall der Bahngeschwindigkeit müsste man dann bei einer Geschwindigkeit von $v_B = 0{,}2\,\frac{m}{s}$ jede Sekunde einen Hupfer von 20 cm nach vorne machen. Aber bei der Bahngeschwindigkeit macht das niemand.

Winkel- und Bahngeschwindigkeit

Am deutlichsten lassen sich Winkel- und Bahngeschwindigkeit in ihrer Unterschiedlichkeit darstellen, wenn sie gleichzeitig erlebt werden. Beide Geschwindigkeiten sollten vom Betrag klein sein. Hier gehen die Schüler mit $v_B = 0{,}1\,\frac{m}{s}$, durch den Raum und drehen sich dabei alle acht Sekunden einmal um ihre Achse.

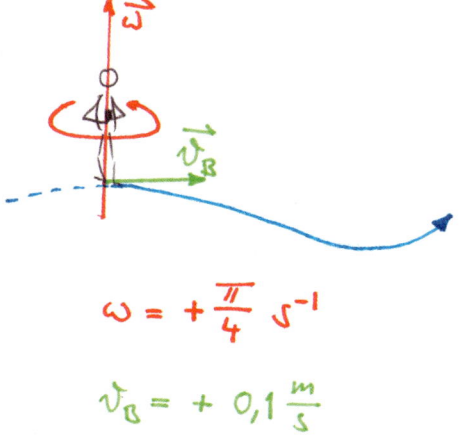

$$\omega = +\frac{\pi}{4}\,s^{-1}$$

$$v_B = +\,0{,}1\,\frac{m}{s}$$

Eine weitere Übung ist die Simulation des Systems Erde-Sonne.[28] Die Schüler stellen sich um eine Kerze (Sonne) herum auf. Die Erde wird durch den Kopf dargestellt, die Nasenspitze ist der Standort unserer Schule. Um 12:00 Uhr mittags zeigen alle Nasenspitzen zur Kerze. Wir lassen einen halben Tag vergehen und alles blickt nach außen zur Wand. In früheren Zeiten stellte man sich die Fixsterne fest mit den Wänden verbunden vor. Nach einem weiteren halben Tag blicken wir wieder zur Sonne. Allerdings sind wir auf unserer Bahn um die Sonne ein kleines Stück weitergerückt. Wir verfeinern das Modell: Wenn in einem Jahr die Erde einmal um die Sonne kreist (360°), dann kommen wir an einem Tag nur um ungefähr 1° weiter. Um ein Gefühl dafür zu bekommen, dass die Erde ein Kreisel ist, gehen wir eine Woche (7°) weiter und drehen uns dabei

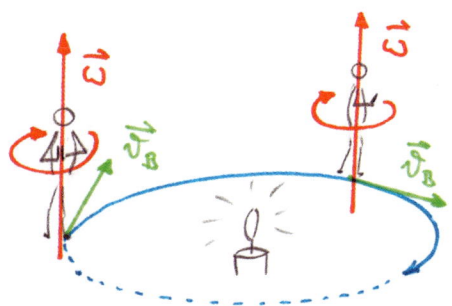

---

28 In Band I ist die Umsetzung ausführlich beschrieben, Kapitel Optik: *Interaktives Planetarium*, S. 126

siebenmal im Kreis. In der Abbildung sind wegen der Übersichtlichkeit nur zwei Schüler eingezeichnet.

Mit diesem interaktiven Modell lässt sich auch das Schaltjahr gut erklären. Eine vollständige Erdumdrehung dauert ca. 23 Stunden und 56 Minuten. Aus dieser Information kann die Rotationsrichtung der Erde relativ zur Umlaufbahn bestimmt werden.

Theaterdidaktische Bemerkungen

Bei dieser Art von Übungen ist es wichtig, dass der Lehrer bei der Einführung mit seinem eigenen Körper die von den Schülern geforderten Bewegungen und Drehungen ausführt. Er bricht das Eis! Die Schüler würden sich sonst unter Umständen lächerlich vorkommen. Es ist auch kein Zufall, dass die Übung mit der Bahnbewegung beginnt. Die Bahnbewegung ist etwas Normales, das jetzt nur in einem anderen Kontext exakter erlebt wird. Die Forderung nach immer mehr Exaktheit lässt etwas Alltägliches zu einem Experiment werden. Spannend beim Anleiten ist die Einführung der Drehbewegung. Die Rotation ist eine untypische Bewegung. Aber da es jetzt um das Verstehen von Winkelgeschwindigkeit geht, macht der Schüler die Übung mit einer erstaunlichen Selbstverständlichkeit mit. Das Thema wurde auf eine intellektuelle Ebene gehoben, so dass die Rotation um die eigene Achse möglich ist, ohne sich dabei lächerlich zu machen. Manche Menschen glauben, dass die Wissenschaftlichkeit und das Erleben bzw. das Spiel unvereinbar sind, dabei gibt sie häufig erst die Möglichkeit, bestimmte Dinge zu tun, ohne sich dabei komisch vorzukommen. So gesehen ist Wissenschaft eine Eintrittskarte ins Spiel bzw. ins Erleben.

In Vorträgen versuche ich den Begriff „Spiel" zu vermeiden. Das Spiel ist – zumindest in Deutschland – entwertet. Häufig wird es als etwas betrachtet, was keinen Nutzen hat und dadurch an Wert verliert. Dabei gibt es etwa 4250 Säugetierarten und alle haben eine Gemeinsamkeit: Sie spielen in ihrer Kindheit und Jugend. Dabei hat das Spiel keinen direkten Nutzen und birgt Gefahren in sich. Trotzdem gehören die Säuger zu den weitest entwickelten Lebensformen auf der Erde. Kurz: Wir sind das, was wir sind, auch deswegen, weil wir spielen durften und dürfen.

Aber zurück zu unserer Übung. Es gibt einen weiteren sehr interessanten Aspekt, der in der Kommunikation liegt: Die verbal gestellte Aufgabe des Lehrers wird mit dem Körper, nonverbal, beantwortet. Auf diese Weise werden alle Schüler „abgefragt", aber nicht bloßgestellt. Diese Art der Kommunikation ist typisch für theater- und erlebnispädagogisches Handeln im Unterricht. Das Redeverbot verhindert einerseits ein eventuelles Chaos und beugt damit Unfällen vor; andererseits entsteht eine völlig andere Kommunikationsstruktur: Alle Schüler können gleichzeitig eine individuelle Antwort geben. Das ist auf verbalem Wege schlichtweg unmöglich.

15.3   Zentripetalkraft

Die Richtung der Kraft, die wir nun untersuchen, hängt vom Bezugssystem ab. Wenn wir in einem Karussell, in einem Auto, Zug oder Bus sitzen, erleben wir die Zentri*fugal*kraft.

Wir wechseln in diesem Abschnitt das Bezugssystem und betrachten die Kreisbewegung von außen. In diesem Bezugssystem erleben wir die Kraft nicht selbst, aber dafür gilt in diesem System der Trägheitssatz. Unser Held wird also zum *außenstehenden Beobachter* und analysiert die Zentri*petal*kraft.

Die Richtung der Zentripetalkraft

Ein Versuch: Ein Motor lässt einen Faden mit einem Gummipfropfen waagrecht kreisen. Was passiert, wenn der Faden durchtrennt wird? Fliegt der Körper gerade weiter oder wird er vom Schwung ein Stück mitgenommen?

Es gibt drei Möglichkeiten für den Flug:

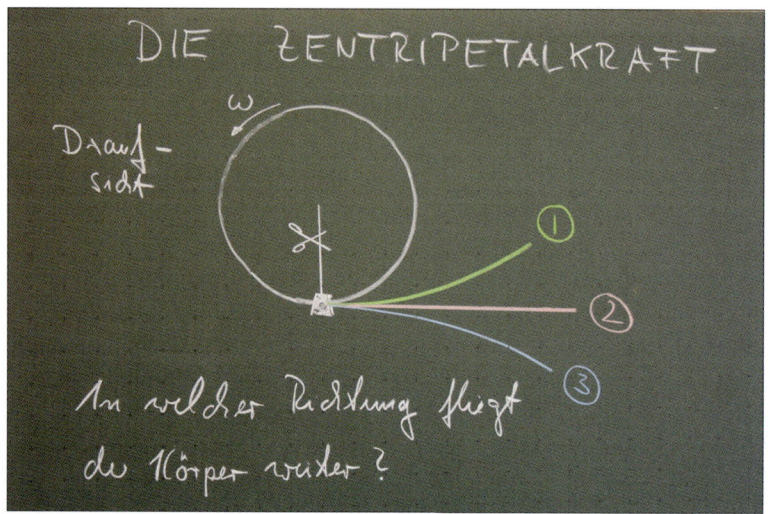

Irgendwie sollte man doch meinen, dass es jedem Schüler klar ist, dass der Pfropfen tangential weiterfliegt.

Trotzdem entscheiden sich viele Schüler für eine krumme Bahn, vielleicht, weil sie eine ähnliche Erfahrung in einem rotierenden Bezugssystem gemacht haben: Wenn man einen Gegenstand um sich herum schleudert und dann loslässt, scheint er im ersten Augenblick radial nach außen wegzufliegen und wird dann (entgegen der eigenen Drehrichtung) abgelenkt. Der Schüler wird es anders benennen, aber er hat die Corioliskraft erfahren: In seinem Bezugssystem entfernt sich der Schleuderball nicht geradlinig, sondern in einem Bogen.

Das Experiment gibt die Auflösung. Da wir in linearen (geraden) Flugbahnen klarer denken können, positionieren wir Fridolin so, dass er bei tangentialer Flugrichtung getroffen wird. Natürlich kommt man auch ohne das Opfer Fridolin aus, aber es ist nun einmal viel spannender, ob der Held getroffen wird oder ob die „Kugel" an ihm vorbeigeht. Vor dem Versuch muss noch geklärt werden, an welcher Stelle der Faden durchgetrennt werden muss. Hier wurde mit einem scharfen Teppichmesser geschnitten.

Ergebnis des Versuchs: Wirkt keine Kraft auf den Pfropfen, fliegt er aufgrund seiner Trägheit tangential weiter. Um ihn auf eine Kreisbahn zu zwingen, muss ständig eine Kraft wirken, die seinen Bewegungszustand ändert. Diese Kraft kann nur durch den Faden angreifen; also ist die Zentripetalkraft auf den Mittelpunkt der Bewegung hin gerichtet.

Formeln verstehen – der Betrag der Zentripetalkraft

Es soll eine Formel für den Betrag der Zentripetalkraft gefunden werden. Zum Versuch wird pro Gruppe lediglich etwas zum Schleudern benötigt, am besten ein Gummipfropfen wie im obigen Versuch.

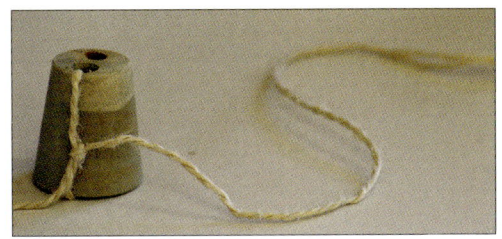

Der Lehrer lässt einen Gummipfropfen kreisen. Vermutlich hängt die Zentripetalkraft von der Masse m, dem Radius r und der Geschwindigkeit v_B ab.

Nun lässt sich der Betrag der Bahngeschwindigkeit v_B schlecht messen. Leichter zu bestimmen ist die Winkelgeschwindigkeit ω bzw. die Frequenz f.

Aufgabenstellung und Umsetzung

Jede Gruppe soll (bis auf eine Konstante) eine Formel für die Zentripetalkraft finden. Gesucht ist der Betrag der Zentripetalkraft in Abhängigkeit von der Frequenz f, dem Radius r und der Masse m.

Die Versuchsanordnung ist einfach: Von den drei Parametern f, r und m werden stets zwei festgehalten. Ein Beispiel: Der Pfropfen kreist mit $f = 2$ Hz (zwei Umläufe pro Sekunde) und einem Radius von $r = 1$ m. Im zweiten Schritt wird der Radius halbiert, die Frequenz und die

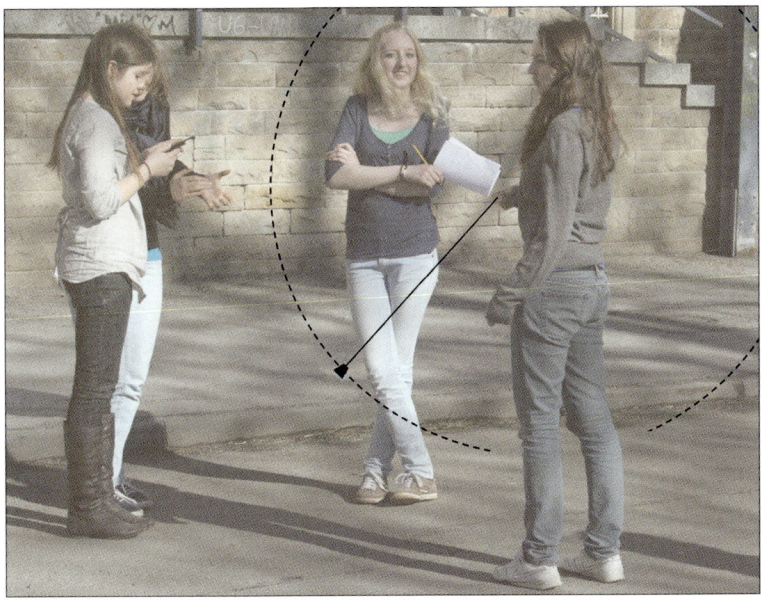

Masse bleiben allerdings unverändert. Jetzt soll geschätzt werden, wie sich die Zentripetalkraft F_Z durch die Halbierung des Radius verändert. Für jede Gruppe wird der Ansatz $F_Z \sim \dfrac{\quad}{\quad}$ an die Tafel geschrieben. Ein Schüler vermutet, dass sich die Kraft halbiert. Angenommen, die Schüleraussage stimmt: Müsste dann r auf oder unter den Bruchstrich geschrieben werden? Für einige Schüler stellt das ein großes Problem dar. Wenn jeder kapiert hat, dass r in diesem Fall oben stehen muss, wird überlegt, ob r oder r^2 im Zähler stehen sollte. Letzteres würde bedeuten, dass sich die Zentripetalkraft bei Verdopplung des Radius vervierfachen würde.

Analog wird mit den Parametern f und m verfahren.[29]

Am besten wird vor der Schule experimentiert. Selbst wenn die Schüler achtsam sind, kann es passieren, dass beim Schleudern etwas abgeschossen wird. Man achte darauf, dass kein Schüler einen anderen gefährdet. Auch wenn die Pfropfen aus Gummi bestehen, ist es sehr schmerzhaft und gefährlich, wenn man davon getroffen wird. Es kann buchstäblich ins Auge gehen! Nach 15 Minuten schreibt jede Gruppe ihr Ergebnis an die Tafel.

Das Ergebnis in einer (schwächeren) Klasse zeigt die Abbildung unten.

Als Nächstes folgt die Interpretation der gefundenen Terme. Bei der blauen Gruppe $F_Z \sim \dfrac{f \cdot r}{1}$ taucht m nicht auf. Man kann hier nachfragen, ob die Gruppe damit meint, dass die Kraft nicht von der Masse abhängt. Man kann zeigen, dass z.B. ohne Pfropfen ($m = 0$) auch keine Kraft vorhanden ist, da sich die Schnur nicht richtig schleudern lässt. Die gelbe Gruppe kann ebenfalls leicht widerlegt werden: Bei einer extrem großen Masse würde die Kraft fast verschwinden.

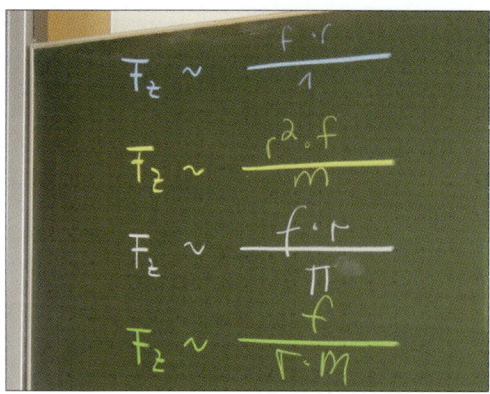

---

29 Für die Übung sollte die Gravitation ausgeschaltet werden, da sonst die Schwerkraft des Pfropfens mitempfunden wird. Ausschalten geht natürlich nicht, aber je höher die Frequenz ist, desto unbedeutender wird der Beitrag der Gravitation.

Dass die Masse linear in die Formel eingeht, kann einfach demonstriert werden: Werden zwei Pfropfen geschleudert, wird offensichtlich die doppelte Kraft benötigt.

Dass mit steigender Frequenz die Kraft zunimmt, wurde von allen Schülern richtig erkannt, auch wenn eine nicht vorhandene Proportionalität unterstellt wurde.

Bei der Interpretation der Proportionalitäten geht es weniger um Richtig oder Falsch, sondern darum, eine Formel lesen zu können.

Es geht um das Erlernen einer Sprache, um das Verstehen von Formeln.

Ein Test für die Formeln: die Bedeutung der Einheiten

Die Formeln können einem Test unterzogen werden, indem sie auf ihre Einheit untersucht werden. F_Z hat die Einheit einer Kraft, also $\text{kg} \cdot \frac{\text{m}}{\text{s}^2}$. So wie die Formeln an der Tafel stehen, ist von daher keine richtig bzw. vollständig. Die Übung zeigt stellvertretend die Bedeutung der Einheit in der Physik. Daran lässt sich Information ablesen! So kann man aufgrund der Einheit in der Formel das Quadrat der Frequenz vermuten.

Zum Schluss kann die Formel vom Lehrer hergeleitet werden. Eine Möglichkeit ist hier angedeutet:

15.4 Versteckte Daten oder die Mindestgeschwindigkeit im Looping

In diesem Abschnitt soll eine Herangehensweise vorgestellt werden, die quasi keine Vorbereitungszeit benötigt. Die Aufgabe an sich ist weitgehend austauschbar. Der Leser kennt die Aufgabe: *Welche Geschwindigkeit benötigt man am höchsten Punkt eines Loopings, um nicht abzustürzen?*

Aufgabenstellung und Anleitung
Zuerst eine Wiederholung: Der Lehrer lässt einen Pfropfen mit hoher Geschwindigkeit kreisen. Wer einen Schätzwert für die Frequenz, die Umlaufdauer und die Bahngeschwindigkeit gefunden hat, verschränkt zum Zeichen die Arme.
Danach wird die Bahngeschwindigkeit immer weiter verringert. Irgendwann stürzt der Pfropfen ab. Die Aufgabenstellung lautet:
Welche Bahngeschwindigkeit wird (am obersten Punkt) benötigt, damit dieser Pfropfen nicht abstürzt, sondern den Looping ohne Zwischenfall durchlaufen kann?
Bemerkung: Die Aufgabenstellung muss sehr klar gestellt sein, so dass jeder Schüler *zu Beginn* eine Vorstellung davon hat, worum es bei der Aufgabe geht. Erst wenn jeder Schüler die Fragestellung begriffen hat, kann die Übung beginnen. Ansonsten werden Sie in kürzester Zeit von Fragen überschüttet. Da weder eine Folie noch ein Arbeitsblatt zur Aufgabenstellung verwendet werden, kann der Schüler die Aufgabenstellung nicht nachlesen. Statt einer Folie wurde hier eine Hinführung zur Fragestellung verwendet, die elementare Begriffe (Frequenz, Umlaufdauer, Bahngeschwindigkeit) in Erinnerung ruft.

Organisation der Übung:
Der Pfropfen wird samt Schnur auf das Pult gelegt. Daneben die Messwerkzeuge für die Grundgrößen der Mechanik: für die Zeit eine Uhr, für die Länge ein Zollstock und für die Masse eine (Feder-)Waage.
Die Aufgabe soll in der Gruppe gelöst werden. Jede Gruppe bestimmt ein Mitglied (Datenerheber), der vorne am Pult messen darf (vgl. Gruppenarbeit und Farbgruppen im Didaktikteil in Band I). Auf diese Weise bleibt der Andrang am Pult überschaubar und es entsteht beim Messen kein Chaos.
Die Vorgehensweise ist auch aus didaktischer Sicht sehr interessant: Die Gruppe muss sich zuerst überlegen und einigen, welche Informationen sie für die Bewältigung der Rechnung überhaupt benötigt. Hier

lässt sich verstehen, dass es sinnvoller ist, erst mit Variablen zu rechnen, da sich manches (hier die Masse) herauskürzt und somit erst gar nicht bestimmt werden muss.

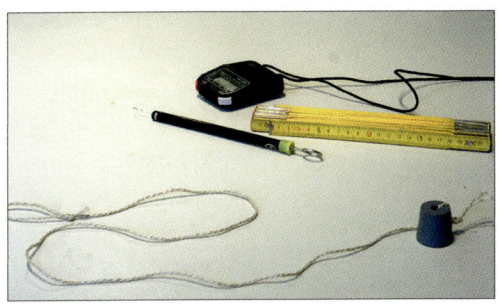

Schwierigkeit bei dieser Art von Aufgabenstellung
Man könnte auf den ersten Blick meinen, es gäbe nur zwei Dinge zu messen: die Masse des Pfropfens und die Länge der Schnur (Radius). Tatsächlich ist der Informationsgehalt fast unerschöpflich. Die Schüler müssen abstrahieren, *was* sie zur Lösung benötigen. Es ist wie später im Labor: Man muss aus der vorhandenen Datenmenge das Richtige aussuchen. Die Aufgabe ist durch die implizite Angabe der Größen durch das Material wesentlich schwieriger. Es gleicht einem Suchspiel: Die Angaben sind im Material versteckt.

Lösung:
Im Beispiel betrug die Fadenlänge genau einen Meter. Der Looping wird vollständig durchlaufen, wenn $F_Z \geq F_G$ gilt. Es wird der Grenzfall $F_Z = F_G$ berechnet. Benötigt wird lediglich die Länge der Schnur (1 m).

$$F_Z = F_G$$
$$m \cdot \frac{v_B^2}{r} = m \cdot g$$
$$v_B = \sqrt{gr} = \sqrt{9{,}81 \, \tfrac{\mathrm{m}}{\mathrm{s}^2} \cdot 1\mathrm{m}} \approx 3{,}12 \, \tfrac{\mathrm{m}}{\mathrm{s}} = 11{,}3 \tfrac{\mathrm{km}}{\mathrm{h}}$$

Die Rechnung selbst zeigt nur einen Bruchteil der Lösung. Auch eine solche Aufgabe ergibt dieselbe Rechnung: *Ein Massepunkt bewegt sich auf einem vertikalen Looping (Kreisradius R = 1 m). Berechne die minimale Geschwindigkeit zum Durchlaufen des Loopings.* Diese Aufgabe ist ungefähr zehnmal einfacher! Es lässt sich nicht leicht erklären, *was genau* die Schüler bei dieser Übung lernen. Problemlösungskompetenz, Organisation in der Gruppe, Handeln und Kommunikation im Team, Unterscheidung von relevanten und nicht relevanten Daten, konkretes Bestimmen von Daten, Bedeutung des Kürzens, … sind die wesentlichen Bestandteile der Übung. Es sind in dieser Stunde nicht nur die Daten im Material versteckt; ebenso sind zentrale Lerninhalte in der Übung nicht direkt sichtbar.

15.5 Ein Kreisel im Weltraum: künstliche Schwerkraft

Ohne Schwerkraft ergeben sich bei einem Raumflug viele Schwierigkeiten. Man denke nur an die Toilettenbenutzung! Wie lässt sich im Weltraum eine künstliche Schwerkraft für lange Raumflüge erzeugen? Ist es überhaupt möglich?

Hergé (Georges Prosper Remi) beeinflusste mit *Tim und Struppi* die Comic-Kultur in Europa wie kaum ein anderer. Im Band „Reiseziel Mond" wird im Raumschiff durch eine ständige Beschleunigung eine künstliche Schwerkraft erzeugt, so dass die Astronauten sich die meiste Zeit wie auf der Erde bewegen können. Bei der Hälfte der Reise dreht das Raumschiff um 180° und wird bis zum Mond hin ständig abgebremst, was wiederum eine künstliche Schwerkraft erzeugt. Während des Umkehrmanövers wird der Antrieb abgeschaltet; in dieser Zeit schweben die Passagiere im Schiff.

Aufgabenstellung

Das Problem könnte etwa so beschrieben werden: Wir versuchen im Weltraum künstlich eine Kraft zu erzeugen, die der Gravitation entspricht. Wenn wir hier im Klassenzimmer einen Kugelschreiber in die Hand nehmen, erfährt er eine kleinere Kraft als z. B. der ganze Schulranzen. Wenn wir ihn loslassen, wird er beim Fallen immer schneller. Der Kugelschreiber erfährt zudem überall im Raum dieselbe Anziehungskraft! Betrag und Richtung sind nahezu unverändert. Dabei kommt es gar nicht auf das Material an, es wird schlichtweg *alles* angezogen. Um eine solche Kraft hier im Klassenzimmer zu erzeugen, „verwenden" wir einen ganzen Planeten.

Hergé kommt ohne einen Planeten aus, indem er mittels einer ständigen Beschleunigung eine künstliche Schwerkraft erzeugt. Allerdings ist hierfür ständig Treibstoff nötig. Das ist ein Nachteil! Die konkrete Frage lautet:

Ist es möglich, in einem Raumschiff eine künstliche Schwerkraft zu erzeugen, ohne dass dabei Treibstoff verbraucht wird? Und wenn ja: Wie sieht ein solches Schiff aus?

Umsetzung

Zuerst herrscht Stille: Jeder überlegt für sich. Wer eine Antwort oder eine Idee hat, verschränkt zum Zeichen die Arme. Sind alle so weit, gehen die Schüler in zuvor gebildeten Gruppen zusammen und einigen sich innerhalb von fünf Minuten jeweils auf einen Designvorschlag, der kurz und bündig von jeder Gruppe vorgetragen wird.[30]

Es kommen viele Ideen zum Vorschein: Magnetismus wird genutzt, ein Schwarzes Loch im Boden des Raumschiffes platziert oder die Astronauten werden durch einen ständigen Luftstrom an einem Gitterboden angesaugt. Diese Ideen sensibilisieren uns für das Wesen der Schwerkraft. Es ist gar nicht so einfach, ein homogenes Kraftfeld zu erzeugen, das auf alle Materialien wirkt: Magnetismus gibt es nur bei wenigen Metallen und selbst mit Eisensohlen würde ein Sprung anders als gewöhnlich aussehen, da die magnetische Anziehungskraft sich mit dem Abstand schnell ändert. Auch das Festsaugen am Boden mittels Unterdruck lässt die Dinge beim Loslassen nicht wirklich fallen. Gelegentlich kommen die Schüler auf eine Idee, die von Stanley Kubricks „2001: Odyssee im Weltraum" (Originaltitel: 2001: A Space Odyssey) filmisch umgesetzt wurde: ein sich drehendes Rad.

Rechenübung

Auf dem Pult liegen ein Zollstock, eine Waage und eine Uhr. Das Vorderrad eines Fahrrades stellt das Raumschiff für eine Ameise dar: Mit welcher Frequenz muss sich das Raumschiff drehen, damit die Ameise keinen Unterschied zur Schwerkraft auf der Erde spürt?

Benötigte Größen werden direkt gemessen; eventuelle, nicht zugängliche Größen müssen geschätzt werden. Damit am Pult nicht

zu viele gleichzeitig messen und sich dabei gegenseitig im Wege stehen, darf nur einer aus der Gruppe die Daten erheben (vgl. Abschnitt 15.4).

---

30 Vergleiche auch *Physik als Abenteuer*, Band I, Didaktik: „Fluss in den Farbsee", S 70.

Lösungsskizze:
$$F_Z = F_G$$
$$m \cdot (2\pi)^2 \cdot f^2 \cdot r = m \cdot g$$
$$f = \pm \sqrt{\frac{g}{(2\pi)^2 \cdot r}} = \pm \sqrt{\frac{9{,}81\frac{m}{s^2}}{(2\pi)^2 \cdot 0{,}25\,m}} \approx \pm\, 0{,}992 \text{ Hz}$$

Eine abschließende Verständnisfrage:
Ein Rad mit dem Radius von 0,25 Meter muss sich einmal in der Sekunde um die eigene Achse drehen. Das ist recht flott. Wird es dabei der Ameise in dem Reifen schlecht?
Die Antwort ist nein: In ihrem System erfährt sie eine Zentrifugalbeschleunigung, die in Richtung und Betrag der Erdbeschleunigung entspricht. In unserem Raumschiff wurde die künstliche Schwerkraft durch die Trägheit der Masse erzeugt. Nach der allgemeinen Relativitätstheorie ist die träge Masse *gleich* der *schweren* Masse. Unsere Ameise fühlt sich gut: Sie kann prinzipiell keinen Unterschied zwischen Beschleunigung und Gravitation spüren. Wenn sie sehr sensibel wäre, dann könnte sie oben am Körper eine kleinere Kraft als an ihren Fußsohlen spüren, da die Bahngeschwindigkeit zur Drehachse hin abnimmt. Aber in diesen Größendimensionen wird man das nicht wahrnehmen. Schwierig wird es erst, wenn unsere Ameise Billard spielen möchte. In dem beschleunigten System wirkt nicht nur die Zentrifugal-, sondern auch die Corioliskraft, die die Kugel während des Rollens von der gedachten geradlinigen Bahn ablenken würde.

15.6 Ein Kreisel auf der Erde

Ein Kreisel reagiert anders, als wir im ersten Moment intuitiv annehmen. Diese Einheit gehört mit zu den schönsten Stunden, weil die Schüler etwas scheinbar Altvertrautes, das Fahrrad, neu wahrnehmen.
Man kann die Dinge am besten wahrnehmen, wenn man sie im wörtlichen Sinne „begreift" und hierzu werden viele Kreisel benötigt. Zum Glück besitzt fast jeder Schüler einen großen Kreisel und viele bringen ihn fast jeden Tag zur Schule mit. Was Sie besorgen müssen, ist lediglich ein 15er-Schraubenschlüssel.
Es ist gut, wenn die Schüler ihr eigenes Rad mitbringen: Das Thema hat einen völlig anderen (emotionalen) Bezug, wenn man mit seinem eigenen Fahrrad experimentiert. So erhält die Physik unmittelbar einen Bezug zu unserem Alltag. Aber auch die Entlastung für den Lehrer ist von entscheidender Bedeutung: Da im Wesentlichen ein

15er-Schlüssel genügt, lässt sich der Unterricht ohne weitere Vorbereitung umsetzen.

Noch zwei praktische Hinweise: Lassen Sie keine Räder mit Scheiben-
bremsen demontieren, es ist mitunter schwierig, sie wieder richtig
einzubauen. Und stellen Sie etwas zum Händewaschen bereit (Spül-
mittel, Handtuch).

Doch nun zu den Experimenten.

Im letzten Abschnitt wurde gezeigt, dass sich mit Hilfe eines Kreisels
eine künstliche Schwerkraft erzeugen lässt. Der Kreisel hat noch eine
weitere Anwendungsmöglichkeit: Mit ihm kann man im Weltraum
eine Richtung definieren. Aufgrund der Trägheit hört er – einmal an-

gestoßen – nicht auf, sich zu drehen. Und solange er sich dreht, ist seine Achse „stabil", wie folgendes Experiment zeigt:

Drehmomente

Ein Schüler hält das ausgebaute Rad an der Achse und dreht sich einmal um sich selbst. Dabei passiert natürlich nichts Besonderes. Nun wird das Rad in eine schnelle Rotation gebracht, indem der Reifen mit der flachen Hand tangential angestoßen wird. Hierzu genügen zwei Finger. Die Hand muss hier schnell und nicht kräftig sein. Man kann dem Träger beim Andrehen leicht das Rad aus der Hand schlagen. Am besten macht es der Lehrer einmal vor.

Um das Rad zu bremsen, lässt man es am Boden schleifen. Bitte nicht ohne Handschuhe mit der Hand anhalten.

Rotiert das Rad relativ flott, dreht sich der Träger wieder einmal um sich selbst. Überraschenderweise spürt er jetzt eine Kraft.

Das Rad versucht aufgrund der Trägheit seine Drehrichtung (Achsenausrichtung) beizubehalten (Drehimpulserhaltung). Der Schüler muss fest zugreifen, um die Achse weiterhin waagrecht vor sich halten zu können. (Je schneller sich das Rad dreht, desto größer ist das hierzu

erforderliche Drehmoment.) Wenn wir uns nicht um uns selbst drehen, sondern mit dem Rad geradlinig geradeaus oder zur Seite gehen, spüren wir keine Drehmomente. Wir bemerken sie nur dann, wenn wir die Achse kippen!

Man muss das rotierende Rad schon einmal selber umdrehen, um die Drehmomente bzw. Drehimpulserhaltung zu erfahren. Jeder Schüler soll sich mit ruhendem und rotierendem Rad einmal linksherum und einmal rechtsherum um die eigene Achse drehen.

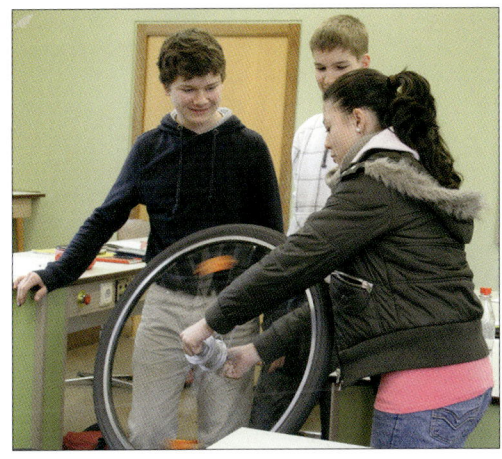

Der Kreisel

Bisher wurde der Kreisel im Weltraum untersucht. Nun soll heraus-gefunden werden, was passiert, wenn wir auf der Erde *nur eine Seite* der Achse festhalten.

Auf einer Seite der Achse wird eine Schnur befestigt. Lässt man jetzt die andere Seite los, dann kippt das ruhende Rad unter der Einwirkung der Schwerkraft natürlich nach unten.

Anders ist es, wenn das Rad zuvor in Rotation versetzt wurde. Es ist ein spektakuläres Experiment: Das Rad kippt nicht ab! Stattdessen be-obachtet man eine langsame Drehung des gesamten Rades um die Aufhängung: die Präzession. Je schneller wir das Rad andrehen, desto langsamer präzediert das Rad.[31]

---

31 Für die Präzessionsperiode T_P gilt: $T_P = \frac{4\pi^2 I_S}{M T_S}$, wo I_S das Trägheitsmoment, T_S die Rotationsperiode und M das Drehmoment bezeichnet. (Vgl. z.B. http://de.wikipedia.org/wiki/Pr%C3%A4zession)

Der Neigungswinkel des Rades hat keinen Einfluss auf die Präzession. Man kann ihn beliebig einstellen. Folglich lässt sich das Rad schnell andrehen und wie ein Kinderkreisel auf den Tisch stellen. Die Physik ist die gleiche: Wiederum ist eine Seite der Achse festgehalten und der Kreisel präzediert.

Rotierende Eier

Noch ein letztes amüsantes Experiment. Es wurde bereits bei der Trägheit erwähnt (vgl. 9.3): Wird ein hart gekochtes Ei in schnelle Rotation versetzt, richtet es sich auf:

Es ist erstaunlich: Das Ei richtet sich *gegen* die Schwerkraft auf. Das Experiment wird hier gezeigt, weil es bemerkenswert ist. Auf die Erklärung wird verzichtet, weil sie den Rahmen des Physikunterrichtes sprengen würde.[32]

---

32 *Bei einem rotationssymmetrischen Körper, bei dem zwei Hauptträgheitsmomente gleich groß sind, ist nur die Rotation um die Symmetrieachse stabil, d.h. um die Achse, zu der das dritte (nur einmal vorkommende) Hauptträgheitsmoment gehört. Daher richtet sich das Ei – gegen die Schwerkraft – auf* (vgl. Prof. Dr. G. Staudt (Hrsg.), *Experimentalphysik I*, Attempto Verlag Tübingen, 1990⁴, Seite 104).

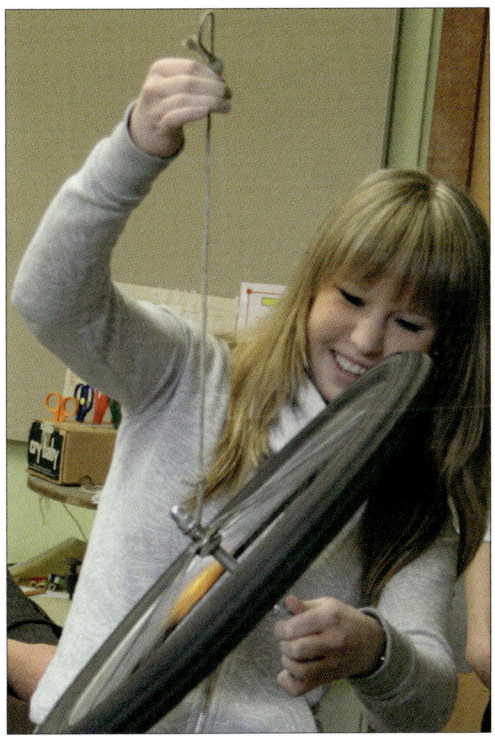

Aber es ist gut zu erfahren, dass wir bei Drehbewegungen vorsichtig sein müssen. Unsere Vorstellungskraft hat es leichter bei linearen Bewegungen.

15.7 Muss man sich als Radfahrer in die Kurve legen?

Die Antwort lautet: Ja, immer! Egal, wie langsam man in die Kurve einbiegt. Denn es muss eine Kraft wirken, die den Bewegungszustand des Radfahrers ändert. Ansonsten würde er sich mit konstanter Geschwindigkeit immer geradeaus bewegen (Trägheit). Die Kraft, die den Bewegungszustand ändert, wird durch den Neigungswinkel des Fahrers erzeugt.

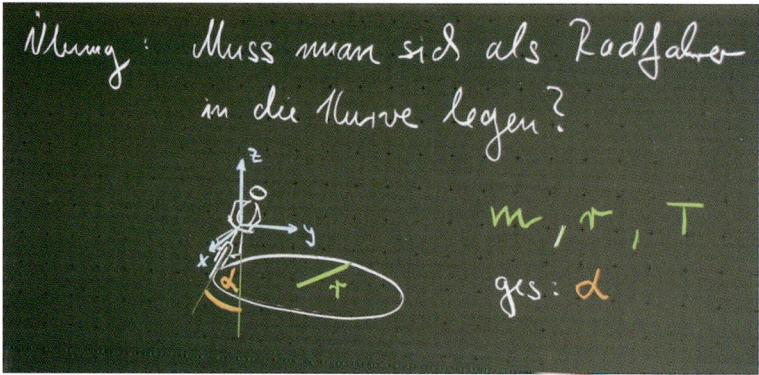

Aufgabenstellung

Der Neigungswinkel α eines Fahrrades soll aus direkt messbaren Größen bestimmt werden. Anschließend wird mit einem Sextanten die Rechnung durch eine direkte Messung überprüft.

Wir beginnen also ohne Sextanten: Welche Größen müssen ermittelt werden, damit der Neigungswinkel α bestimmt (berechnet) werden kann? Welche Größen lassen sich durch eine direkte Messung (mit Hilfe eines Zollstockes, einer Uhr oder einer Waage) bestimmen?

Bei schwächeren Klassen ist es besser, erst Vorschläge zu sammeln. Fast immer werden die Masse m, der Kreisradius r und die Umlaufzeit T vorgeschlagen.

Bau eines Sextanten

Für die Kontrollmessung wird noch ein Sextant benötigt. Zum Bau benötigt man etwas Knete, einen Faden, Kreppband und ein Geodreieck. Der Faden dient als Lot. An einem Ende wird etwas Knete befestigt, so dass der Faden senkrecht nach unten hängt. Je kürzer der Faden, desto weniger pendelt das Lot bei der Messung.

Das andere Ende des Fadens wird an der Nullmarkierung des Geodreiecks so befestigt, dass das Lot frei schwingen kann (vgl. Abbildung).

Messung

Jede Gruppe benötigt einen Kreis, der mit Schnur und Kreide aufgezeichnet wird (z.B. Radius $r = 3$ m, halbe Straßenbreite). Der Fahrradfahrer soll beim Abfahren mit seinem Bauchnabel (Schwerpunkt) genau über der gezeichneten Kreislinie sein. Hierzu muss er mit seinem Vorderreifen etwas außerhalb fahren. (Alterna-

tiv kann er auch direkt auf dem Kreisbogen fahren, allerdings muss dann der Radius des Schwerpunktumlaufs bestimmt werden.)

Beachte: Die Umlaufdauer T muss zusammen mit der Winkelkontrollmessung erfolgen. Für jede Umlaufzeit (Geschwindigkeit) ergibt sich ja ein anderer Winkel.

Der Winkel soll mit einer Genauigkeit von einem halben Grad gemessen werden. Da der Fahrer mit konstanter Geschwindigkeit fährt, kann die Messung mit jedem weiteren Umlauf nachkorrigiert werden.

Nachempfinden der Zentripetalkraft

Wenn wir mit einem Fahrrad in eine Kurve einbiegen, spüren wir keine Kraft, die uns auf eine Kreisbahn zwingt. Wir spüren lediglich, dass die Anpresskraft F_A auf den Boden zunimmt (vgl. die Rechnung am Ende des Abschnittes). Die zum Mittelpunkt gerichtete Zentripetalkraft erfahren wir auf diese Weise nicht.

Der Betrag der Zentripetalkraft lässt sich aber erleben: Der Fahrer hält an und blockiert die Bremsen. Dann wird entsprechend dem zuvor gemessenen Neigungswinkel das Rad zusammen mit dem Fahrer gekippt und festgehalten. Es ist überraschend, wie groß die Kraft ist, weil man sie ja noch nie direkt erlebt hat. Man achte darauf, dass stets parallel zum Boden gedrückt wird, da das der Kraftrichtung entspricht.

Unabhängigkeit der Masse
Meist wollen die Schüler die Masse von Fahrrad und Fahrer bestimmen. Man kann leicht und direkt zeigen, dass die Masse für den Neigungswinkel keine Rolle spielt. Fahren zwei Personen mit derselben Geschwindigkeit, ergibt sich auch derselbe Neigungswinkel.

Aus diesem Grund soll sich der Mitfahrer auf einem Motorrad mit in die Kurve legen. Geht er mit der Bewegung nicht mit, wird es für beide gefährlich.

Die Rechnung:
Die Schwierigkeit in der Rechnung liegt im Auffinden der Kräfte. Hier wurde das Bezugssystem „Fahrer" gewählt. Der geschlossene Kräftezug zeigt die Vektorsumme null.

Alternativen und Erweiterung
Es braucht Zeit, bis jede Gruppe ihren Kreis gezeichnet hat. Alternativ kann nur *ein* Kreis gezeichnet werden. Dann können alle mit den gleichen Messdaten rechnen. Das muss jedoch nicht unbedingt ein Vorteil sein.

Durch das Kippen wird die Anpresskraft auf den Boden erhöht. Der Fahrer erleidet in der Kurvenfahrt also eine stärkere Kraft. Es gilt für die Fahrerbelastung: $\frac{F_G}{\cos \alpha} = F_A$.

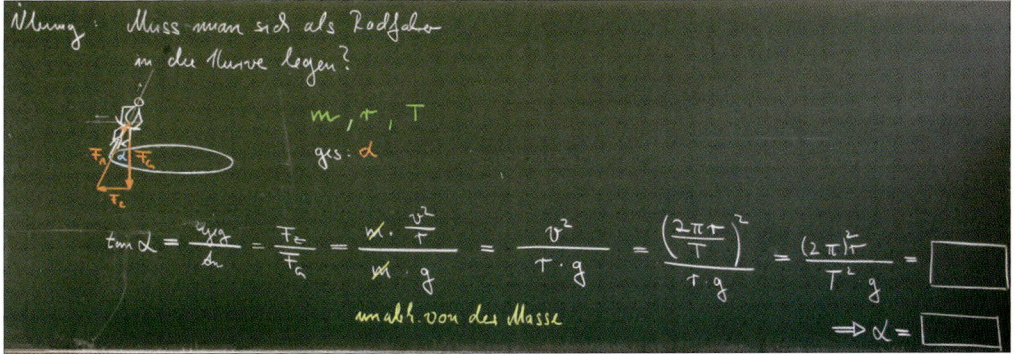

15.8 Karussell (Drehfrequenzregler)

An einer Schnur mit einem halben Meter Länge wird ein Pfropfen befestigt. Dieses „Ameisenkarussell" lassen wir mit der Frequenz von einem Hertz kreisen.

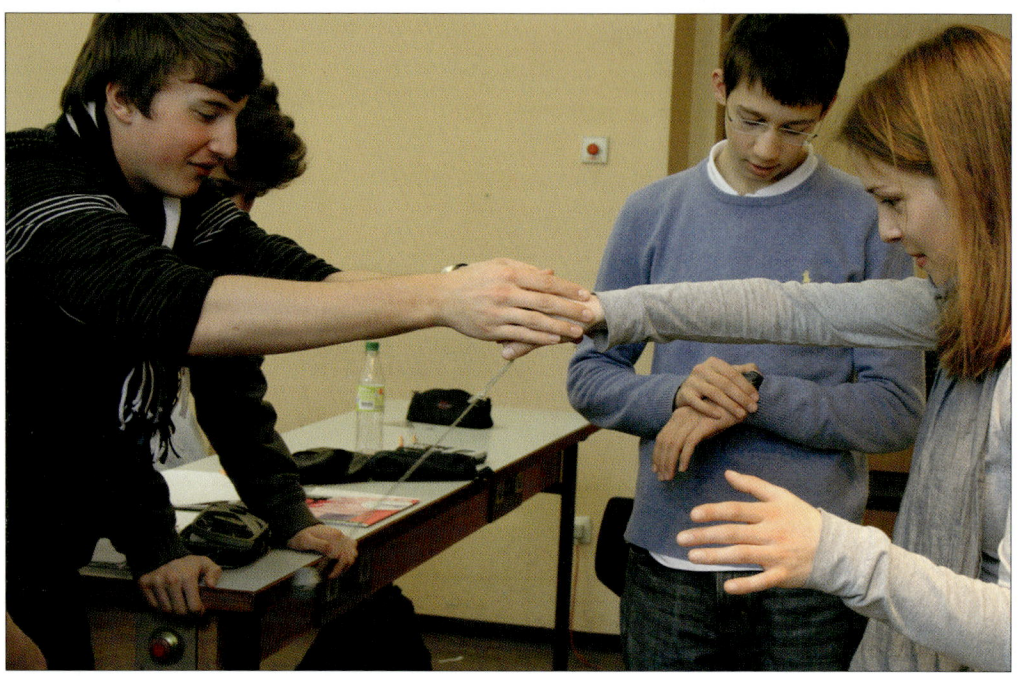

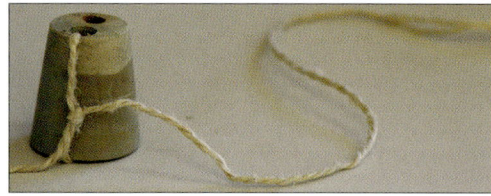

Aufgabenstellung
Es soll der Auslenkungswinkel so genau wie möglich bestimmt werden. Gearbeitet wird in der Gruppe. Zeit: 25 Minuten. Hilfestellung: $\frac{\sin \alpha}{\cos \alpha} = \tan \alpha$. Die Rechnung bezieht sich auf das am Pult liegende Pendel.

Didaktischer Hintergrund
Einige Größen, wie die Masse des Pfropfens oder die Länge der Schnur, sind sehr einfach und exakt durch eine Messung bestimmbar. Das liegt schlicht daran, dass sie in Ruhe gemessen werden können.
Der gesuchte Winkel oder der Kreisdurchmesser der Pfropfenbahn können nur in Bewegung gemessen werden. Das macht die Datenerhebung unpräzise. Aber immerhin erhält man dadurch eine gewisse Vorstellung vom Ergebnis.

In 15.4 wurde an einem Beispiel gezeigt, dass erforderliche Daten im Material versteckt sind. Wir sind dabei stillschweigend davon ausgegangen, dass wir alles auch messen *können*. Allerdings sind bei einem Experiment nicht immer alle Daten unmittelbar zugänglich, sei es, weil ein entsprechendes Messgerät nicht zur Verfügung steht, oder weil die Messung sehr aufwendig wäre.

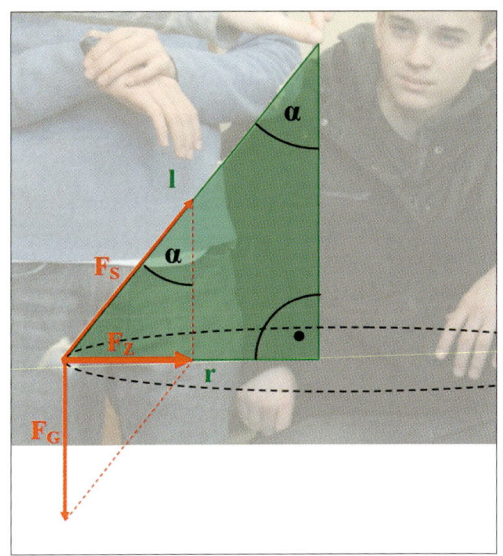

In unserem Karussellbeispiel sind alle Größen, die nur in Bewegung gemessen werden können, nicht direkt zugänglich. Die Messung wird damit schwerer und ungenauer. Die Aufgabe ist bewusst so formuliert: Es soll der Auslenkungswinkel *so genau wie möglich* bestimmt werden. Erst diese Formulierung zeigt die Bedeutung der Rechnung. Möchte man den Winkel auf nur 5° genau bestimmen, könnte man gut mit einem Sextanten arbeiten.

Lösungsvorschlag

Die Aufgabe ähnelt der Radfahreraufgabe im letzten Kapitel. Hier eine Lösungsskizze:

(i)
$$\tan \alpha = \frac{F_z}{F_G} = \frac{m \cdot a_z}{m \cdot g} = \frac{a_z}{\underbrace{g}} = \frac{(2\pi)^2 \cdot f^2 \cdot r}{g}$$
unabhägig von der Masse

(ii)
$$\sin \alpha = \frac{r}{l} \Leftrightarrow r = l \cdot \sin \alpha$$

(ii) in (i)
$$\tan \alpha = \frac{(2\pi)^2 \cdot f^2 \cdot l \cdot \sin \alpha}{g}$$

$$\frac{\tan \alpha}{\sin \alpha} = \frac{(2\pi)^2 \cdot f^2 \cdot l}{g}$$

$$\frac{1}{\cos \alpha} = \frac{(2\pi)^2 \cdot f^2 \cdot l}{g}$$

$$\cos \alpha = \frac{g}{(2\pi)^2 \cdot f^2 \cdot l} = \frac{9{,}81\frac{m}{s^2}}{(2\pi)^2 \cdot (1 \cdot s^{-1})^2 \cdot 0{,}5m} = \frac{9{,}81}{2\pi^2} \approx 0{,}497$$

$$\alpha = 60{,}2°$$

16.1 Galileisches Hemmungspendel im Diskurs

An der Tafel wird mit einer Schraubzwinge ein Pendelkörper ($m = 200\,\mathrm{g}$) befestigt. Der Lehrer lenkt das Pendel aus und lässt es (aus der Ruhe heraus) los. Allein aus Symmetriegründen ist klar, dass auf der anderen Seite dieselbe Höhe wieder erreicht wird. (Die Reibung können wir hier vernachlässigen.)

Ein Versuch, den der Leser kennen wird: Unter dem Aufhängepunkt wird ein Stift mit Knete befestigt. Am Stift wird das Pendel verkürzt. Der Versuch mit dem Stift wird an dieser Stelle noch nicht durchgeführt. Auch das Thema „Energie" steht noch nicht an der Tafel. Stattdessen soll jeder Schüler für sich die Frage beantworten: Erreicht der Pendelkörper genau die Ausgangshöhe (1), bleibt er darunter (2) oder schwingt er sogar darüber hinaus (3)? Wer eine Antwort gefunden hat, verschränkt die Arme. Wenn sich alle entschieden haben, werden

die Vermutungen per Handzeichen abgefragt. Ich habe es noch nie erlebt, dass an
dieser Stelle Einigkeit herrschte.

Man könnte das Experiment entscheiden
lassen. Aber wir wollen uns vorstellen, dass
es sich um ein sehr kostspieliges Experiment
handelt, und die Sache theoretisch lösen.
Hierzu werden die unterschiedlichen Standpunkte räumlich eingenommen: Wer sich
für (1) entschieden hat, geht auf die rechte
Seite im Physikraum, wer (2) wählte, geht
nach links und wer der (3) den Vorzug gab,
geht zur Tafel. Nun wird mit Hilfe eines Redestabes (z.B. dem Tafelschwamm) diskutiert.

Das Ziel der Übung ist, dass mit Hilfe von Argumenten schließlich
alle denselben Standpunkt einnehmen. Dabei spricht nur derjenige,
der den Redestab in der Hand hält. Der persönliche Standpunkt darf
jederzeit gewechselt werden.[33]

Häufig entscheiden sich die meisten Schüler für Antwort (3). Vielleicht,
weil sich die Winkelgeschwindigkeit erhöht. Wie auch immer: Ich
habe häufig erlebt, dass nach einiger Diskussion nur noch eine Person auf der richtigen Seite stand. Es ist nicht einfach, sich als Einzelner
gegen eine ganze Gruppe zu behaupten. Eine theaterpädagogische
Methode lässt die Schwierigkeit der Situation mittels Subtexten darstellen (Unausgesprochenes wird ausgesprochen): Hierzu sagt jeder
Schüler, wie er sich in dem Augenblick fühlt, wenn er vom Lehrer
angetippt wird. Auf der Seite der Mehrheit hört man Aussagen wie:
„Hier fühle ich mich sicher!" oder „Hier kann ich mich hinter der
Gruppe verstecken." Die Person, die alleine steht, hat einen völlig
anderen Subtext: „Es geht ja nur um Physik, deswegen ist es nicht so
schlimm."

Schließlich wird der Versuch mehrere Male durchgeführt. Dabei wird
der Stift jedes Mal versetzt. Es ist erstaunlich, welche Aufmerksamkeit ein solch einfaches Experiment erzeugen kann.

---

33 Die Methode *Raum für Diskussionen – Standpunkte einnehmen* ist ausführlich im
Didaktikteil (in Band 1, S. 77) beschrieben.

16.2 Richard P. Feynman und der Glaube an den Energieerhaltungssatz

Es gibt einen wunderbaren Text von Richard P. Feynman über das Prinzip der Energieerhaltung, der zusammen mit dem galileischen Hemmungspendel diskutiert werden kann:

"There is a fact, or if you wish, a law, governing all natural phenomena that are known to date. There is no known exception to this law – it is exact so far as we know. The law is called the *conservation of energy*."
Richard P. Feynman

Der Text kann als Hausaufgabe übersetzt werden. Es ist eine Möglichkeit, etwas Englisch in den Physikunterricht zu bringen. Hier die gesamte Einleitung:

"There is a fact, or if you wish, a law, governing all natural phenomena that are known to date. There is no known exception to this law – it is exact so far as we know. The law is called the *conservation of energy*. It states that there is a certain quantity, which we call energy, that does not change in the manifold changes which nature undergoes. That is a most abstract idea, because it is a mathematical principle: it says that there is a numerical quantity, which does not change when something happens. It is not a description of mechanism, or anything concrete: it is just a strange fact that we can calculate some number and when we finish watching nature go through her tricks and calculate the number again, it is the same. [...]
It is important to realize that in physics today, we have no knowledge of what energy is. [...] There are formulas for calculating some numerical quantity, and when we add it all together it gives [...] the same number. It is an abstract thing in that it does not tell us the mechanism or the reasons for the various formulas."[34]

Vokabeln:

phenomenon, pl. phenomena:	Phänomen, Erscheinung
manifold:	vielfältig
undergo:	durchmachen, erdulden
numerical:	numerisch, zahlenmäßig
formula:	Formel

Das Energiekonzept wird anhand einer Geschichte verdeutlicht. Auf dem Bild sieht man kleine Kinder mit Bauklötzen spielen. Wir stellen uns vor, dass ein kleines Kind – nennen wir es Jim oder Fridolin – in

---

34 Richard P. Feynman u.a.: *The Feynman Lectures on Physics* (1963), Bd. 1, S. 4-1, f., California Institute of Technology

seinem Zimmer mit Bauklötzen spielt. Wir zählen nach: Es sind genau
acht Stück.

Nach dem Spielen kommt seine Mutter ins Zimmer und findet nur
sieben Bauklötze. Sie sucht daraufhin den fehlenden Bauklotz – einfach deswegen, weil sie *glaubt,* dass Bauklötze nicht einfach verloren
gehen können. Sie sucht im ganzen Zimmer und findet den fehlenden
Klotz schließlich.

Die Menge der Bauklötze entspricht der Energie. Es ist wichtig zu verstehen, dass die Mutter es *glaubte.* Es gibt keinen Beweis dafür, dass
Energie nicht verloren geht. Die Unterrichtsstunde hätte also auch
gut so beginnen können: *Wir glauben an den Energieerhaltungssatz …*
Zurück zu unserer Geschichte: Eines Tages findet die Mutter im Kinderzimmer nur noch vier Klötze. Sie sucht und sucht, aber sie sind weg.
Irgendwann tauchen drei Klötze im Bad und einer im Wohnzimmer
auf.

Wir können die Sache so deuten: Das Kinderzimmer steht beispielsweise für die Lageenergie, das Bad für die Spannenergie und das Wohnzimmer für die Bewegungsenergie. Zählen wir alle Klötze in allen Zim-
mern zusammen, dann kommen wir wieder auf acht. Die einzelnen
Zimmer in der Geschichte stehen für verschiedene Energiearten. Hier
wurden mechanische Energiearten gewählt, weil der anschließende
Lehrgang sich auf die Mechanik beschränkt.

Wir lassen Fridolin noch einmal mit seinen Klötzen spielen; diesmal fällt ihm einer aus dem Fenster. Infolgedessen fehlt nun wirklich ein Klotz, da das Haus (das System) nicht abgeschlossen war. Wir können das illustrieren, indem Fridolin einen Bauklotz vom Tisch fallen lässt. Der Tisch stellt somit kein abgeschlossenes System dar.

Man kann schließlich die Geschichte mit dem galileischen Hemmungspendel in Verbindung bringen: Zuerst befinden sich alle Klötze im Kinderzimmer, alle Energie ist also in Form von Lageenergie vorhanden. Wenn das Pendel losgelassen wird, wandern die Bauklötze nach und nach in das Wohnzimmer (Bewegungsenergie); am tiefsten Punkt sind schließlich alle dort. Dann schwingt das Pendel weiter auf die andere Seite und die Bauklötze werden nach und nach wieder ins Kinderzimmer geräumt. Nach mehreren Perioden wandern auch Steine in die Küche (Wärmeenergie). Wenn das Pendel am Ende der Stunde nicht mehr schwingt, sind schließlich alle Klötze dort.

Die Idee mit den Bauklötzen ist sehr anschaulich und auch sehr einprägsam. Sie ist ebenfalls von R. Feynman.[35]

16.3   Bezugssysteme

Im letzten Abschnitt waren wir ungenau, da wir kein Bezugssystem angegeben haben. Die Energiemenge ist abhängig vom Bezugssystem; deswegen wollen wir unseren Blick darauf lenken. Es ist gut zu wissen, dass jeder Mensch stets ein (rechthändiges) Koordinatensystem zur Hand hat:

Z. B. bildet der Mittelfinger die x-Achse, der Zeigefinger die y-Achse und der Daumen die z-Achse. Wir halten das Koordinatensystem vor uns und markieren gedanklich einen Punkt im Raum: unsere Nasenspitze. Auch wenn wir durch den Raum gehen, ruht unsere Nasenspitze in *Bezug* auf unser Koordinatensystem (= *Bezugssystem*), da die Nase sich ja mitbewegt. Die Bewegungsenergie ist im Bezugssystem „Hand" null. Falls Schüler Schwierigkeiten haben, sich in die Hand

---

35 R. Feynman: *Vorlesungen über Physik*, Band I: Mechanik, Strahlung, Wärme, Oldenbourg Wissenschaftsverlag München, ⁴2001, Kapitel 4.

hineinzuversetzen, kann eine Figur in der Hand weiterhelfen:

Wenn die Hand während des Gehens nicht bewegt wird, sieht Fridolin die Nasenspitze des Trägers immer im selben Abstand.

Wir haben die Macht, unser Bezugssystem frei zu wählen. Das lässt sich interaktiv nachempfinden. Die Schüler arbeiten bei dieser Übung zu zweit. Einer formt seine rechte Hand zu einem Koordinatensystem. Gedanklich wird die Nasenspitze des anderen fest mit diesem Bezugssystem verknüpft. Man kann sich vereinfacht einen Stab oder einen Vektor zwischen dem Ursprung und der Nasenspitze vorstellen. Wenn der erste Schüler nun das Bezugssystem (seine Hand) nach vorne bewegt, muss auch der Punkt (die Nasenspitze seines Partners) in diese Richtung,

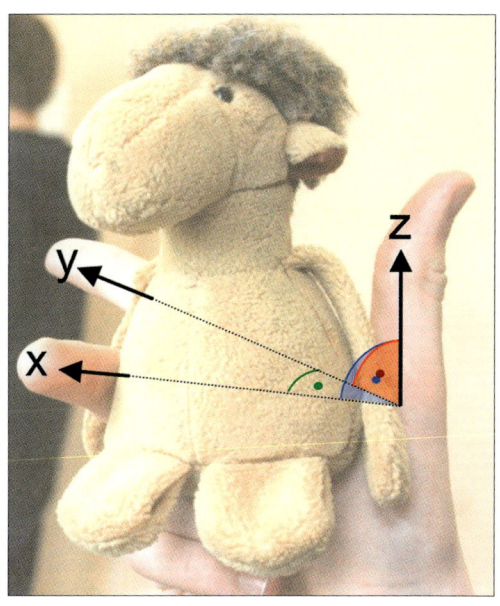

sonst würden sich ja die Koordinaten des Punktes ändern. Auf diese Weise führt das Bezugssystem den Punkt.

Wer die Macht hat, ist offensichtlich. Natürlich kann man seinen Mitschüler auf den Tisch kraxeln lassen oder mit einer leichten Drehung des Koordinatensystems auf den Boden gehen lassen. Man sollte allerdings nicht zu gemein werden, da nach einer Minute die Rollen getauscht werden. Es wird bei dieser Übung das gefühlt, was wir in einer Rechnung selbst bestimmen können: Wir haben die Macht, das Bezugssystem auszuwählen. Und wir werden es in der Regel geschickt wählen, so dass – bildlich gesprochen – möglichst viele Zimmer leer bleiben.

Umsetzung im Unterricht

Exaktheit und Stille sind entscheidend. Je langsamer die Übung, desto besser. Gerne kann das Führen in völliger Stille stattfinden. Es erhöht die Konzentration und senkt das Unfallrisiko. Klären Sie, dass z.B. keiner auf Drehstühle steigen darf. Am besten machen Sie die Übung mit einem Freiwilligen vor.

Auch aus pädagogischer Sicht ist es eine gute Übung. Der Führer hat die volle Verantwortung für den Geführten. Er kann nicht Unmögliches abverlangen und muss dafür sorgen, dass kein Zusammenstoß mit einem andern Mitschüler oder einer Wand geschieht.

Falls die Schülerzahl ungerade ist, kann die Übung auch zu dritt durch-geführt werden. In diesem Fall gibt es zwei Punkte (zwei Nasenspitzen), die mit einem Bezugssystem bewegt werden.

16.4   Lage- und Bewegungsenergie

Wir kommen wieder auf das Pendel vom Anfang des Kapitels zurück, hemmen diesmal allerdings dessen Bewegung nicht und berechnen stattdessen die Geschwindigkeit des Pendelkörpers am tiefsten Punkt. Unsere bisherigen Bewegungsgleichungen $s = \frac{1}{2} at^2$ und $v = at$ ver-sagen hier, da sie nur für den Spezialfall einer konstanten Kraft (bzw. konstanten Beschleunigung) gelten. Im Fall des Hemmungspendels verändern sich aber Richtung und Betrag der Kraft ständig. Für Schüler ist es mitunter gar nicht so einfach, diesen Sachverhalt zu erkennen. Man kann das gut als Frage formulieren: „Wir können die Geschwin-digkeit am tiefsten Punkt nicht berechnen. Warum?"

Ein sehr entscheidender Punkt am Energiekonzept ist, dass Begriffe wie *vorher* oder *nachher* an Bedeutung verloren haben. Wir betrachten nur Zustände. Ob etwas vorher oder nachher passiert ist, spielt keine Rolle mehr. Während die Kinematik (die Lehre von der Beschreibung der Bewegungen) die zeitliche Veränderung beschreibt, fällt die Zeit aus der Betrachtung heraus. Das ist das entscheidend Neue und des-wegen werden die Rechnungen einfacher.

Bisher haben wir über Energie als eine gewisse Größe gesprochen, die sich nicht ändert. Wie diese Größe beschaffen ist, verstehen wir am besten bei der Lageenergie: Es
ist klar, dass wir die doppelte Energie benötigen, um einen Körper doppelt so hoch
zu heben. Analog verhält es sich mit der Masse. Somit ist der Ansatz „Kraft mal Weg" ver-
nünftig. Entscheidend sind jedoch die Rich-

tungen von Kraft und Weg, wie folgendes Beispiel zeigt:
Angenommen, unser Held trägt diese Kiste 50-mal auf dem Tisch hin
und her. Das ist sicherlich eine fürchterliche Arbeit, doch hat er *keine*
(mechanische) Energie auf den Gegenstand übertragen, da Kraft und
Weg aufeinander senkrecht stehen. Mit Hilfe von Figurentheater lässt
sich das sehr gut darstellen. Ein hübsches Beispiel ist auch unser Mond
beim Umkreisen der Erde: Die Bewegungsrichtung des Mondes steht
senkrecht zur Erdanziehung. Möchte man noch einen Schritt weitergehen, kann man erklären, dass ein Himmelskörper, der auf einer
Ellipsenbahn die Sonne umkreist, in Sonnennähe schneller ist. Hier
steht die Anziehungskraft nicht immer senkrecht zur Bewegungsrichtung, so dass es bei der Annäherung an die Sonne eine Kraftkom-
ponente in Wegrichtung gibt. Man kann das sehr anschaulich mit
Schülern nachstellen: Ein Schüler (Sonne) wird von einem anderen
umkreist. Doch nun wieder zurück zur Lageenergie:
Wir wollen das Gesagte nachempfinden: Jeder steigt auf irgendeinem
Weg auf den Tisch. Oben angekommen, soll er überschlagen, welche
(Lage-)Energie er nun im Bezugssystem Boden besitzt.
Bei der Übung ist es völlig egal, ob der Betreffende erst dreimal um
seinen Tisch gelaufen ist oder direkt daraufgestiegen ist: Entscheidend
ist nur der aktuelle Zustand. Die übertragene Energiemenge hängt
von der Höhe und von der eigenen Masse ab. In meinem Fall ergibt
sich bei einer Tischhöhe von 85 cm:
$$\Delta E = \vec{F} \cdot \vec{s} = F_{G} \cdot h = m \cdot g \cdot h = 80\,\text{kg} \cdot 9{,}81\,\tfrac{\text{m}}{\text{s}^2} \cdot 0{,}85\,\text{m} \approx 667\,\text{J}.$$

Wenn wir einen Schritt in der Ebene (0,85 Meter) nach vorne machen,
wird keine Energie übertragen.
Natürlich muss man nicht unbedingt auf den Tisch kraxeln. Aber auf
diese Weise erhalten wir eine gute Vorstellung davon, wie viel 667
Joule sind. Wenn wir jetzt herunterspringen, wandeln wir unsere Lageenergie in Bewegungsenergie und schließlich in Wärme(energie)
um.

Wieder zurück zum Hemmungspendel: Da es *egal* ist, wann und auf welche Weise der Pendelkörper am tiefsten Punkt ankommt, können wir einen Weg wählen, bei dem unsere Bewegungsgesetze nicht versagen. (Wir wählen den tiefsten Punkt als Bezugssystem: Damit ist das Zimmer der Lageenergie leer.) Wir verschieben den Pendelkörper horizontal bis zur Mitte und lassen ihn dann fallen. Im Zustand 1 (oben) gibt es nur Lageenergie, im Zustand 2 (tiefster Punkt) nur Bewegungsenergie:

$$E_1 = m \cdot g \cdot h_1 = m \cdot g \cdot \underbrace{\tfrac{1}{2} g t^2}_{\tfrac{1}{2} g r^2} = \tfrac{1}{2} m \underbrace{(g \cdot t)^2}_{v} = \tfrac{1}{2} m v_2^2 = E_2$$

Damit haben wir eine Formel für die Bewegungsenergie $E_B = \tfrac{1}{2} m v^2$ gefunden und können die Geschwindigkeit v_2 im Zustand 2 berechnen.

Eine abschließende (Gruppen-)Übung
Hat man v_2 gemeinsam berechnet, wird ein dritter Zustand des Pendels ausgewählt. Wie üblich, besorgen sich die Schüler die für die Rechnung benötigten Größen selbst. Am Pult liegen eine Federwaage und ein Zollstock. Die Uhr wird demonstrativ entfernt, da für die energetische Betrachtung der Zustände eine Zeitmessung nutzlos ist.

16.5 Rechnen mit Energie – Zeitfragen bleiben ohne Antwort

Es wird eine Aufgabe vorgestellt, die mit dem Energiekonzept nicht zu lösen ist, da keine Zustände, sondern ein Prozess (Fahrzeit) betrachtet werden. In diesem Fall helfen kinematische Überlegungen. Es ist eine vertiefende Übung, in der man einen tieferen Einblick in das Rechnen mit Energie bekommt.

Der Versuch: Zwei Autos gleicher Bauart werden aus derselben Höhe losgelassen. Kommt zuerst das schwarze oder das gelbe Auto unten an? (Statt der Dardabahn können auch lange Pappstreifen verwendet werden.)

Eine kinematische Betrachtung löst die Aufgabe: Es ist das schwarze, da dessen Beschleunigung am Anfang viel größer ist. Während der Talfahrt ist das schwarze Auto zu jedem Zeitpunkt schneller als das gelbe. Die Endgeschwindigkeit beider Fahrzeuge kann mit dem Energieerhaltungssatz berechnet werden. Natürlich besitzen beide Fahrzeuge die gleiche Geschwindigkeit, wenn sie auf der Tischebene angekommen sind. Aber das ist nicht die Frage nach der Fahrzeit.

Umsetzung im Unterricht

Am Pult ist vorerst nur die durchhängende Bahn aufgebaut. Der Lehrer nimmt eine Stoppuhr in die Hand und misst die Fahrzeit: ca. 0,8 Sekunden. In einem zweiten Experiment soll die Bahn nicht mehr durchhängen. Ist das Auto jetzt schneller unten? Jeder trifft für sich eine Entscheidung. In dieser Phase herrscht Stille im Klassenraum. Wer sich entschieden hat, verschränkt die

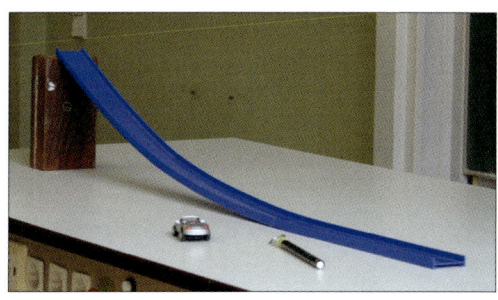

Arme. Wenn alle so weit sind, werden die Standpunkte angezeigt. Wer der Meinung ist, dass die durchhängende Bahn die schnellere ist, zeigt zur linken Wand, wer glaubt, dass die gerade Bahn schneller ist, zur rechten. Daumen nach oben bedeutet, dass in beiden Fällen das Auto die gleiche Zeit benötigt.

Nun werden die Standpunkte räumlich eingenommen: Jeder geht in die Richtung im Raum, die er angezeigt hat. Die Klasse teilt sich also in drei Gruppen auf. Die Gruppe mit dem Daumen nach oben geht nach vorne zur Tafel. Die folgende Diskussionsmethode *Raum für Diskussionen – Standpunkte einnehmen* wurde bereits in 16.1 beschrieben. Wurde die Diskussionstechnik bereits eingeführt, kann man hier noch einen Schritt weitergehen: Stehen am Ende der Übung *alle* auf der richtigen Seite, gibt es keine Hausaufgaben. Die Klasse hat 15 Minuten Zeit, um die Aufgabe zu lösen.

Didaktische Zwischenbemerkung

Ich habe häufig erlebt, dass durch diese Maßnahme die Verbindlichkeit wesentlich gesteigert wird. Auch wenn „keine Hausaufgabe" aus meiner Warte (ich gebe meist nicht viel an Hausaufgaben auf) kaum einen Unterschied ausmacht, für die Schüler ist er da. Kritisch betrachtet handelt es sich hier um äußere Motivation. Hier motiviert ja nicht die Physik bzw. die Aufgabenstellung selbst, sondern das Wegfallen von Hausaufgaben.

Durch den Zusatz des eventuellen Wegfalls der Hausaufgaben wird ein Druck aufgebaut. Es ist jetzt noch schwerer, alleine auf einer Seite zu stehen. Aber so ist es eben im richtigen Leben. Ich habe Situationen erlebt, in denen einzelne Schüler wegen des Gruppendrucks die richtige Seite verließen. Ein solcher gruppendynamischer Effekt sollte thematisiert werden, da dadurch für die ganze Klasse der Erfolg ausbleibt. Es ist sehr wichtig, dass wir lernen, *gegen die Mehrheit* eine Meinung zu vertreten und darzustellen. Zum Handeln in der Welt gehört nicht nur das Wissen, sondern ebenso rhetorisches Geschick, auch wenn das Physikerherz das nicht wahrhaben will. Bei dieser Übung reicht es ja nicht, alleine auf der richtigen Seite zu stehen; man muss gegebenenfalls die Klasse von der Richtigkeit überzeugen. Es ist also eine sehr gute Übung. Weil sie nicht für jede Klasse geeignet ist, muss jeder Lehrer individuell entscheiden, ob die Klasse die nötige Ernsthaftigkeit und den nötigen Hintergrund mitbringt.

Häufig wird der Diskussionsbedarf so groß, dass die Redestabmethode besser unterbrochen werden sollte. Die Seiten (Meinungsfronten) sollen jetzt aufeinander zugehen und sich im Einzelgespräch gegenseitig überzeugen. Der Lehrer schaltet in einigen Minuten das Licht im Raum aus und wieder an; dann soll erneut Stellung bezogen werden. Während der freien Diskussion entfernt der Lehrer das Auto: Die Frage soll ja nicht durch ein Experiment beantwortet werden.

Um den Tisch stehen in der Regel viele Schüler. Es diskutiert sich einfacher, wenn man etwas in Händen hält. So vertritt ein Holzklötzchen oder ein Stück Kreide das Auto.

Meistens haben sich nach der freien Diskussion die Standpunkte verändert; manchmal stehen dann plötzlich sogar alle auf einer Seite.

Experimentelle Überprüfung
Wir lassen zwei Autos gleicher Bauart gleichzeitig los. Die durchhängende Bahn gewinnt.

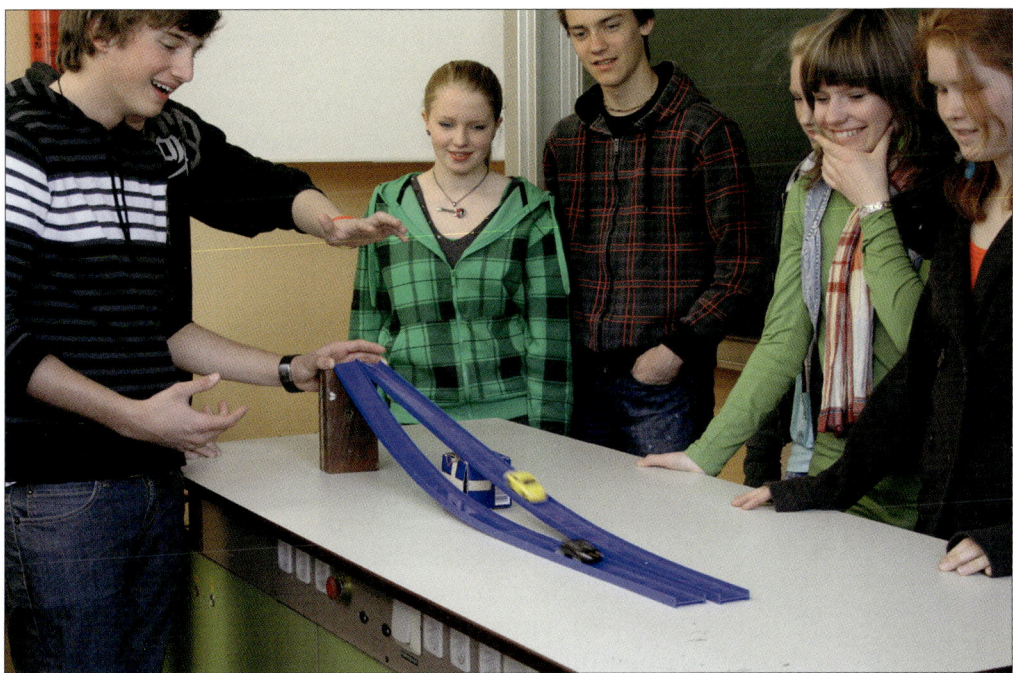

Natürlich könnte ein Auto eine etwas geringere Rollreibung haben als das andere; also tauschen wir die Startplätze und wiederholen den Versuch. Auch diesmal gewinnt die durchhängende Bahn.

16.6 Emmy Noether: Zeit, Symmetrie und der Energieerhaltungssatz

Wie im letzten Abschnitt gezeigt, ist offensichtlich die Fahrzeit abhängig von der speziellen Form der Bahn; hingegen hängt die Endgeschwindigkeit nur vom Höhenunterschied ab (die Reibung wird vernachlässigt). Das ist eine Folgerung des Energieerhaltungssatzes. Wir betrachten nur den Start- und Endzustand des Autos; was zwischen den Zuständen passiert, spielt keine Rolle. Unser Rechnen mit dem Energieerhaltungssatz ist ein Rechnen in Bilanzen. Daran lässt sich das Prinzip sehr gut verdeutlichen:

Zuerst wird das Bezugssystem (bzw. das Nullniveau) festgelegt: Die Tischebene liegt auf der Höhe null. Dann wird das Auto an die Startposition gebracht. Jeder sieht dessen Zustand: Es besitzt nur Lageenergie.

Nun schließen wir die Augen. Wir wissen nicht, welche Tricks die Natur unternimmt, welche Bahn der Lehrer gerade formt. Vielleicht fährt das Auto auf einer Wellenbahn, vielleicht eine kurvenreiche Strecke. Wir wissen es nicht, denn wir haben die Augen geschlossen. In dem Moment, wenn das Auto auf Tischhöhe angekommt, öffnen wir die Augen wieder und beobachten einen zweiten Zustand. Das ist die Art und Weise, wie wir mit dem Energieerhaltungssatz rechnen können.

Erhaltungssätze und Symmetrie

Wir wollen etwas tiefer darüber nachdenken, *warum* der Energieerhaltungssatz die Zeit nicht berücksichtigt. Die deutsche Mathematikerin Emmy Noether ermöglichte 1918 mit dem nach ihr benannten Noether-Theorem einen tieferen Einblick in die Natur:

Zu jeder kontinuierlichen Symmetrie eines physikalischen Systems gehört eine Erhaltungsgröße.

Aus der Homogenität der Zeit (Startzeit ist egal) folgt die Energieerhaltung, aus der Homogenität des Raumes die Impulserhaltung und aus der Isotropie des Raumes die Drehimpulserhaltung. Für die Natur scheint Symmetrie ein recht zentrales Thema zu sein!

16.7   Die Masse kürzt sich heraus

Es wird der Frage nachgegangen, ob die Endgeschwindigkeit von der Masse des Autos abhängt. Die Massenunabhängigkeit wurde schon in 14.3 mit kinematischen Argumenten gelöst. Allerdings war es in diesem Abschnitt nicht möglich, die Endgeschwindigkeit zu berechnen. Mit den Bewegungsgleichungen ließ sich im Spezialfall der geneigten Ebene die Endgeschwindigkeit berechnen. Daher eignet sich die Talfahrt gut zur Demonstration des Energieerhaltungssatzes, weil sich ohne ihn (zumindest in der Schule) die Aufgabe nicht lösen lässt. Bei diesem Versuchsaufbau lassen sich die Parameter Masse und Starthöhe sehr einfach verändern.

Umsetzung im Unterricht

Eines der baugleichen Autos wird mit einem Wägestück beladen. Etwas Knete hilft bei der Fixierung.

Im gezeigten Beispiel wurde die Masse verdreifacht! Zwei Fragen sind zu beantworten:

1. Welches Auto hat (am Ende der Bahn) die höhere Endgeschwindigkeit?
2. Welche Fahrzeit ist kürzer?

Die Klasse arbeitet in Gruppen an der Lösung der beiden Fragen. Nach zehn Minuten soll, möglichst durch eine geeignete Rechnung fundiert, jede Gruppe ihr Forschungsergebnis bekanntgeben. Erst dann findet der Versuch statt. Falls nötig, folgt anschließend ein Lehrervortrag.

Lösungsvorschläge

(1) Die erste Frage ist mit einer Energiebilanzrechnung leicht zu beantworten. Wir legen das Nullniveau auf Tischhöhe. Zu Beginn gibt es nur Lageenergie ($E_\mathrm{L} = m \cdot g \cdot h$), am Fahrbahnende nur Bewegungsenergie ($E_\mathrm{B} = \frac{1}{2} m \cdot v^2$).

Damit: $E_\mathrm{L} = E_\mathrm{B}$

$\qquad m \cdot g \cdot h = \frac{1}{2} m \cdot v^2$ (Die Masse m kürzt sich heraus!)

$\qquad\quad g \cdot h = \frac{1}{2} \cdot v^2$

$\qquad \sqrt{2 \cdot g \cdot h} = v$ (Die Geschwindigkeit v ist unabhängig von der Masse m.)

(2) Die zweite Frage ist schwerer zu beantworten. Wir erinnern uns, dass alle Körper durch die Schwerkraft die gleiche Beschleunigung erfahren. Unser Auto wird durch die Hangabtriebskraft beschleunigt, die unmittelbar von der Schwerkraft abhängt. Im freien Fall, wie auch bei der geneigten Ebene, spielt die Masse für die Beschleunigung keine Rolle. Selbst wenn die Reibung nicht vernachlässigt wird, ist (mit der üblichen Näherung $F_R = f \cdot F_N$) die Beschleunigung unabhängig von der Masse (da die Normalkraft ihrerseits durch die Schwerkraft bestimmt wird). Beide Autos müssten also gleichzeitig unten ankommen, vergleiche auch den Abschnitt 14.1.

Ergebnis des Experiments

Auch wenn die Theorie etwas anderes besagt: Das beladene Auto kommt bei diesem Versuchsaufbau schneller unten an. Nach etwas Suchen findet man den Grund: Die Bahn wird unter der Last des Autos verformt. Das Auto mit der höheren Masse drückt stärker nach unten und kann somit schneller seine Lageenergie in Bewegungsenergie umwandeln. Wenn man die Bahnen nicht durchhängen lässt, sondern ihnen durch Unterfütterung (Bücher, Mäppchen, ...) eine (gewisse) Starrheit verleiht, kommen die Autos näherungsweise gleichzeitig an. Wenn man weiter sucht, findet man noch einen Grund, warum die Autos nicht gleichzeitig unten ankommen: Beide Autos setzen ihre Lageenergie zu prozentual gleichen Teilen in Bewegungsenergie und Reibungsenergie um. Allerdings besteht die Bewegungsenergie der Auträder aus einer Translations- und einer Rotationsbewegung. Man kann sich die Energieumwandlung in reine Rotationsenergie klarmachen, indem man das Auto aufzieht und in die Luft hält: Die gesamte Spannenergie wird (neben der Reibungsenergie) in Rotationsenergie umgewandelt. Bei unserem Versuch ist das Auto mit höherer Masse im Vorteil, da der prozentuale Anteil der Rotationsenergie hier kleiner ist. Also ist das beladene Auto schließlich doch einen Tick schneller. Der Effekt ist minimal, jedoch lässt sich bei interessierten Klassen an diesem Beispiel die Rotationsenergie besprechen.

Hier in diesem Buch soll allgemein die didaktische Bedeutung des Materials hervorgehoben werden: Mit demselben Versuchsaufbau kann in sehr unterschiedlichem Niveau nachgedacht werden. Ein Arbeitsblatt ermöglicht das nicht.

16.8   Ein Exkurs über die schnellste Bahn

Es ist verlockend, einen Schritt weiterzudenken, auch wenn man dabei ein bisschen vom Lehrplan abschweift – einfach deswegen, weil das Thema so nett ist: Offensichtlich wird die Fahrzeit durch die Form der Bahn bestimmt. Wir können uns das deutlich vor Augen führen, indem wir die Fahrstrecke so formen, dass die Steigung zu Beginn sehr klein ist.

Auf diese Weise können wir die Fahrzeit beliebig *verlängern*. Hingegen können wir die Fahrzeit nicht beliebig *verkürzen*. Da es eine kürzeste Zeit geben muss, drängt sich die Frage auf: Wie muss eine Bahn gestaltet sein, dass ein reibungsfreier Körper sie am schnellsten durchläuft?

Das Problem wurde zum ersten Mal von Johann Bernoulli 1696 formuliert: Die Formulierung bei Bernoulli ist exakter, wenn auch formaler:

„Wenn in einer vertikalen Ebene zwei Punkte A und B gegeben sind, soll man dem beweglichen Punkte M eine Bahn zuweisen, auf welcher er von A ausgehend vermöge seiner Schwere in kürzester Zeit nach B gelangt.“

Unser Experiment mit den beiden Autos zeigt, dass die räumlich kürzeste Verbindungsstrecke (gerade Verbindung) nicht die zeitlich kürzeste ist. Die Idee ist nun, dass man gleich zu Beginn versucht, das Auto auf eine hohe Geschwindigkeit zu bringen, ohne dabei die Bahn zu lang werden zu lassen:

Das von Bernoulli gestellte Problem löst *die Zykloide*. Sie kann durch das Abrollen eines Rades konstruiert werden: Beobachtet man beispielsweise die Bahn eines Reißnagels, der im Mantel eines vorbeifahrenden Fahrrades steckt, so ist dessen Bahn eine Zykloide. In erster Näherung stellt unsere durchgebogene Bahn eine solche dar.

Zur Lösung wird die Variationsrechnung benötigt; das sprengt natürlich den schulischen Rahmen. Aber man muss ja nicht jedes gezeigte Problem lösen können.

16.9 Bungee-Sprung und Spannenergie

Anhand eines Bungee-Sprunges wird die Spannenergie eingeführt und schließlich mit dem Sprung selbst bestätigt. Dabei kommt der Figur Fridolin, als roter Faden in dieser Lehrgangsskizze, eine zentrale Rolle zu.

1. Einführung, Problemstellung und erste Vermutungen
„Würdest du einen Bungee-Sprung wagen?"

„I did it!" Ein guter Freund, Jürgen Hauser, schickte mir diese Nachricht aus Neuseeland. Mein Sohn Jim (acht Jahre) war von dem Sprung begeistert; also fragte ich ihn, ob er zu seinem 18. Geburtstag springen möchte. Und er will …

Umsetzung im Unterricht
So wurde die Frage der Beginn der folgenden Physikstunde: „Wer von euch würde ein solches Angebot annehmen und einen solchen Sprung wagen?" Ich war beeindruckt: Bei fast allen Klassen hätten über die Hälfte der Schüler das Geschenk angenommen!

In der Doppelstunde wurde Jürgen Hauser von Fridolin gedoubelt und das Seil durch eine Feder modelliert.

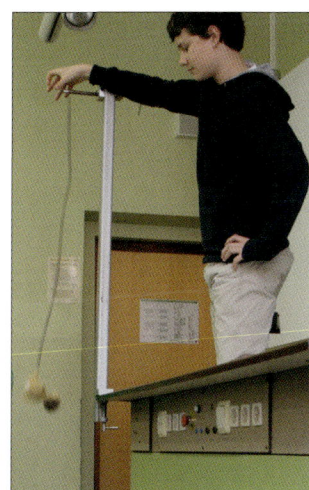

Oben auf der Plattform bewegt Fridolin die entscheidende Frage: Ist das tief genug? Die Angst unseres Helden wird zum Stundenthema: Wie tief stürzt man bei einem Bungee-Sprung?

Zuerst wird vermutet, wovon die Sprungtiefe abhängen könnte:

Masse Fridolin: $m = 40\ \text{g} = 0{,}040\ \text{kg}$
Seillänge (ohne Dehnung) $l = 0{,}49\ \text{m}$
Dehnbarkeit des Seils (Federkonstante)
Erdbeschleunigung $g \approx 10{,}0\ \frac{\text{m}}{\text{s}^2}$

Die Größen werden mit einem Zollstock und einem Kraftmesser bestimmt. (Man kann anmerken, dass die Zeit bei der Fragestellung keine Rolle spielt, da wir Zustände und keinen Prozess betrachten.) Eine große Sprungtiefe ist natürlich spektakulärer. Am besten probiert man vorher eine geeignete Kombination von Held und Feder aus. Falls der Held zu wenig Masse besitzt, kann ihm ein Kettchen aus Schraubenmuttern angezogen werden.

2. Eine Formel für die Spannenergie

Die Angst unseres Helden ist so groß, dass er erst einmal ganz langsam hinuntergelassen werden möchte. Er hängt jetzt in der *Gleichgewichtslage*. Wir messen, wie weit die Feder jetzt gespannt ist, also um welche Strecke s_0 sich das „Seil" verlängert hat und finden $s_0 = 0{,}50\ \text{m}$. Mit der Schwerkraft von Fridolin können wir jetzt die

Federkonstante bestimmen: $D = \frac{F}{s} = \frac{F_G}{s_0} = \frac{0.4\,\text{N}}{0.5\,\text{m}} = \frac{0.8\,\text{N}}{\text{m}}$ (Wahrscheinlich wird man an dieser Stelle des Unterrichts die Federkonstante wiederholen müssen.)

In der Gleichgewichtslage ist der Betrag der Schwerkraft gleich der Federkraft. Ansonsten würde sich unser Held bewegen (Trägheitssatz). Es gilt folgender Zusammenhang:

$$F_G = F_F$$
$$m \cdot g = D \cdot s_0$$

Mit der Zeit wird unser Held sicherer. Er möchte etwas ausgelenkt und losgelassen werden. Wir beobachten Folgendes: Fridolin pendelt völlig symmetrisch um die Gleichgewichtslage. Wird er zum Beispiel um die Strecke s nach unten ausgelenkt, so ist sein oberer Umkehrpunkt genau um die gleiche Strecke über der Gleichgewichtslage.

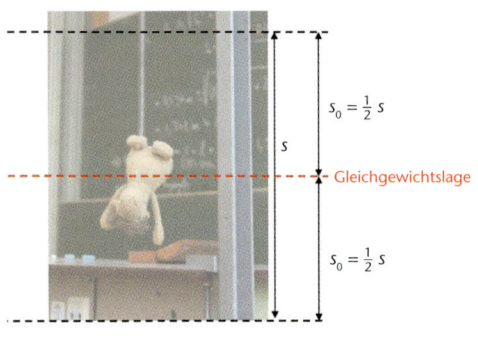

Wir überlegen uns, wie tief Fridolin fallen würde, wenn er genau von der Stelle springen würde, ab der die Feder sich dehnt (Zustand A): Legt man das Nullniveau auf den unteren Umkehrpunkt (Zustand B), so besitzt Fridolin die Lageenergie . Die Höhe entspricht hier der Auslenkung s der Feder. Es gilt:

$$E_L = m \cdot g \cdot h = m \cdot g \cdot s = D \cdot s_0 \cdot s = D \cdot \underbrace{\frac{1}{2}s}_{s_0} \cdot s = \frac{1}{2} D \cdot s^2.$$

Die Energie hängt nur noch von der Federkonstante D und deren Auslenkung s ab; damit ist die Formel für die Spannenergie gefunden:

$$E_{Sp} = \frac{1}{2} D \cdot s^2.$$

3. Zurück zum Ausgangsproblem:

    Wie tief stürzt man bei einem Bungee-Sprung?

Die Lösung wird nicht an die Tafel geschrieben, sondern vor dem Schulhaus *Schritt für Schritt* nachvollzogen.[36]

Nehmen Sie genügend Kreide mit, der Asphalt frisst die Kreide förmlich auf. Hier ist eine mögliche Lösung dargestellt. Man muss nicht alles auf den Boden schreiben, der Aufschrieb darf ruhig fragmethaft sein.

---

36 Vgl. Band 1, 4.11 Rundwanderwege (S. 84 f.)

Die Sprungtiefe L setzt sich zusammen aus der Federdehnung s, der entspannten Federlänge l und der Körpergröße unserer Helden k. Das Nullniveau wird entsprechend der Skizze gewählt. Vor dem Sprung ist unser Held im Zustand I, an der tiefsten Stelle im Zustand II. Nach dem Energieerhaltungssatz gilt:

$$E_I = E_{II}$$

Im Zustand I existiert nur Lage-, im Zustand II nur Spannenergie:

$$E_L = E_{Sp}$$

$$mgh = \tfrac{1}{2} Ds^2$$

$$mg(l + s) = \tfrac{1}{2} Ds^2$$

$$mgl + mgs = \tfrac{1}{2} Ds^2$$

$$0 = \tfrac{1}{2} Ds^2 - mgs - mgl$$

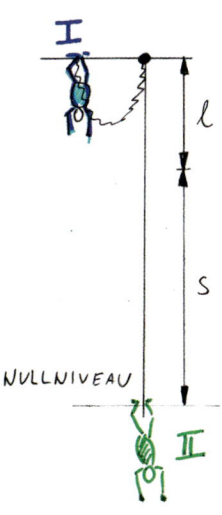

Die quadratische Gleichung wird mit der „Mitternachts-" bzw. „abc-Formel" $x_{1/2} = \frac{-b \pm \sqrt{b^2 - 4ac}}{2a}$

gelöst, wo $a = \frac{1}{2}D$, $b = -mg$ und $c = -mgl$ ist:

$$x_{1/2} = \frac{-b \pm \sqrt{b^2 - 4ac}}{2a}$$

$$s_{1/2} = \frac{-(-mg) \pm \sqrt{(-mg)^2 - 4 \cdot \frac{1}{2}D \cdot (-mgl)}}{2 \cdot \frac{1}{2}D}$$

$$s_{1/2} = \frac{mg \pm \sqrt{(mg)^2 + 2D \cdot mgl}}{D}$$

Daran könnte man alle Größen einsetzen und die Aufgabe wäre gelöst. ($m = 40$ g $= 0{,}040$ kg, $l = 0{,}49$ m, $D = 0{,}8$ $\frac{N}{m}$, $g = 10{,}0$ $\frac{m}{s^2}$).

Aber verstehen können wir den Ausdruck $s_{1/2} = \frac{mg \pm \sqrt{(mg)^2 + 2D \cdot mgl}}{D}$ nicht! Wir verlassen uns blind auf die Arithmetik. Es ist ungefähr so, dass wir den Ansatz $E_L = E_{Sp}$ hinschreiben, uns dann wie ein Maulwurf unter die Erde verkriechen und irgendwann mit

$$s_{1/2} = \frac{mg \pm \sqrt{(mg)^2 + 2D \cdot mgl}}{D}$$

wieder auftauchen. Aber die Natur bzw. die Physik haben wir durch diesen Rechenausdruck nicht tiefer verstanden. Es bleibt für den Denker ein komisches Gefühl zurück. Man hat zwar die Lösung, aber man begreift sie nicht wirklich. Darum ergeben die weiteren Umformungen Sinn:

$$s_{1/2} = \frac{mg \pm \sqrt{(mg)^2 + 2D \cdot mgl}}{D}$$

$$s_{1/2} = \frac{mg}{D} \pm \sqrt{\frac{(mg)^2}{D^2} + \frac{2D \cdot mgl}{D^2}}$$

$$s_{1/2} = \frac{mg}{D} \pm \sqrt{\left(\frac{mg}{D}\right)^2 + 2l \cdot \frac{mg}{D}}$$

Es gilt in der Gleichgewichtslage $F_G = F_F$ bzw. $m \cdot g = D \cdot s_0$. Dabei bezeichnet s_0 die Dehnung der Feder in der Gleichgewichtslage und kann zu $s_0 = \frac{m \cdot g}{D} = 0{,}5$m umgeformt werden. Damit:

$$s_{1/2} = \frac{mg}{D} \pm \sqrt{\left(\frac{mg}{D}\right)^2 + 2l \cdot \frac{mg}{D}}$$

$$s_{1/2} = s_0 \pm \sqrt{s_0^2 + 2l \cdot s_0}$$

Über diese Formel lässt sich leichter nachdenken: Wenn die Länge der ungespannten Feder l vernachlässigt wird, ist die Seildehnung doppelt so groß, als wenn Fridolin nur daran hängt. Das ist eine gute Näherung für eine Feder mit sehr kleiner Federkonstante, also einem

202

weichen Seil. In diesem Fall würden wir ca. einen Meter erhalten. In der Realität erhalten wir eine längere Seildehnung:

$$s_{1/2} = s_0 \pm \sqrt{s_0{}^2 + 2l \cdot s_0} = 0{,}5\text{m} \pm \sqrt{(0{,}5\text{m})^2 + 2 \cdot 0{,}49\text{m} \cdot 0{,}5\text{m}} = 0{,}5\text{m} \pm$$

$$0{,}860\text{m} \Rightarrow s_1 = 1{,}36\text{m},\ (s_2 = -0{,}36\text{m})$$

(Die negative Lösung entspräche einer Druckfeder, die von der Gleichgewichtslage nach oben gedrückt wird. Energetisch ist diese Lösung erlaubt, in unserem Beispiel ergibt sie keinen Sinn.)

Damit gilt für die Sprungtiefe L:
$$L = l + s + k = 0{,}49\,\text{m} + 1{,}36\,\text{m} + 0{,}17\,\text{m} = 2{,}02\,\text{m}$$

Zurück zur Didaktik:
Nach dem Lehrervortrag auf dem Boden des Schulhofes gehen die Schüler in ihrem eigenen Tempo Schritt für Schritt die Lösung durch. Dabei sortieren sich die Schüler von selbst nach Fragestellungen: Es treffen sich diejenigen, die am selben Denkschritt hängengeblieben sind. Die einzelnen Schülerschwierigkeiten und -fragen liegen somit räumlich geordnet vor. Das ist sehr geschickt für den beratenden Lehrer wie auch für die Diskussion der Schüler untereinander.

Wer den Lösungsweg komplett verstanden hat, geht zurück in den Physikraum und schreibt ihn auf. Der Boden kann hierbei nicht mitgenommen werden: Die Lösung muss (im Sinne eines konstruktivistischen Lernverständnis) rekonstruiert werden.

Natürlich können die Schüler, wenn sie beim Aufschreiben Schwierigkeiten haben, wieder zurück nach draußen gehen, aber das bedeutet Aufwand. Die Hefte dürfen dabei nicht mitgenommen werden. Die Schüler überlegen lieber dreimal, als dass sie nachsehen. Es ist hübsch: Hier erzieht die eigene Faulheit zum Nachdenken.

Schließlich wird das Experiment durchgeführt:

Es beeindruckt, dass die Natur sich recht genau an die mathematische Berechnung hält. Schließlich können noch Fehler diskutiert werden. So wurde beispielsweise die Masse der Feder bei der Rechnung unterschlagen, ebenso die Luftreibung.

4. Eine weitere Übungsaufgabe …

… ist durch folgende Fragestellung gegeben: Wie hoch ist die maximale Geschwindigkeit während des Sprungs?

Die Aufgabe ist komplex: Erstens tauchen alle Energieformen bei der Berechnung auf und zweitens erkennen nur wenige Schüler den Ort, an dem der Springer die höchste Geschwindigkeit besitzt: in der Gleichgewichtslage. Ich habe mehrere Klassen erlebt, die über zwanzig Minuten darüber diskutiert haben. Die eine Fraktion war für die Stelle, ab der sich die Feder dehnt, die andere für die Gleichgewichtslage. Man kann die Übung, wie schon häufiger gezeigt, auch so beginnen: Wer für die Gleichgewichtslage ist, geht an die rechte Wand, die anderen nach links (vgl. die Methode Redestab, z. B. in Abschnitt 9.1).

16.10 Leistung

Die folgende Übung vertieft das Verständnis von Lageenergie und Leistung. An einem alltäglichen Beispiel soll die Leistung berechnet und körperlich nachempfunden werden.

Aufgabenstellung:
Eine 100-Watt-Glühbirne beleuchtet als einzige den Raum, während die Schüler hereinkommen.
Die Schüler erhalten fünfzehn Minuten Zeit, um herausfinden, mit welcher Geschwindigkeit sie eine Treppe hochsteigen müssen, um 100 Watt in Form von Lageenergie auf ihren Körper zu übertragen.

Lösungsvorschlag
Es kommt nur auf die Höhendifferenz der Treppe und nicht auf deren Länge an. Entsprechend ist die Steiggeschwindigkeit entscheidend und nicht die Läufergeschwindigkeit. Auf der Ebene kann man beliebig schnell rennen, ohne Lageenergie auf den eigenen Körper zu übertragen.

Im Beispiel beträgt die Masse des Läufers 50 kg:

$$P = \frac{\Delta E}{t} = \frac{m \cdot g \cdot h}{t} = \frac{m \cdot g \cdot h}{t}$$

$$\frac{P}{m \cdot g} = \frac{h}{t} = v$$

$$v = \frac{100\,\text{W}}{50\,\text{kg} \cdot 9{,}81\,\frac{\text{N}}{\text{kg}}} = \frac{100\,\frac{\text{Nm}}{\text{s}}}{50\,\text{kg} \cdot 9{,}81\,\frac{\text{N}}{\text{kg}}} = \frac{100\,\frac{\text{m}}{\text{s}}}{50 \cdot 9{,}81} \approx 0{,}204\,\frac{\text{m}}{\text{s}} = 20{,}4\,\frac{\text{cm}}{\text{s}}$$

Erweiterung:
Eine gewöhnliche Glühbirne hat einen visuellen Wirkungsgrad von ca. 5 %. Das bedeutet, dass nur der zwanzigste Teil der aufgewendeten Energie in sichtbares Licht umgewandelt wird! Bei modernen Halogenlampen sind es 10 %, bei Halogenglühlampen mit Wärmerückgewinnung etwa 15 %.
Bei einem Wirkungsgrad von 5 % beträgt die entsprechende Steiggeschwindigkeit an der Treppe nur noch ca. $1\,\frac{\text{cm}}{\text{s}}$ pro Sekunde!

Erweiterung:

Die Übung eignet sich gut, um eine Größenvorstellung für Leistungswerte zu entwickeln. Es können verschiedene elektrische Geräte auf der Treppe „erstiegen" werden:

Die Schüler bringen zur nächsten Stunde ein technisches Gerät mit. Wenn möglich, steigt ein Schüler beim Einschalten des Gerätes die Treppe hoch. Alternativ können aus der Tabelle Werte „nachgestiegen" werden[37].

1,5 W	Leistung des menschlichen Herzens
1,5 W	durchschnittliche Leistung eines Handys
1 bis 10 W	typische Leistungsaufnahme eines Haushaltsgerätes im Bereitschaftsbetrieb („Standby")
5 W	Lichtausbeute einer typischen 100-W-Glühlampe
5 bis 25 W	Leistungsaufnahme eines Pentium-M-Prozessors.
5 bis 25 W	Leistungsaufnahme einer typischen Energiesparlampe
15 bis 300 W	Leistungsaufnahme einer typischen Glühlampe
80 bis 100 W	Dauerleistung eines Menschen
140 W	Leistungsaufnahme eines Kühlschranks im Betrieb
300 W	durchschnittliche Trittleistung eines Radrennfahrers während einer Bergetappe
500 bis 1000 W	mittlere elektrische Leistungsaufnahme eines 4-Personen-Haushaltes
745,7 W = 1 hp	(horsepower, basierend auf lbf. und ft., 33000 lbf · ft / min = 1 hp)
1,367 kW	mittlere empfangene Strahlungsleistung von der Sonne auf einem Quadratmeter Erdoberfläche (Solarkonstante)
1,5 kW	kurzzeitige sportliche Höchstleistung eines Menschen
2 bis 3,5 kW	Leistungsaufnahme einer typischen Waschmaschine
15 kW	kurzzeitige Höchstleistung eines Pferdes ($\approx$ 20 PS)
18 bis 21 kW	Durchlauferhitzer im Privathaushalt
10 bis 100 kW	typische Leistungsabgabe eines Motorradmotors
20 bis 300 kW	typische Leistungsabgabe eines PKW-Motors mit 27 PS – 408 PS

---

37 Lord Kelvin, Mathematiker und Erfinder, Präsident der Royal Society, 1895

Kapitel 17

Impulserhaltung oder der Traum vom Fliegen

„Schwerer als Luft? Solche Flugmaschinen sind unmöglich."[38]
Der Traum vom Fliegen ist seit alters her ein Menschheitstraum. Wir können heute den Erdboden mit unterschiedlichen Techniken verlassen. Das erste Abheben gelang mit einem Luftschiff oder Heißluftballon, was streng genommen kein Fliegen, sondern ein Schweben ist. Das Ausnutzen der Gesetze der Aerodynamik ermöglichte das eigentliche Fliegen mit Flugzeugen. Schließlich ermöglichte das Rückstoßprinzip bzw. die Raketentechnik den Vorstoß in den Weltraum. Umgangssprachlich wird „fliegen" für alle Arten des Abhebens verwendet, obwohl Schweben, Fliegen und das Rückstoßprinzip auf völlig unterschiedlichen physikalischen Gesetzmäßigkeiten beruhen.[39]
Man kann hier den Wert der Fachsprache aufzeigen.
Die Faszination des Abhebens gehorcht in allen drei Fällen einem Gesetz: actio = reactio.

38 Lord Kelvin, Mathematiker und Erfinder, Präsident der Royal Society, 1895
39 Ballone und Luftschiffe schweben, Flugzeuge fliegen und Raketen nutzen das Rückstoßprinzip.

17.1   actio = reactio

Ein neues Thema. Ich schlage ein Physikbuch auf und lese das dritte Newton'sche Gesetz ganz langsam vor:

„Jede reale Kraft, die auf einen Körper ausgeübt wird, hat ihren Ursprung im Vorhandensein eines anderen Körpers. Üben zwei Körper aufeinander Kräfte aus, so ist die Kraft $\vec{F}_1$ vom ersten auf den zweiten Körper stets betragsmäßig gleich groß der Kraft $\vec{F}_2$ vom zweiten Körper auf den ersten. Die Kräfte haben jedoch entgegengesetzte Richtungen. $\vec{F}_1 = -\vec{F}_2$ (actio = reactio)."

Den Inhalt hat niemand so recht verstanden. Also lese ich den Text Satz für Satz nochmal vor. Obwohl kaum einer die Sache versteht, ist es still im Raum. Vielleicht kommt die Stille durch die Erinnerung an die Kindheit und der Lehrer wird kurz zum Märchenonkel. Inhaltlich ist schon der erste Satz schwer zu verstehen: Ich fordere die Schüler auf, ins Nichts bzw. gegen die Luft zu schlagen. Man fühlt keine Kraft. Logisch, es ist ja auch nichts da, wogegen man schlagen kann. Ganz anders, wenn man mit der rechten Faust in die linke Hand schlägt. Die Tatsache ist so einfach wie fundamental: Es muss ein anderer Körper vorhanden sein, sonst gibt es keine Kraft.

Wir gehen den Text weiter durch. Das mit den Kräften klingt etwas formal, wir schauen uns die Sache an einem Beispiel an:

Vier Schüler umarmen sich und stellen so die Sonne dar, ein weiterer die Erde. Eigentlich müssten 330 000 Schüler die Sonne darstellen, wenn einer unseren Planeten verkörpert. Die Massenverhältnisse im Weltraum sind beeindruckend: Für das Modell wären alle Einwohner einer Großstadt wie Mannheim (ca. 310 000 Einwohner) nötig!

SONNE

ERDE

Sonne wie Erde bekommen einen Federkraftmesser in die Hand. Dann folgt die Frage: „Zieht die Sonne die Erde stärker an oder die Erde die Sonne oder sind etwa beide Kräfte gleich groß?" Es wird nicht gesprochen. Wer eine Antwort weiß, verschränkt die Arme. Häufig glaubt die Mehrzahl der Schüler, dass die Sonne stärker zieht. Schließlich werden die Kraftmesser aneinander gehängt. Es geht nicht, dass die Sonne stärker als die Erde zieht, beide Kraftmesser zeigen den gleichen Ausschlag.

Natürlich beweist das Ziehen an den Kraftmessern nichts. Schließlich ziehen zwei Schüler und nicht Erde und Sonne. Aber das theatrale Nachstellen illustriert sehr gut und hilft ungemein für das Verständnis. Zum Schluss sollte der Text vom Anfang nochmals vorgelesen werden.

17.2   Die Eroberung des Luftraums

Dieses Unterkapitel legt sein Augenmerk auf die Eroberung des *Luftraumes*. Es liefert Beispiele für das Prinzip *actio = reactio* und motiviert den Raketenantrieb, mit dessen Antriebstechnik die Menschheit schließlich in den *Weltraum* vordringen konnte.

Begonnen hat die Eroberung des Luftraumes im Jahr 1783. Die Papierfabrikanten Joseph Michel Montgolfier und Jacques Étienne Montgolfier ließen vor Publikum in Annonay einen Ballon steigen. Wir lassen, wie im Kapitel über Wärmelehre beschrieben, einen gelben Sack nach oben steigen. Offensichtlich gibt es eine Kraft, die den Ballon nach oben zieht. Nach dem Gesetz *actio = reactio* kommen Kräfte stets paarweise vor. Wo ist der zweite Körper, an dem die Gegenkraft, die reactio, angreift? Es ist die (unsichtbare) umgebende Luft.

Wir ziehen einen Vergleich mit einem Schiffchen in der Badewanne. Die beteiligten Körper sind Schiff und Wasser. Die Schwerkraft zieht das Schiff nach unten, das Wasser drückt es nach oben (Auftrieb). Ein Heißluftballon schwimmt im Luftmeer. Es ist dasselbe Prinzip des Schwebens. Daher „fliegen" Heißluftballone nicht, sondern fahren wie Schiffe.

Ein Liter Luft besitzt unter Normalbedingungen eine Masse von ca. einem Gramm, ein Kubikmeter somit von einem Kilogramm. Daher wird man mit dem Prinzip des Heißluftballons nur wenig Masse nach oben befördern können. Pro Kubikmeter eben höchstens ein Kilogramm.

Flugzeuge und Hubschrauber bedienen sich eines anderen Prinzips: Der Flügelquerschnitt ist so geformt, dass die Luft auf der Oberseite schneller am Flügel vorbeistreicht als auf der Unterseite. Als Resultat erhält man einen statischen Unterdruck auf der Oberseite des Flügels, der das Flugzeug nach oben zieht. Der Auftrieb kann mit dem Bernoulli-Prinzip erklärt werden; uns reicht an dieser Stelle, dass bei diesem Prinzip ebenfalls zwei Körper eine Rolle spielen.

Wie auch immer es genau geschieht: Da actio = reactio gilt, muss auf irgendeine Weise der Flügel sich an der ihn umströmenden Luft ab-

drücken. Mit diesem Prinzip kann man bedeutend mehr Masse in die Luft heben als mit dem des Heißluftballons. Ein einfacher Versuch dazu ist das Überblasen von Papier: Bläst man stark genug, so hebt sich das Papier.

Der Magnuseffekt

Auf den Luftstrom eines Haartrockners wird ein möglichst kugelförmig aufgeblasener Luftballon gesetzt. Erstaunlicherweise fällt der Ballon nicht herunter, selbst wenn man die Richtung des Luftstromes etwas kippt.

Alternativ kann der Magnuseffekt im Schülerexperiment demonstriert werden. Hierzu werden Trinkhalme und sehr kleine Luftballone, sogenannte Wasserbomben, benötigt. Das Aufblasen gelingt leichter, wenn man das Gummi vorher gut dehnt. Mit etwas Übung kann man auf die Röhrchen verzichten.

Der Magnuseffekt lässt sich ebenfalls mit Bernoulli erklären: Droht der Ballon aus dem Luftstrom herauszufallen, dann sinkt auf dieser Seite die Strömungsgeschwindigkeit ab. In Richtung Innenseite entsteht so ein Unterdruck, welcher den Ballon wieder in den Luftstrom hineinzieht.

Auch das Anschneiden eines Tischtennisballs funktioniert nach diesem Prinzip: Bewegt sich ein sich drehender Ball durch die Luft, so ist die Relativgeschwindigkeit zwischen Luft und Balloberfläche links und rechts zur Flugrichtung unterschiedlich. Er wird somit unterschiedlich stark angeströmt und erfährt so eine Querkraft.

Sowohl der Heißluftballon als auch das Flugzeug benötigen Luft, um den Boden zu verlassen. Es gibt eine weitere und letzte Technik, die ohne umgebende Luft funktioniert. Nur damit gelingt es uns Menschen, in den Weltraum vorzustoßen: Es ist der Raketen- oder Impulsantrieb.

17.3 Rückkehr zur Raumstation oder die Einführung des Impulses

Ein Weltraumabenteuer: Unser Held führt auf der Außenwand einer Raumstation Reparaturen durch. Plötzlich löst sich die gesamte Blechwand (Skateboard) vom Raumschiff und Fridolin treibt langsam ab. Das Szenario kann im Klassenraum nachgestellt werden: Die Raumstation ist beispielsweise durch einen Schrank dargestellt, Fridolin befindet sich nur drei Meter davon entfernt auf dem Pult.

Ist es für unseren Helden irgendwie möglich, zurück zur Raumstation zu gelangen? Gibt es Rettung für ihn? Vielleicht sogar eine, bei der er die Blechwand nicht im Orbit zurücklassen muss?

Es wird nicht gesprochen. Wer sich entschieden hat, verschränkt als Zeichen die Arme. Wenn alle so weit sind, wird Stellung bezogen: Wer glaubt, dass Fridolin sich retten kann, geht zu seinem Raumschiff, wer unseren Helden verloren glaubt, geht an die Wand gegenüber.

Es wird wie im Abschnitt 9.1 diskutiert: Nur wer Fridolin in der Hand hält, darf reden. Der eigene Standpunkt darf jederzeit gewechselt werden. Das Ziel ist, dass die ganze Klasse schließlich auf einer Seite steht.

Wird der Gesprächsbedarf während der Diskussion so hoch, dass sich die einzelnen Schüler mit ihren Meinungen nur noch schwer zügeln können, wird für ein paar Minuten unterbrochen. Beide Parteien gehen aufeinander zu und versuchen sich gegenseitig zu überzeugen. Danach wird erneut Stellung bezogen.

Lösung

Die Antwort ist, dass Fridolin irgendetwas zurücklassen muss. Er muss etwas von sich wegschleudern. Es folgt ein Experiment: Ein Schüler „doubelt" Fridolin, setzt sich mit einer (Werkzeug-)Tasche auf das Skateboard und wirft diese von sich. Er erfährt einen Rückstoß in die entgegengesetzte Richtung.

Das Pult wird zur Bühne: Zwei Schüler sichern den Werfer, damit er nicht vom Tisch herunterfällt (Verletzungsgefahr), einer fängt die Tasche auf. Vor dem Wurf wird die Position der Räder des Skateboards durch einen Stift markiert:

Je höher die Geschwindigkeit, mit der die Tasche fortgeschleudert wird, desto größer der Rückstoß. Die Schüler kommen von selbst auf die Idee, die Masse der Tasche zu erhöhen. Wir packen drei Trinkflaschen aus

Kunststoff ein. Beim erneuten Wurf ist wie erwartet der Rückstoß größer geworden.

Es scheint egal zu sein, ob man einen Körper mit einer Masse von 2 kg mit einem Meter pro Sekunde von sich schleudert oder einen mit der halben Masse und dafür der doppelten Geschwindigkeit. Genau diese Tatsache motiviert, ja erzwingt fast die Einführung einer neuen Größe: Es geht nicht um die Geschwindigkeit oder die Masse, sondern um das Produkt von Masse und Geschwindigkeit, den Impuls. Natürlich lässt sich die Impulserhaltung auf diese Weise nur vermuten. Es fehlt noch die Ableitung aus dem dritten Newton'schen Axiom. Der Werfer drückt sich selbst an der Tasche ab: Die Kraft F_1 die der

Fahrer mit Skateboard (m_1) erfährt, ist der Kraft F_2 die der Rucksack (m_2) erfährt, entgegengerichtet:[40]

$$actio = reactio$$

$$F_1 = -F_2$$

$$m_1 \cdot a_1 = -m_2 \cdot a_2$$

$$m_1 \cdot \frac{\Delta v_1}{\Delta t} = -m_2 \cdot \frac{\Delta v_2}{\Delta t}$$

$$m_1 \cdot \Delta v_1 = -m_2 \cdot \Delta v_2$$

$$m_1 \cdot (v_1 - u_1) = -m_2 \cdot (v_2 - u_2)$$

$$m_1 v_1 - m_1 u_1 = -m_2 v_2 + m_2 u_2$$

$$m_1 v_1 + m_2 v_2 = +m_1 u_1 + m_2 u_2$$

Die Geschwindigkeiten v_1 und v_2 *vor* dem Stoß (Taschenabwurf) sind null, damit gilt für das Skateboardexperiment:

$$0 = +m_1 u_1 + m_2 u_2$$

bzw.

$$m_1 u_1 = -m_2 u_2$$

Es ist also wirklich egal, ob man einen Körper mit einer Masse von 2 kg mit einem Meter pro Sekunde von sich schleudert oder einen mit der halben Masse und dafür der doppelten Geschwindigkeit: Der Bewegungszustand (Impuls) des Werfers ist durch $m_1 u_1$ beschrieben, also dem Produkt aus seiner Masse (mitsamt seinem Skateboard) mit dessen Geschwindigkeit nach dem Abwurf. Sein Impuls nach dem Abwurf hängt nur von dem Term $-m_2 u_2$ ab. Das Minuszeichen drückt aus, dass Tasche und Werfer sich in entgegengesetzte Richtungen bewegen.

17.4 Raketenantrieb

Mit Hilfe eines Luftballons, einer langen Nylonschnur, etwas Kreppband und einem Trinkhalm lässt sich der Raketenantrieb demonstrieren.

Das Röhrchen wird oben auf dem Ballon, parallel zur später ausströmenden Luft, mit Kreppband befestigt. Anschließend wird die Nylonschnur eingefädelt, gespannt und der Ballon losgelassen. Die ausströmende Luft (der Abgasstrahl) treibt die „Rakete" an. Inhalt-

---

40 In der Rechnung sind die Geschwindigkeiten *vor* dem Abwurf (Stoß) mit *v* und die Geschwindigkeiten *nach* dem Abwurf (Stoß) mit *u* bezeichnet. Vor dem Stoß sind beide null.

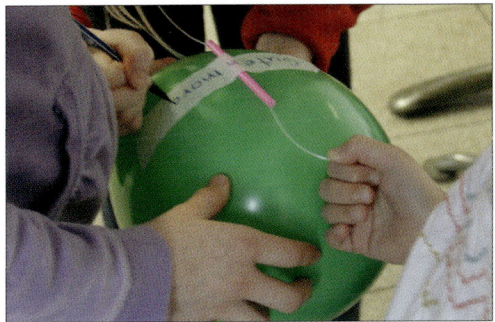

lich passiert nichts Neues. Statt eines Skateboardfahrers wird ein Luftballon angetrieben, der statt einer Tasche Luft von sich abstößt.

Auch wenn die Schüler die Sache mit dem Skateboard verstanden haben, ist es für den Einzelnen nicht unbedingt einfach, das neue Experiment zu erklären. Es sieht auf den ersten Blick völlig anders aus; trotzdem ist es *dasselbe* Prinzip, das den Luftballon antreibt. Vielleicht liegt die Verständnisschwierigkeit daran, dass man die weggestoßene Luft nicht sehen kann.

17.5   Streichholzrakete

Man kann vereinfacht das Rückstoßprinzip bzw. den Raketenantrieb so formulieren: Man stößt sich an etwas ab, was man zuvor mitgenommen hat. Wenn wir den Weltraum erreichen wollen, können wir nicht beliebig viel mitnehmen, da das Raumschiff ja dadurch immer schwerer wird. Die Idee besteht in der Maximierung der Abwurfgeschwindigkeit. Statt der ausströmenden Luft im letzten Experiment werden beim Raketenantrieb durch Verbrennung sehr hohe Abgasgeschwindigkeiten erreicht. Je nach Molekulargewicht ergeben sich unterschiedliche Geschwindigkeiten (je kleiner, je schneller). Typische Werte für den Abgasstrahl einer Rakete sind ein bis drei Kilometer pro Sekunde. Das ist natürlich viel schneller als in unserem Luftballonexperiment.

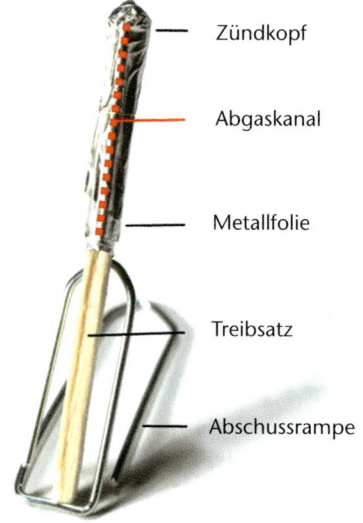

Zündkopf

Abgaskanal

Metallfolie

Treibsatz

Abschussrampe

Bauanleitung:

Aus einem Streichholz, zwei Büroklammern und etwas Alufolie lässt sich eine Rakete mit einer Reichweite von bis zu mehreren Metern bauen.

Eine Büroklammer wird aufgebogen und neben das Streichholz auf ein Stück Alufolie (ca. 3 x 5 cm) gelegt; das ergibt später den Abgaskanal. Der Klammerdraht sollte genau mit dem Zündkopf enden (vgl. Abbildung).

Nun werden Streichholz und Draht möglichst fest eingewickelt. Je kompakter die Alufolie anliegt, desto weiter fliegt die Rakete. Auch wenn man es sich bei den ersten Versuchen nicht vorstellen kann, werden Höhen von über einem Meter erreicht.

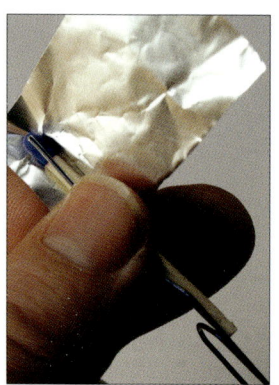

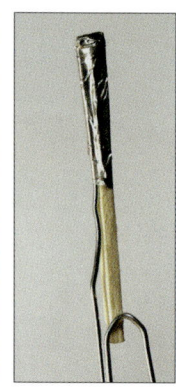

Schließlich wird der Draht aus dem Abgaskanal herausgezogen und aus einer weiteren Büroklammer die Abschussrampe gebogen. Zum Zünden wird eine Flamme einige Sekunden unter den Zündkopf gehalten. Achtung: Durch den heißen Abgasstrahl können Brandflecken entstehen. Die Unterlage muss jedoch nicht unbedingt feuerfest sein; eine Streichholzschachtel genügt.

Obwohl die Rakete nur aus drei Elementen besteht, ist es gar nicht so einfach, einen erfolgreichen Start hinzubekommen: Der Bau einer Rakete ist eine Ingenieursarbeit. Prinzipiell ist es jedem klar, wie der Antrieb funktioniert. Aber es hängt von vielen Kleinigkeiten (Parametern) ab, ob die Rakete wirklich abhebt und wie weit sie fliegt. So ist z. B. die Menge an Alufolie entscheidend, die Streichholzmarke, der Abschusswinkel der Startrampe sowie die Länge des Abgaskanals.

Umsetzung im Unterricht:

Am besten zeigen Sie den Bau einer Rakete Schritt für Schritt vorne am Pult. Wenn Sie zuvor eine Rakete abgeschossen haben, werden Ihre Zuhörer Ihren Ausführungen sehr interessiert folgen.

Jede Gruppe erhält die Aufgabe, einen Raketenflug mit maximaler Weite zu entwickeln. Dazu gehört auch die Winkelstellung der Abschussrampe. Zum vereinbarten Zeitpunkt bringt jede Gruppe ihre technische Entwicklung an den Start (Tischkante).

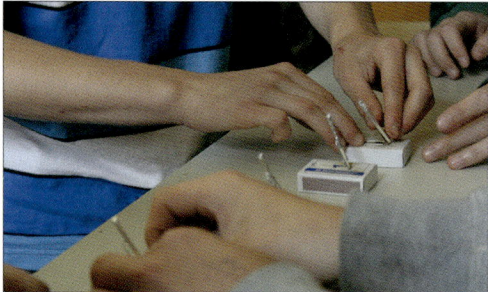 

Es dürfen zuvor selbstverständlich Teststarts durchgeführt werden (Fenster auf, Feuermelder aus!). Natürlich können die Raketen mit einer Streichholzflamme gezündet werden, wenn Sie jedoch pro Gruppe nur einen speziellen Anzünder (Gasfeuerzeug) ausgeben, wird die Gruppe besser zusammenarbeiten und die einzelnen Starts sind nicht beliebig.

Didaktisch interessant: Wenn Sie die Zündung der Rakete mit dem Gasfeuerzeug vormachen, werden die Schüler ebenfalls damit zünden. Das Material (hier das Gasfeuerzeug) gibt hier eine Struktur vor. Hätte jeder Schüler einen Anzünder, gäbe es mehr individuelle Forschung statt Gruppenarbeit.[41]

Auch dem geübten Raketenbauer gelingt nicht jeder Start. Immer wieder hält die Alufolie der Explosion nicht stand und bei der Zündung wird ein Loch in die Ummantelung des Zündkopfes gerissen. Erlebnispädagogisch betrachtet ist es von Vorteil, dass ca. 50 % der Starts klappen. Würde jeder Bau zum Erfolg führen, wäre es bald langweilig. Und wenn keine Rakete abhebt, ist die Begeisterung ebenso schnell verflogen. Eine 50-%-Chance zu haben, spornt die Raketenforschung ungemein an. Dasselbe gilt für Übungsaufgaben aller Art. Wenn ich keine Chance zur Lösung habe, verliere ich genauso schnell das

---

41 Vergleiche den Abschnitt Lernumgebung (1.3) in Band I, S. 15 f.

Interesse, wie wenn ich völlig unterfordert bin. Eine 50-%-Chance ist generell eine motivierende Sache.

17.6   Fragen an die Streichholzrakete – von einfachen Übungen bis zu komplexen Schülerarbeiten

Die Streichholzrakete eignet sich gut zur Übung, Wiederholung und Vertiefung, da bereits Streichhölzer, Büroklammern und Alufolie genügen und somit kaum ein experimenteller Aufbau nötig ist. Hier finden Sie eine Sammlung interessanter Fragestellungen, die sich für Gruppenarbeit wie auch für Schülerreferate eignen.

Frage 1:Welche mechanische Energie wird auf die Rakete übertragen? Erforderliche Größen sind abzuschätzen.

Inhalte:
Energieerhaltung, Bewegungs- und Lageenergie, indirekte Bestimmung der Streichholzmasse

Lösungsvorschlag:
Bei einem senkrechten Start wird die Flughöhe gemessen. Um die Masse einer Streichholzrakete zu bestimmen, misst man die Masse von 100 Streichhölzern mit der entsprechenden Menge Alufolie. Je nach Streichholztyp erhält man ein anderes Ergebnis.
Typische Werte:
Masse der Streichholzrakete: $m = 0{,}12$ g; Flughöhe: $h = 1$ m

Rechnung:
Die Lageenergie E_L berechnet sich mit

$$E_L = mgh = 0{,}12\,g \cdot 9{,}81\,\tfrac{m}{s^2} \cdot 1\,m$$
$$= 0{,}00012\,kg \cdot 9{,}81\,\tfrac{m^2}{s^2}$$
$$\approx 0{,}00118\,kg \cdot \tfrac{m^2}{s^2}$$
$$= 0{,}00118\,J = 1{,}18\,mJ$$

Frage 2: Welche Geschwindigkeit hat die Rakete beim Auftreffen auf dem Boden nach einem senkrechten Start?

Inhalte:
Energieerhaltung, Bewegungs- und Lageenergie, indirekte Bestimmung der Streichholzmasse

Lösungsvorschlag:
Bei einem senkrechten Start wird die Flughöhe gemessen. Es gilt der Energieerhaltungssatz:

$$E_B = E_L$$
$$\frac{1}{2}\, mv^2 = mgh$$
$$v = \sqrt{2gh} = \sqrt{2 \cdot 9{,}81\,\tfrac{m}{s^2} \cdot 1m} \approx 4{,}43\,\tfrac{m}{s}$$

Frage 3: Flugweite einer Rakete:

> *a) Welcher Startrampenwinkel ermöglicht eine maximale Flugweite?*
>
> *b) Wie hängt die Flugweite von der Startgeschwindigkeit der Rakete ab?*

Die Aufgabe lässt sich durch Praxistests nur schwer lösen, da die Anfangsgeschwindigkeit der Rakete jedes Mal verschieden ist. Raketenstarts sind nicht unter gleichen Anfangsbedingungen wiederholbar und trotzdem gibt es einen besten Startwinkel. Die Aufgabe kann ebenso im Mathematikunterricht gestellt werden.

Inhalte:
Differentialrechnung, Modellierung eines Problems, Überlagerung von Bewegungen, gleichmäßig beschleunigte und lineare Bewegungen

Lösungsvorschlag:
In der Modellrechnung wird der Luftwiderstand vernachlässigt. Start- und Landepunkt der Rakete liegen in einer waagrechten Ebene. Die Explosionsdauer wird in der Rechnung ebenfalls vernachlässigt, d. h. im Moment des Starts besitzt die Rakete die volle Geschwindigkeit und es wirken nur noch Gravitationskräfte auf sie ein.

Rechnung:
Die Flugweite *s* hängt von der Richtung (Neigungswinkel α) und dem Betrag der Geschwindigkeit ab.

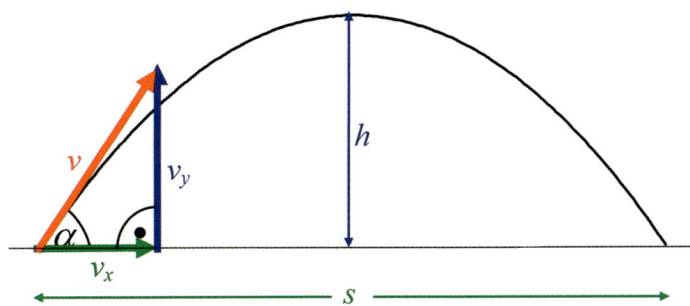

Die Geschwindigkeit v lässt sich in eine horizontale (v_x) und eine vertikale (v_y) Geschwindigkeitskomponente zerlegen. Es gilt:

(i)
$$v_x = \cos(\alpha)$$
$$v_y = \sin(\alpha)$$

Die Geschwindigkeit in x-Richtung ist konstant; für den zurückgelegten Weg s gilt:

(ii) $\qquad s = v_x \cdot t = v \cdot \cos(\alpha) \cdot t$

Dabei bezeichnet t die Flugzeit, die durch die Bewegung in y-Richtung begrenzt ist.

Bezeichnet g die Erdbeschleunigung ($g = 9{,}81 \, \frac{m}{s^2}$), so gilt für einen frei fallenden Körper:

(iii) $\qquad v_y = g \cdot \tilde{t} \Leftrightarrow \tilde{t} = \frac{v_y}{g}.$

Die Rakete ist genau die doppelte Zeit in der Luft (Flugzeit aufwärts plus Flugzeit abwärts); somit gilt für die Gesamtzeit t:

(iv) $\qquad t = \frac{2 \cdot v_y}{g}$

(iv) in (ii) ergibt: (v)

$$s = v_x \cdot t = v_x \cdot \frac{2 \cdot v_y}{g} = v \cdot \cos(\alpha) \cdot \frac{2 \cdot v \cdot \sin(\alpha)}{g}$$

$$= \frac{2}{g} \cdot v^2 \cdot \sin(\alpha) \cdot \cos(\alpha)$$

Interpretation:

a) Einfluss des Startrampenwinkels auf die Flugweite

Die Zielfunktion $s = \frac{2}{g} \cdot v^2 \cdot \sin(\alpha) \cdot \cos(\alpha)$ wird mit dem grafikfähigen Taschenrechner auf ihr Maximum untersucht. Bei dieser Überlegung spielt der Vorfaktor $\frac{2}{g} \cdot v^2$ keine Rolle.

Ergebnis: Für jedes v wird die maximale Flugweite s bei einem Startwinkel von $\alpha = 45°$ erreicht.

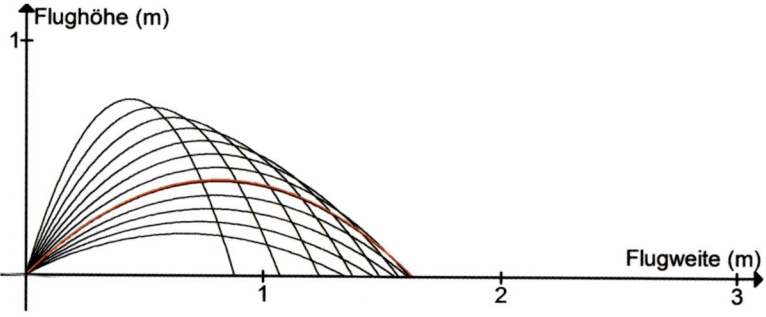

Die Abbildung zeigt verschiedene Flugbahnen bei einer Startgeschwindigkeit von $4\frac{m}{s}$. Die Abflugwinkel liegen zwischen 28° und 74°. Die Flugbahn für 45° ist rot eingezeichnet:

b) Einfluss der Startgeschwindigkeit auf die Flugweite

Die Flugweite s ist proportional zum Quadrat der Geschwindigkeit v.
$s = \frac{2}{g} \cdot v^2 \cdot \sin(\alpha) \cdot \cos(\alpha)$ bzw. $s \propto v^2$. Das bedeutet, dass sich bei doppelter Geschwindigkeit v die Flugweite vervierfacht. In der Abbildung sind verschiedene Startgeschwindigkeiten von 3 bis $5\frac{m}{s}$ gezeigt. Der Rampenwinkel beträgt stets 45°.

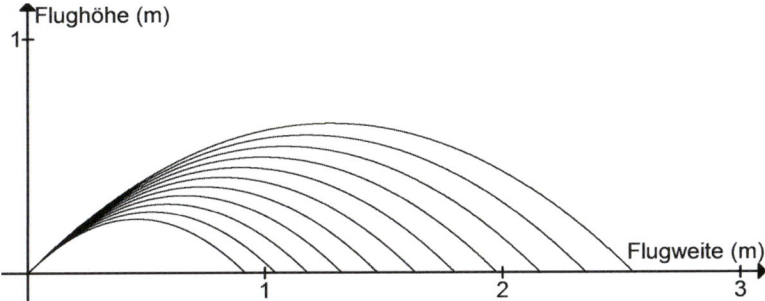

Man erkennt, dass eine kleine Änderung der Startgeschwindigkeit einen erheblichen Einfluss auf die Flugweite hat, während eine kleine Abweichung vom idealen Rampenwinkel (45°) die Flugweite nur wenig verkürzt.

Frage 4: Warum bewegt sich (für einen außenstehender Beobachter) die Rakete auf einem Parabelbogen?

Inhalte:

Bewegungsgleichungen für gleichförmige und gleichförmig beschleunigte Bewegungen, Überlagerung von Bewegungen, Eliminieren einer Variablen

Lösungsvorschlag:

Die Rakete sei zum Zeitpunkt null am höchsten Punkt mit der horizontalen Geschwindigkeit v. Es überlagern sich zwei Bewegungen: In x-Richtung fliegt die Rakete mit gleichförmiger Geschwindigkeit weiter, während sie sich in y-Richtung im freien Fall befindet.

Es gelten die Bewegungsgleichungen:

$$(1) \qquad s_x = v \cdot t$$
$$(2) \qquad s_y = \tfrac{1}{2}gt^2$$

t ist unbekannt, also wird t eliminiert:

$$(1') \qquad t = \frac{s_x}{v} \quad \text{in (2) eingesetzt liefert:}$$

$$(2') \qquad s_y = \tfrac{1}{2}g\left(\frac{s_x}{v}\right)^2 \qquad \text{damit:}$$

$$s_y = \frac{g}{2 \cdot v^2} \cdot s_x{}^2$$

Das ist die Gleichung einer Parabel. Aus Symmetriegründen gilt die Überlegung ebenso für den parabelförmigen Aufstieg der Rakete. In der Abbildung ist der Rauch im linken Zweig der Parabel bereits leicht aufgestiegen. Rechts folgt die Rauchfahne der Parabelform recht gut.

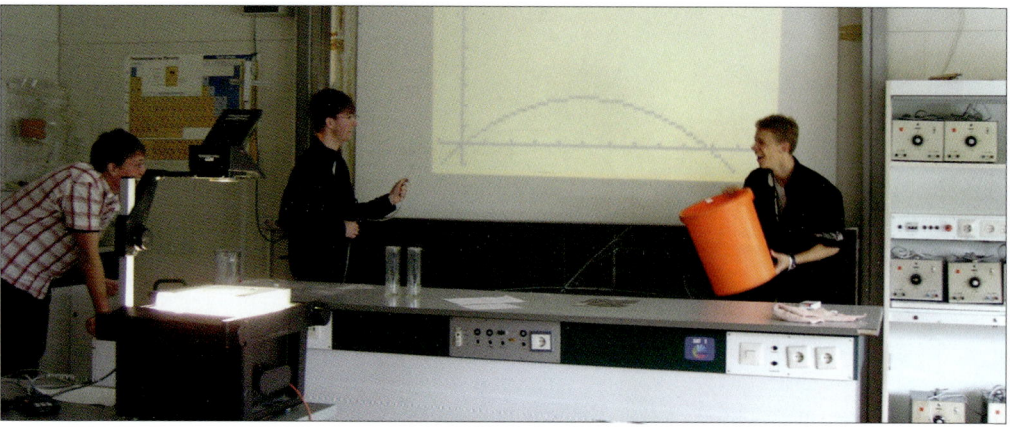

Eine alternative Demonstration des Parabelbogens

Ein Stück dünner Schlauch wird am Wasserhahn befestigt. Durch Auf- und Zudrehen kann die Fließgeschwindigkeit verändert werden. Statt der Rakete fliegt also ein Wasserstrahl durch die Luft. In der Abbildung wird die Modellrechnung durch eine Projektion (Tageslichtprojektor) mit dem Experiment verglichen. Die Übereinstimmung mit der Parabel ist beeindruckend.

Der Wasserstrahl lässt sich im Gegensatz zum Rauch der Rakete viel exakter mit dem Parabelbogen abgleichen.

Frage 5: Wo steckt mehr Energie: Im Abgasstrahl oder in der Bewegung der Rakete? Welcher Anteil der Energie lässt sich maximal auf die Rakete übertragen?

Inhalte:

Energie- und Impulserhaltungssatz, Interpretation von Formeln

Lösungsvorschlag:

Vor der Explosion beim Start ist der Gesamtimpuls null. Aufgrund der Impulserhaltung muss die abfliegende Rakete betragsmäßig denselben Impuls besitzen wie das ausströmende Abgas. Es gilt:

$$M \cdot v_{\mathrm{M}} = m \cdot v_{\mathrm{m}} \, ,$$

wobei M die Masse der Rakete und m die Masse des Abgasstrahls bezeichnet. Die Geschwindigkeiten sind entsprechend indiziert. Da die Masse der Rakete wesentlich größer als die des Abgases ist, muss die Abgasgeschwindigkeit v_{m} sehr groß sein.

In der Formel für die Bewegungsenergie geht die Geschwindigkeit quadratisch ein:

$$\frac{1}{2}M \cdot v_{\mathrm{M}}^{2} < \frac{1}{2}m \cdot v_{\mathrm{M}}^{2}.$$

Daher steckt im Abgasstrahl mehr Energie. Genauer beträgt das energetische Verhältnis zwischen Abgasstrahl und Rakete:

$$\frac{E_{\mathrm{R}}}{E_{\mathrm{A}}} = \frac{\frac{1}{2}M \cdot v_{\mathrm{M}}^{2}}{\frac{1}{2}m \cdot v_{\mathrm{m}}^{2}} = \frac{(M \cdot v_{\mathrm{M}}) \cdot v_{\mathrm{M}}}{(m \cdot v_{\mathrm{m}}) \cdot v_{\mathrm{m}}} \underset{\text{Impulserhaltung}}{=} \frac{v_{\mathrm{M}}}{v_{\mathrm{m}}}$$

In der Modellrechnung verhalten sich die Energien entsprechend den Geschwindigkeiten. Beim Start der Rakete würde demnach nur ein Bruchteil der Explosionsenergie für ihren Aufstieg verwendet.

In der Praxis sieht das anders aus, da ein ständiger Schub die Rakete nach oben treibt. Definiert man den Wirkungsgrad als Verhältnis der kinetischen Energie der Rakete zur kinetischen Energie des ausströmenden Gases (relativ zur Rakete), so erhält man einen maximalen Wirkungsgrad von $\eta = 0{,}647$. Der maximale Wirkungsgrad wird bei einer einstufigen Rakete erreicht, wenn der Treibstoff ca. 80 % der Gesamtmasse der Rakete ausmacht.[42] Bei der Streichholzrakete ist das Verhältnis gerade umgekehrt.

17.7 Elastischer Stoß und größere Herleitungen[43]

Beim geradlinigen, vollkommen elastischen Stoß gelten sowohl der Energie- als auch der Impulserhaltungssatz. Möchte man allgemein die Endgeschwindigkeiten der beiden Stoßpartner mit einer Formel angeben, kommt man nicht um eine größere Rechnung herum. Das Tafelbild könnte ungefähr so aussehen:

Alternativ kann man die ganze Rechnung Schritt für Schritt mit Kreide auf den Schulweg schreiben. Dabei teilt man die Aufgabe in einzelne Denk- bzw. Rechenschritte auf und lässt dazwischen etwas Platz, so

---

42 Vergleiche: http://www.systemdesign.ch/index.php?title=Rakete
43 Die Technik wurde ebenfalls bei einer größeren Rechnung (Bungee-Sprung) in 8.9 verwendet.

dass die Schüler tatsächlich räumlich einen Schritt weitergehen müssen, um der Rechnung zu folgen.[44]

Ist die gesamte Rechnung notiert, gehen die Schüler in ihrem Tempo den Weg nochmals ab. Ist ein Gedanke nicht verstanden worden, kann man einen Schritt zurückgehen. Der Lehrer sieht auf einen Blick, wo Verständnisschwierigkeiten auftauchen: An diesen Orten tummelt es sich.

Der Lehrpfad sortiert die Schüler gewissermaßen nach ihren Problemen. Während im Klassenraum normalerweise alle durchmischt sitzen, treffen sich hier jeweils an einem bestimmten Ort Schüler mit ähnlichen Problemen. Es ist ein hübsches Beispiel, wie der Raum (hier der Lehrgang) didaktisch strukturierend wirken kann.

Die Schüler dürfen kein Schreibzeug mit nach draußen nehmen. Wer glaubt, die gesamte Rechnung zu verstehen, geht zurück ins Klassenzimmer und versucht die Herleitung zu rekonstruieren.

Die Übung ist nicht einfach. Auch wenn man das Thema draußen in der Gruppe verstanden hat, ist es etwas ganz anderes, wenn man die Aufgabe alleine lösen soll. Sie können den individuellen Heftaufschrieb als Hausaufgabe geben; dann kann der Schüler testen, ob er es ganz alleine hinbekommt. Wenn viele am eigenen Heftaufschrieb scheitern, können Sie die Rechnung – diesmal an der Tafel – wiederholen. Die Konzentration ist nach dieser Vorarbeit sehr hoch.

---

44 Vergleiche den Abschnitt über „Rundwanderwege" im ersten Kapitel von Band I, S. 84

Kapitel 18

Ein Kapitel, das eigentlich an den Anfang der Mechanik gehört

Physik kennen wir bereits von Kindesbeinen an. Trägheit, Gravitation, Geschwindigkeit, Beschleunigung, Zentripetal- und Zentrifugalkraft, Spann-, Bewegungs- und Lageenergie, zentrale Stöße, Impulserhaltung sind uns vertraut – was fehlte, war die Begriffsbildung und die Abstraktion. Wir können heute – innerhalb einer Theorie – Dinge hinterfragen und Antworten finden. Kurz: Wir können formal denken. Warum also nicht den Unterricht dort beginnen lassen, wo die Kindheit bereits Erfahrungen gesammelt hat?

In der Physiksammlung ist mir die Darda-Bahn aus meiner Kindheit wieder begegnet. Was zur Demonstration gut ist, sollte für Schülerexperimente recht sein. So entstand ein Unterrichtsversuch, der in sechs zehnten Klassen durchgeführt wurde. Die Schüler sollten selbst typische Fragestellungen der Mechanik finden und nicht einfach vorgesetzt bekommen. Wahrscheinlich wollen Sie jetzt nicht für sechs Gruppen Material anschaffen; daher ist hier eine Alternative vorgestellt:

Statt für jede Gruppe das Material zu besorgen, kann alternativ jeder Schüler ein mechanisches Spielzeug aus seiner Kindheit in den Unterricht mitbringen.

Der Unterrichtsraum verwandelt sich so in ein Museum der Kindheit. Auf Tischen werden die einzelnen interaktiven Exponate ausgestellt. Statt Heften und Büchern liegen jetzt Kreisel, Rennbahnen, Bagger, Kräne, Inliner und Aufziehautos auf den Tischen. Man muss keine komplette Carrera-Rennbahn aufbauen, ein paar Schienen mit einem Auto genügen für die Erinnerung. Es ist interessant zu beobachten, wie viel Naturwissenschaft in Spielzeugen steckt. Fast zu jedem physikalischen Phänomen gibt es eine spielerische Umsetzung.

Pädagogischer und sozialer Hintergrund
Das eigene Spielzeug ist emotional aufgeladen, denn es hängen viele Erinnerungen daran. Die Schüler bringen ein Stück von ihrer Welt, von ihrer Vergangenheit in den Unterricht mit. Für die Klassengemeinschaft kann sich das recht positiv auswirken, man lernt etwas Neues von seinem Mitschüler kennen.

Es ist ein hübsches Beispiel dafür, wie sich Fachwissenschaft und Erleben gegenseitig bedingen können. Erst der wissenschaftliche Rahmen schafft die Möglichkeit, dass Schüler sich gegenseitig ihr Spielzeug vorstellen können, ohne sich lächerlich vorzukommen (vergleiche den *fachdidaktischen und fachmethodischen Hintergrund* in Band I, S. 17).

Material für Schülergruppen

Wenn jeder sein eigenes Spielzeug mitbringt, lässt sich nur schwer in Schülergruppen experimentieren. So liegt ein Vorteil darin, wenn die Schule den einzelnen Gruppen das Material zur Verfügung stellt.

Aber es gibt auch Nachteile: Neues und fremdes Material wird in der Regel weniger wertgeschätzt. Weiter wird die Physikstunde wertvoller, wenn man etwas dafür tut, sprich, wenn jeder Schüler etwas mitbringt, statt vom Lehrer bedient zu werden.

Für Fragen, die speziell die Bahn benötigen, genügt ein einziger Demonstrationsaufbau.

18.1 Materialausgabe und Organisation

Jede Schülergruppe bekommt eine Box mit dem Material und eine Stückliste. Wie bei Bestellungen üblich, wird zuerst die Stückliste mit dem Inhalt abgeglichen und die Autos auf Funktionstüchtigkeit geprüft. Jede Gruppe ist für ihr Material verantwortlich. Falls etwas (mutwillig) kaputt gehen sollte, muss es von der Gruppe ersetzt werden. Damit klar ist, welche Teile zu welcher Gruppe gehören, werden farbige Punkte aufgeklebt.

Stückliste Einzelteilübersicht

	14 x Bahnstück 35 cm 2 x Bahnstück 17,5 cm 1 x Bahnstück 9 cm 1 x Bahnstück 4,5 cm
	2 x flexible Bahn 120 cm
	2 x 180° Kurve
	30 x Bahnverbindungsstück
	2 x Loopingstück
	2 x Loopingverbindungsstück

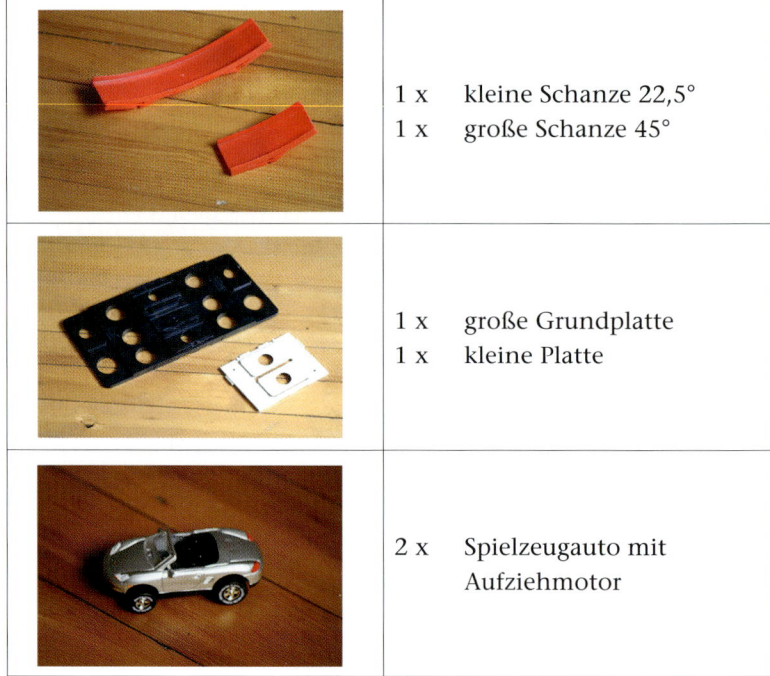

	1 x kleine Schanze 22,5° 1 x große Schanze 45°
	1 x große Grundplatte 1 x kleine Platte
	2 x Spielzeugauto mit Aufziehmotor

18.2   Erinnerung an die Kindheit – Materialerkundung

Die Schüler erhalten 25 Minuten Zeit, um frei mit dem Material zu spielen. Innerhalb kürzester Zeit sind die Schüler ca. zehn Jahre jünger geworden.

Der Physiksaal wird zum Kinderzimmer. Es ist erstaunlich, wie schnell sich die Atmosphäre verändert. In einer Klasse habe ich versucht, die Schüler während der Spielphase dazu zu ermuntern, ihre an die Mitspieler gestellten Fragen sofort aufzuschreiben. Aber es war, als ob ihnen gar nicht klar war, dass sie wissenschaftliche Fragen stellten. Wahrscheinlich sollte das Spiel nicht unterbrochen werden und so fielen die vielleicht schönsten Fragen unter den Tisch. Aber es wundert auch nicht: Welcher Fünfjährige schreibt schon im Spiel seine Fragen auf?

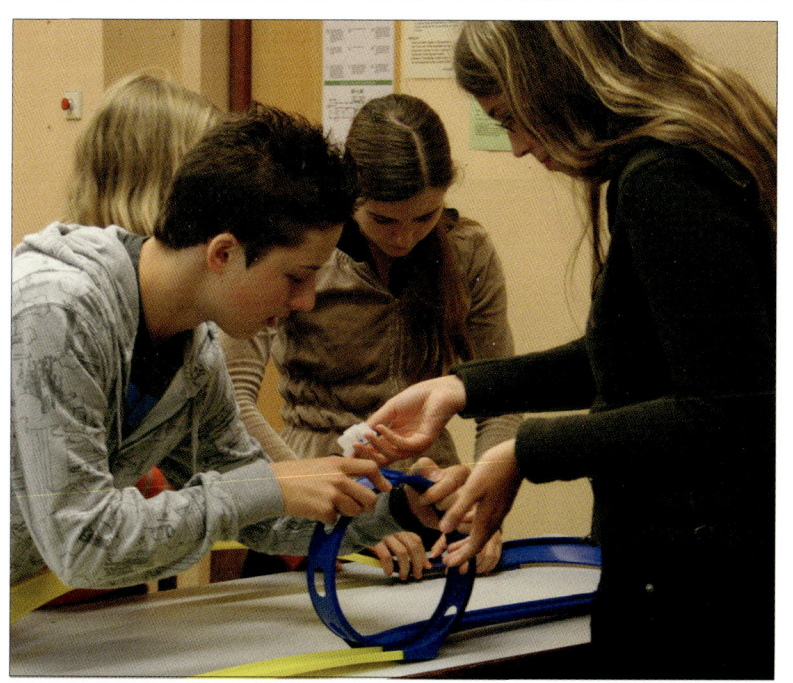

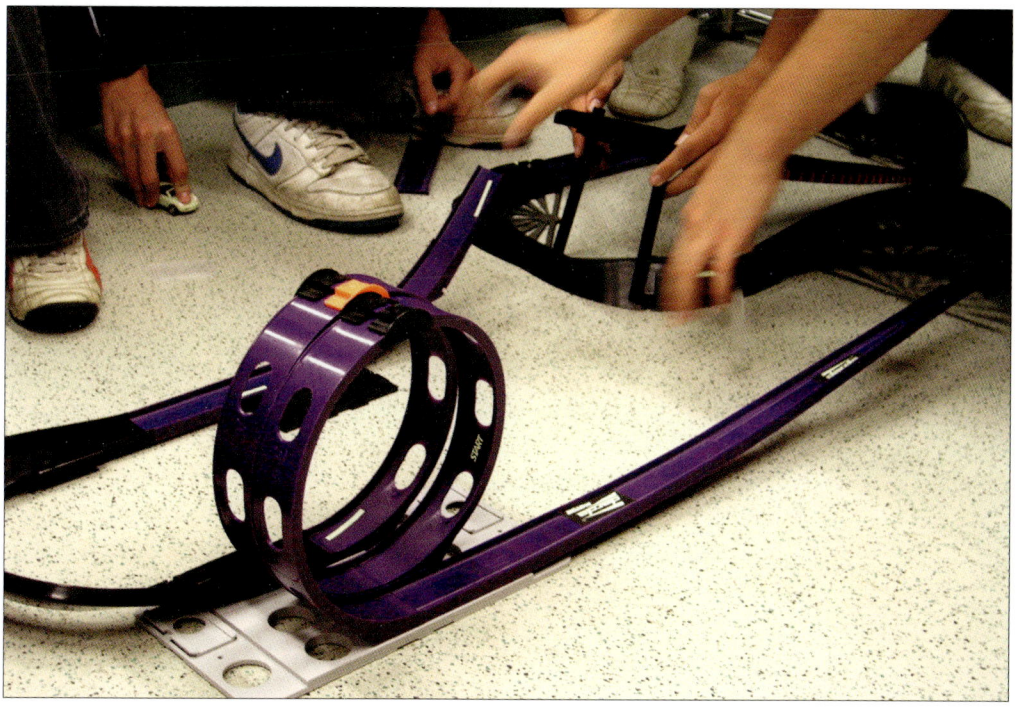

Folglich gab es nach Ablauf der Spielzeit eine Zwangspause von fünf Minuten. In dieser Zeit fand der Rollenwechsel vom Kind zum Ingenieur statt. Damit der Wechsel gelingt, braucht es Abstand von den Autos, Bahnen und Loopings. Daher verließen alle den Raum. Zurück blieb ein ungewöhnliches Bild von Unterricht:

18.3 Fragen statt Antworten

Der folgende Teil des Unterrichts begann vor der Türe. Nach dem Eintritt durfte, wie in einem Museum, kein Spielzeug mehr angefasst werden. Stattdessen bestand die Aufgabe darin, wissenschaftliche Fragen an das Spielzeug zu stellen. Für das Überlegen und das Aufschreiben gab es 20 Minuten Zeit.

Es entstehen Fragen, die recht gut in den schulischen Stoffplan passen:

> Warum fliegt das Auto im Looping nicht herunter?
>
> Warum fliegt das Auto nicht aus der Kurve?
>
> Warum fährt das Auto überhaupt?
>
> Wie oft kann das Auto im Kreis fahren?
>
> Warum fliegt das Auto in der Schanze nach oben?
>
> Wie weit kann das Auto bei max. Energie fliegen?
>
> Warum fliegt das Auto einmal weiter und einmal kürzer?
>
> Bekommt das Auto wenn es vom Looping runterfährt mehr Energie (wird es schneller?)
>
> Was ist die max. Geschwindigkeit?
>
> Verliert das Auto in der Kurve mehr Geschw. als auf der Geraden?

Jede Gruppe wählt zwei von ihren Fragen aus, die sie für besonders interessant hält. Sie werden im Heft markiert und sollen am Ende des Schuljahres beantwortet werden. Die ausgewählten Fragen werden der Klasse von jeder Gruppe vorgestellt.

Meist sind die Fragen unklar gestellt und müssen verbessert werden. Es zeigt sich, dass die exakte Formulierung einer Frage gar nicht so leicht ist. Die Frage wird ins Heft übernommen, wenn jeder in der Klasse die Fragestellung verstanden hat. Ein Beispiel: „Wie weit kann das Auto bei maximaler Energie fliegen?" Hier ist unklar, ob das Auto vom Tisch abspringt, ob der Absprungwinkel verändert werden kann usw. In vielen Fällen hilft ein Foto von der Versuchsanordnung, um die Frage zu präzisieren.

Unsere Schule ist eine Schule der Antworten: In Klassenarbeiten werden für richtige Antworten die vollen Punktzahlen gegeben. Dabei lässt sich an einer Fragestellung meist viel besser erkennen, ob ein Schüler die Sache verstanden hat oder nicht. Wissenschaft beginnt mit gekonnten Fragestellungen. In einer präzisen Frage steckt häufig schon ein Hinweis zu einem Experiment, das Antworten geben könnte. Ohne Zweifel ist die Kunst, die richtigen Fragen zu stellen, mindestens genauso wichtig, wie richtige Antworten geben zu können! Die meisten Fragen konnten in den Klassen am Ende des Schuljahres beantwortet werden. Aber nicht alle: Es ist schwer, *exakt* festzustellen, „warum das Auto einmal weiter und einmal kürzer fliegt". Aber wenn man Begriffe der Mechanik zur Verfügung hat wie Kraft und Beschleunigung, Reibung und Energie, dann kann man die Art der Fragestellung in etwa einordnen und weiß mehr, worum es geht. Es ist ganz natürlich, dass man etwas nicht weiß: Je länger man sich mit einer Sache beschäftigt, desto mehr wird einem klar, wie wenig man im Grunde weiß.

Umsetzung von Großprojekten – Physik am Rande des Bildungsplanes

Auf den ersten Blick erscheinen Großprojekte aufwendig und mitunter auch schwer umzusetzen. Auf den zweiten Blick ist es ziemlich egal, ob Sie für eine Klasse, zwei Klassen oder für die ganze Schule planen. Wenn das Projekt größer ist, dann lässt sich manches leichter delegieren, als wenn es nur wenige Personen betrifft. Außerdem können Sie bei Großprojekten leicht die Presse und das Radio für sich gewinnen und als Zugpferd nutzen. Für die beschriebene Kettenreaktion, den „Domino-Day", war die Wirkung der Presse von unschätzbarem Wert. Wenn die Schüler in der Zeitung von ihrem Vorhaben lesen, bekommt eine Aktion einen völlig anderen Stellenwert.

Dieses Kapitel soll bei der Verwirklichung von Großprojekten helfen, also einen Leitfaden geben, wie man vorgehen könnte, um z. B. eine Schule in ein naturwissenschaftliches Mitmach-Museum zu verwandeln oder um den großen Sturz von ca. 35 000 Dominosteinen quer durchs Schulhaus zu veranlassen. Die konkret dargestellten Umsetzungen können direkt so nachempfunden werden, möchten aber keine Vorschriften über eine „richtige" Herangehensweise geben. Die Inhalte der Großprojekte sind austauschbar. Daher ist die Darstellung exemplarisch zu verstehen: Andere Projekte mit anderen Inhalten lassen sich ähnlich umsetzen. Alles hier Beschriebene fand am Quenstedt-Gymnasium in Mössingen statt.

Die erste Grundvoraussetzung bei allen Projekten ist, dass Sie dazu Lust haben. Die zweite ist: Ihre Schüler müssen es ebenfalls wollen. Wenn Sie es nicht schaffen, dass die Schüler das Projekt zu ihrer eigenen Sache machen, kann es nicht gut werden. Also fragen Sie Ihre Schüler und geben Sie ihnen Bedenkzeit. Im dritten Schritt machen Sie dann Nägel mit Köpfen, setzen Termine und Zuständigkeiten. Bei den vorgestellten Projekten geschah das in Form eines Faltblattes. Aber natürlich gibt es über 100 verschiedene Möglichkeiten. So wird jeder (hoffentlich) auf seine Art und Weise die Dinge planen. Vielleicht noch eine Hintergrundinformation: Bei allen hier dargestellten Aktionen war es mir – meist bis zum Schluss – unklar, ob es ein Erfolg werden würde oder ein großer Flop. Auch das ist eine wichtige Voraussetzung: Wäre zu Beginn schon alles ausgetüftelt, dann wäre die Aktion verschult gewesen. Die Stimmung im Haus, die Energie der Schüler, die Begeisterung – all das verschwindet häufig, wenn man sich seiner Sache (zu) sicher ist.

Umsetzung von Großprojekten –
Physik am Rande des Bildungsplanes

Kapitel 19
Eine Kettenreaktion verbindet
die Klassen 7a und 7c

Die Idee ist verführerisch und wahrscheinlich hätten Sie es auch getan: Das Quenstedt-Gymnasium besitzt zwei Stockwerke und der Zufall wollte es, dass das Klassenzimmer der 7a genau unter dem der 7c liegt. Zuhause hatte mein Sohn Jim mit dem Bau kurzer Dominoreihen begonnen. „Ratterbahn" nannten es die Kindergartenkinder. Als Kind hatte ich eine Kiste mit 400 bunten Plastiksteinen. Der Gedanke lag also nahe: Warum nicht ins Große gehen? Man könnte doch die beiden Klassenzimmer mit einer Bahn verbinden.

Die Organisation mag auf den ersten Blick nach sehr viel Arbeit aussehen. Wahr ist, dass ich kein Projekt angeleitet habe, das weniger Zeit in Anspruch nahm. Im Grunde habe ich nur präzise eine Aufgabe gestellt, hierzu ein Faltblatt für die Schüler verfasst und Presse und Radio informiert.

19.1   Das Faltblatt oder Aufgaben, Regeln und Gründe für die Kettenreaktion

Es ist gut, wenn jeder Schüler die Dinge schwarz auf weiß hat. Zudem wirkt ein gestaltetes Faltblatt wie eine Eintrittskarte. Wird ein Logo darauf platziert, besitzt die Sache schon von Beginn an einen Projekt-charakter. Und wenn Sie die Presse oder das Radio informieren wollen, dann haben Sie schon etwas in der Hand.

Hier ist der Inhalt des Faltblattes wiedergegeben. Natürlich werden Sie in Ihrer Schule die Sache komplett anders angehen. Vielleicht hilft die Vorlage dennoch bei Ihrer Umsetzung:

Kettenreaktion
Eine Stunde sind 3600 Sekunden. Baut jeder der Teilnehmer im Schnitt alle drei Sekunden einen Dominostein auf, so sind ca. 100 000 Steine innerhalb von zwei Stunden realistisch.

Die Aufgabe
* Es soll eine Dominoreihe durchs Quenstedt-Gymnasium gebaut werden. Start ist das Klassenzimmer der 7a, das Ende markiert jenes von 7c. Ziel ist, dass alle Steine durch den Anstoß des ersten mittels einer Kettenreaktion umgerissen werden.
* In den zwei Klassen gibt es insgesamt zwölf Farbgruppen[45]. Jede Gruppe übernimmt einen Streckenabschnitt und baut dort einen Spezialeffekt ihrer Wahl ein. *Was* passiert, ist egal – nur *ausgelöst* werden muss er durch die Kettenreaktion der Dominoreihe.
* Die Bahn muss begehbar sein, das bedeutet, dass das Publikum während des Umfallens der Steine genügend Platz zur Besichtigung hat.

Termin:
Mittwoch, 7. März 2007, 16:30 Uhr, Ende ca. 19:30 Uhr.

Und bis dahin werden Dominosteine gesammelt ... Erlaubt sind alle „Steine", die gut umfallen. Es können also auch Holzklötze oder Logo-steine sein – Hauptsache, sie fallen entsprechend.

---

45 Farbgruppen sind Langzeitgruppen, in denen die Schüler über ein oder zwei Jahre im Unterricht zusammenarbeiten. In Band I (S. 58 - 67) ist die Form der Gruppenarbeit ausführlich beschrieben. Für die Umsetzung der Kettenreaktion genügt eine Einteilung jeder Klasse in sechs Gruppen.

Jeder sollte sein Material wieder nach Hause mitnehmen können. Ein Problem ergibt sich, wenn 100 000 Steine vermischt werden. Natürlich lassen sich alle Steine beschriften, der Aufwand ist jedoch extrem hoch. Alternativ können durch Kreppbänder die einzelnen Teilstrecken mit den Namen der Eigentümer markiert werden.

Regeln

- Es darf alles benutzt werden. Nur das Prinzip der Kettenreaktion soll erhalten bleiben: Der erste Stein wirft alles Weitere um.
- Dementsprechend kann die Bahn über Tische und Bänke verlaufen. Genauso gut können Schulmöbel zur Absperrung zwischen Publikum und Bahn dienen.
- Bauen dürfen nur Schüler der Klasse 7a und 7c.
- Um 18:30 Uhr erfolgt der Anstoß. Bis dahin müssen alle Farbgruppen ihre Einzelstrecken miteinander verbunden haben.
- Besucher sind ab 18:15 Uhr erwünscht. Davor ist der Zutritt zur Baustelle für Unbefugte verboten.

Obergeschoss:

Warum diese Kettenreaktion?

Die Anforderungen dieses Jahrhunderts werden noch größer sein als die des vorigen. An die Stelle des Einzelkämpfers ist das Team gerückt. Es kann gut sein, dass man an besagtem Tag um 18:30 Uhr völliges Chaos statt einer aufgebauten Bahn vorfindet. Der Aufbau erfordert ein hohes Maß an logistischem Denken. Um nur einen Punkt zu nennen: Beim Bau der Bahn muss an zwölf verschiedenen Stellen *gleichzeitig* begonnen werden. Entsprechend muss erst das Material verteilt werden.

Erdgeschoss:

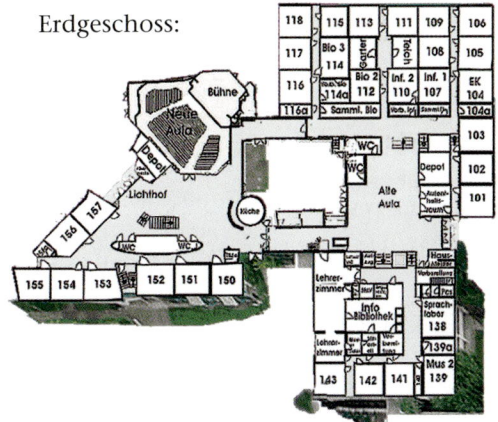

Zur Planungshilfe:

Es ist ein Großprojekt zweier Klassen. In zwei Stunden soll eine Bahn errichtet werden, die ein Einzelner in der zigfachen Zeit nicht aufbauen könnte. Es müssen zahlreiche Absprachen getroffen werden, damit die Kettenreaktion Punkt 18:30 Uhr ins Rollen kommt. Immerhin arbeiten zwölf Kleingruppen an einem einzigen Projekt.

Es muss sozusagen doppelt in Gruppen gearbeitet werden: Erstens müssen Schüler zweier Klassen einen Weg für die Bahn konzipieren und diese in zwölf Abschnitte zerlegen. Zweitens übernimmt jede Farbgruppe die Verantwortung für ihren Teil. Es funktioniert nur, wenn alle Anschlüsse stimmen und jede Gruppe verlässlich arbeitet. Es gibt keinen Lehrer, der bei diesem Experiment strukturierend eingreift. Alle notwendigen gruppendynamischen Prozesse – Abstimmungen, Diskussionen usw. – werden von der Gruppe selbst gesteuert. Um der Sache noch etwas mehr Spannung zu geben: Der Hörfunk wird da sein. Die Presse wahrscheinlich auch. Ich glaube, dass das Projekt gelingt.

Viele Grüße   *Martin Kramer*

19.2 Hintergrund und didaktische Ziele

Natürlich geht es bei diesem Experiment um das Umfallen von Steinen, aber das ist das Wenigste. Die Schüler, die in den Pausen unter dem Begriff „grüne Hölle" das Klassenzimmer in ein Chaos verwandelten[46], sollen hier ein Großprojekt selbstständig durchführen. Kein Mensch kann eine solche Bahn in zwei Stunden alleine aufbauen! Wahrscheinlich nicht einmal in 24 Stunden. Die Gruppe schafft eben Dinge, bei der ein Einzelner scheitern muss. Das ist kennzeichnend für unsere heutige Welt mit ihren heutigen Problemen. Man kann es radikaler an einem Beispiel formulieren: Gelingt Teamarbeit nicht, so wird ein Problem wie beispielsweise der momentane Klimawandel nicht in Griff zu bekommen sein. Damit wir Menschen überhaupt eine Chance zur Entwicklung einer Lösung einer solchen komplexen Aufgabe haben, müssen wir in der Gruppe arbeiten können. Bei diesem Experiment geht es also – zumindest pädagogisch gesehen – nicht um das Umfallen von Steinen, sondern um Teamtraining. Statt einer Ratterbahn hätte es eine riesige Murmelbahn oder eine Wasserleitung sein können.

---

46 Vergleiche die Einleitung in Band I

19.3   Die Bedeutung der Presse

Es schmeichelt der Klasse, wenn in der Zeitung über sie berichtet wird. Aber Öffentlichkeitsarbeit hat für das Projekt noch einen weit wichtigeren Aspekt: Sie ist das Zugpferd.

Sie kennen die Situation: Alle haben zugestimmt – und nichts passiert. Allerdings wurde die Presse eingeladen: *„Wie viele Steine habt ihr denn schon zusammen?"*, *„Wie wollt ihr das überhaupt hinbekommen – das ist*

Her mit den Dominosteinen!

Kettenreaktion durch das Mössinger Quenstedt-Gymnasium rückt näher

MÖSSINGEN (jon). Der Umsturz rückt näher! Schüler des Mössinger Quenstedt-Gymnasiums wollen bekanntlich eine Riesenbahn aus Dominosteinen durch ihr Schulhaus führen. Die beiden Räume der Klassen 7a und 7c sollen miteinander verbunden werden, wobei ein Stockwerk zu überwinden ist.

Am kommenden Mittwoch rechnen die Schüler fest mit vielen Gästen, die ihre Aktion „Kettenreaktion" bestaunen wollen. Kurz nach 18 Uhr dürfen Eltern, Geschwister, Verwandte, bekannte und überhaupt alle Bewohner des Steinlachtals dabei sein. Um halb sieben wird der Startschuss gegeben, die Kette in Bewegung gesetzt.

Einige Eltern bewirten die Neugierigen mit Fingerfutter und Getränken. Hernach erhalten sie auch noch physikalische und pädagogische Aufklärung über Sinn und Zweck des Unternehmens. Von Studienrat Martin Kramer, Mathe und Physik, der die Sache angeregt hat, aber weitgehend auf Eingriffe verzichtet. Planung und Durchführung liegen in den Händen der Schüler. Schon seit einiger Zeit zerbrechen sie sich die Köpfe über die Vorge-

hensweise. Am Montag bleiben die Schüler/innen nach den zwei Stunden Nachmittagsunterricht in der Schule. Sie halten Ortstermin an der Treppe. Die Überwindung der Stufen durch die Plättchen ist das größte Problem.

Cathrin und ihre drei Klassensprecherkollegen haben sich getroffen, um die Strecke festzulegen und einen Streckenführungsplan gezeichnet. Er führt durch die alte Aula am Physiksaal vorbei Es wird aber

gesetzt werden. Spezialeffekte, die durch die Mechanik der fallenden Steine ausgelöst werden, sind nämlich als Attraktion eingebaut. So wird etwa ein Modelleisenbahnzug in Gang gesetzt, der wiederum zum Flamme entzündet.

Auch der Innenhof der Schule ist im Gespräch, als eine Art Cape Canaveral. An Einfallsreichtum mangelt es nicht. Aber noch fehlt etliches an Material. Also: Wer noch Dominosteine oder Holzplättchen

Wer zuhause noch ein paar Dominosteine übrig hat, sollte sie möglichst rasch beim Hausmeister im Quenstedt-Gymnasium vorbeibringen.   Privatbild

noch diskutiert, ob man die Dominosteinstrecke über Tische führt oder zum Beispiel über Bretter. In einem anderen Klassenraum, der auf dem Weg mitgenommen wird, soll das Stroboskop der Schule ein-

von ähnlicher Größe zur Verfügung stellen kann, sollte sich umgehend zum Quenstedt-Gymnasium aufmachen. Hausmeister und die Schüler/innen der 7a und 7c nehmen sie dankbar entgegen.

Quelle: Schwäbisches Tagblatt, 3.3.2007

doch eine riesige Strecke von Klassenzimmer zu Klassenzimmer." Und so weiter, und so weiter. Jürgen Jonas, der Mann der Presse, stellte genau die richtigen Fragen. Ein Reporter im Klassenzimmer kann wahre Wunder bewirken. Ab jetzt ist es öffentlich. Und wenn's dann gedruckt in der Zeitung steht, gibt es kein Zurück mehr.

19.4 Planung

Drei Wochen zur Vorbereitung des Umsturzes sind gut. Liegt das Projekt in größerer Ferne, dann ist es nicht mehr greifbar und wird „vergessen". Mehr als drei Wochen kann das Feuer der Begeisterung schwer brennen. Vielleicht wären auch zwei Wochen gut. Egal, wie viel Zeit man zur Verfügung hat: Bei Projekten dieser Art braucht man immer die gesamte veranschlagte Zeit. Ob es nun drei Wochen oder vier Tage sind.

Wichtig ist, dass Sie sich als Lehrer inhaltlich komplett raushalten und dass Sie das zu Beginn deutlich machen. Schüler sind es häufig gewohnt, dass kurz vor knapp – zum Beispiel vor einer Klassenarbeit – der Lehrer helfend mit eingreift. Alles, wirklich alles ist Aufgabe der Schüler. Wenn Sie noch hinzufügen, dass Sie im Augenblick selbst noch nicht wissen, wie alles genau bewerkstelligt werden soll, machen Sie die Sache noch interessanter. Ihre Aufgabe ist es, dass die Regeln eingehalten werden. Beispielsweise darf am Tag des Umsturzes kein einziger Stein vor 16:30 Uhr aufgebaut werden. Auch sind Sie der Sicherheitsbeauftragte. Wenn Feuer in die Kettenreaktion mit eingebaut werden soll, dann sollte der Versuch auf einem Steinboden aufgebaut werden. Die Planung der Route ist damit komplizierter, als man im ersten Moment vermuten möchte. Neben dem Abschätzen,

wie viele Meter eine einzelne Gruppe überwinden kann, muss bedacht werden, dass bestimmte Experimente bestimmte Räumlichkeiten brauchen. Im Folgenden wird die Route festgelegt. Eine Testreihe hilft bei der Längenabschätzung der Strecke.

Wie bei jedem Großprojekt steckt ein Großteil der Arbeit in der Planung: Woher kommen die Steine, wie viele werden überhaupt benötigt, was kann alles als „Stein" verwendet werden? Wie muss man vorgehen, dass innerhalb von zwei Stunden die ganze Bahn aufgebaut werden kann? Wie kann der Höhenunterschied der Klassenzimmer überwunden werden?

Aber das sind nur die technischen Fragen. Bei Weitem kniffliger erschienen mir die sozialen Fragen: *Wer hat eigentlich das Sagen? Wer bestimmt, wer welchen Streckenteil bekommt? Wie können sich 60 Personen (!) einigen? Auf welche Weise fließt die Kommunikation untereinander und zwischen den Klassen? Wie lange wird über eine Sache diskutiert? Sollen alle ein Stimmrecht zu allen aufkommenden Fragen haben?*

Mir war es, als würden in Kürze alle gesellschaftlichen Modelle des Zusammenlebens durchlebt. Im Zeitraffer gab es Anarchismus, Diktatur und Demokratie. So wurde zwischendurch der Wunsch nach einem „Bestimmer" laut. Schließlich ergab sich eine Art „Ausschuss", zu dem ein Vertreter aus jeder (Farb-)Gruppe kam.

19.5 Der Aufbau

Der Aufbau ist ein Geduldspiel, das von Zeitdruck begleitet wird:

Die hier gezeigten Bilder sollen die Stimmung und den Ideenreichtum der Siebtklässler demonstrieren.

Im Bild links wurde mit Hilfe von immer größer werdenden Steinen eine Treppe überwunden. Rechts wurde eine Höhendifferenz mit einer Fadentechnik überwunden: Die Bahn unten löst einen Mechanismus aus, der auf die „Stahlträgerreihe" übertragen wird.

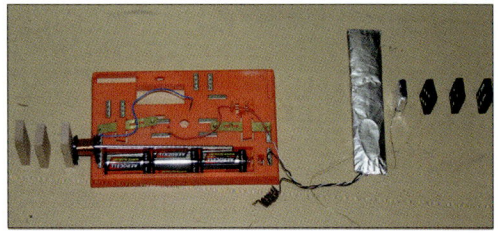

Jede der zwölf Gruppen sollte einen Spezial-effekt einbauen.

Erstes Beispiel:
Ein Stein wird mit Hilfe von elektrischer Induktion zum Umkippen gebracht (vgl. Bild links)

Zweites Beispiel:

Ein Dominostein, der mit Aluminiumpapier umwickelt wurde, schließt beim Umfallen einen Kontakt, der wiederum die Fahrt eines Modellzuges auslöst. Angebrachte Streichhölzer entzünden sich und lassen schließlich einen kleinen Böller explodieren.

19.6   Das Ereignis

Es war beeindruckend, wie viele Menschen Interesse an dem großen Umsturz hatten. Es passen wirklich viele Menschen in eine Schule. Jeder Spezialeffekt wurde mit großem Jubel geehrt. Es wurde sogar ein Film gedreht. Wie bereits gesagt, es ist viel mehr, als dass Steine umfallen. Eltern brachten Essen mit, unaufgefordert. Ich könnte noch viel mehr darüber schreiben, aber besser ist es, Sie probieren es selbst aus.

Umsetzung von Großprojekten –
Physik am Rande des Bildungsplanes

Kapitel 20

Techno-Quenstedt –
ein Experiment aus Experimenten

20.1   Hintergrund

In der Schweiz, genauer in Winterthur, steht das Technorama[47], eine Art Mitmachmuseum mit Hunderten von Experimenten: zum Berühren, Begreifen und um darüber nachzudenken. Nach diesem Vorbild sollte das Quenstedt-Gymnasium von Schülern umgestaltet werden. Der Aufbau eines Experimentiermuseums ist gleichzeitig eine Schulung in Präsentationstechnik (Versuchsaufbau, Plakat und Foliengestaltung, allgemeines Auftreten, Umgang mit Menschen).
Der Anspruch lag in der Professionalität: Die Experimente sollten nicht einfach irgendwie funktionieren, vielmehr sollten Themenräume *gestaltet* werden, die Experimente ausgeleuchtet und selbsterklärend beschrieben sein. Eine Werbung für die Naturwissenschaft im Zeitalter des Klimawandels! Wie bei der Kettenreaktion steht auch hier am Beginn ein Faltblatt:

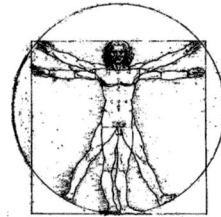

20.2   Werbung und Faltblatt

Um eine möglichst praxisnahe Darstellung geben zu können, ist im Folgenden Vorder- und Rückseite des Faltblattes wiedergegeben. Die Anforderungen an ein solches Faltblatt sind enorm:
*   Darstellung des Wesentlichen des Projektes; grober Ablauf

---

47 http://www.technorama.ch/

- Klarstellung, an wen das Projekt gerichtet ist. Der Leser muss wissen, auf was er sich einlässt.
- Termine, Vortreffen
- Das Faltblatt soll Lust auf das Projekt machen und Phantasien anregen.
- Ein Logo (hier Leonardo) wird eingeführt.
- …

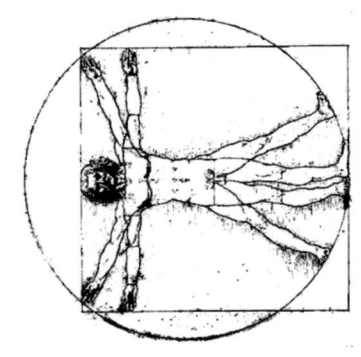

Techno-Quenstedt
ein Experiment aus Experimenten

Um was geht's:

Abstrakte Sachverhalte sollen konkret an Experimenten im wörtlichen Sinne *begreifbar* gemacht werden. Phänomene sollen gezeigt und bestaunt werden und zum Hinterfragen anregen.

Alle Versuche sollen für Fünfjährige wie auch für Erwachsene interessant sein. Das hört sich seltsam an. Aber Verstehen hängt immer vom eigenen Vorwissen ab. Auch ein kleines Mädchen oder Junge kann Quantenmechanik begreifen. An dieser Stelle meint beispielsweise R. Feynman, *dass man eine Sache letztendes nicht verstanden hat, wenn man sie einem Kind nicht erklären kann.*

Es ist ein Experiment

ca. 50 Themenräume zu schaffen. Alleine geht das nicht. Also werden mindestens 50 Leute aus der Oberstufe gesucht, die jeweils die Verantwortung für einen Raum übernehmen und sich gegenseitig absprechen.

Termine:

Sonntag, 15. Juli 2007, 14:00 bis 18:00 Uhr. Aufgebaut wird am **Freitag, 13. Juli (ca. 18:30 – 20:30)** und am **Samstag, 14. Juli ab 10 Uhr.**

Ideen zu Themenräumen und Experimenten, Raumverteilung und gegenseitiges Kennenlernen findet am Freitag, den **22. Juni** bei mir in der Wächterstraße 49, Tübingen statt. Grillen ist angesagt.

Kontakt unter: verena.xxx@arcor.de

Statt ins Technorama nach Winterthur zu fahren, soll sich das Quenstedt-Gymnasium selbst in ein *begreifbares* Naturgesetzmuseum verwandeln. Viele, viele Themenräume sollen entstehen, jeweils mit einem oder mehreren Versuchen, an denen Besucher experimentieren können.

Die Besucher erhalten einen Raumbelegungsplan der Exponate und einen aktuellen Zeitplan für Vorführungen.

Ein Besucherkaffee soll eingerichtet werden. Es ist fast nicht möglich, vier Stunden Versuche durchzuführen. Ein Raum für Kleinkinderbetreuung wäre sicher nicht schlecht. „Physik der Bauklötze".

Die Presse wird das Projekt begleiten. Auch das Radio wird darauf hinweisen.

Teamfähigkeit

Ein solches Projekt ist sehr komplex und auch gewagt. Auch wenn jeder für einen Raum verantwortlich ist, sind alle für mich unmöglich, die Erklärungen auf Richtigkeit hin zu prüfen – selbst wenn ich alles in Physik oder Mathematik wüsste. Die Aufbauten müssen gegenseitig ausprobiert und überprüft werden.

Soweit ich weiß, gab es noch keine Schule, die so etwas gemacht hat. Es muss ein unglaubliches Erlebnis sein, gemeinsam so etwas zu (er)schaffen.

Viele Grüße   *Martin Kramer*

Einrichtung der Themenräume

☐ Jeder Raum besitzt *nur* ein bestimmtes Thema, das ein Türschild (DIN A4) betitelt und den Autor erwähnt.
Farbstrukturierung:
gelb = Optik
grün = Mechanik
blau = Elektrizität
rot = Wärmelehre
weiß = Mathematik
Eine Formatvorlage wird noch ausgegeben.

☐ Die Einrichtung besteht *nur* aus den Experimenten. Sonstige Möbel wandern raus. Vorführungen sollten nicht die Regel sein, zumindest soll in jedem Raum mindestens ein Experiment zum Anfassen sein.

☐ Bei jedem Experiment steht eine selbsterklärende Bedienungsanleitung in DIN A4 und in entsprechender Farbe (*Was ist zu tun?*) Ebenfalls in A4 eine einfach zu lesende und zu verstehende *Erklärung*. An der Pinnwand hinten im Klassenzimmer soll vertiefendes Wissen angeboten und Bücher ausgestellt werden.

☐ Die Versuche sollen professionell, aber ohne Schnickschnack präsentiert werden. Gut, klar und einfach. Nichts soll dem Zufall überlassen sein. Die Besucher haben schließlich Eintritt bezahlt.

☐ Jedes Zimmer ist betreut, d.h. von 14:00 Uhr bis 18:00 Uhr können Besucher mit dem Versuchsleiter diskutieren und nachfragen.

Eine Liste möglicher Themen

☐ Wahrnehmung
☐ Sinnestäuschung (Drachen, Kerze mit OH – 3D – Täuschungen)
☐ Minimalflächen (Seifenblasen)
☐ Spiegelungen
☐ Überlagerung von Bewegungen
☐ Farbaddition (farbige Schatten, 3 OH – rot, grün, blau)
☐ Raketenantrieb
☐ Farbsubtraktion (Knete, Wasserfarbe)
☐ Streuung von Licht (Diaprojektor und Stab)
☐ Geheime Botschaften – Wie sicher ist mein Bankkonto?
☐ Stroboskop (scheinbar stehendes Rad)
☐ Schätzen großer Anzahlen (beispielsweise von Schokolinsen)
☐ Mond- und Sonnenfinsternisse, Häufigkeit
☐ Planetenmodell – der leere Raum
☐ Die vierte Dimension (Schrägbild eines vierdimensionalen Würfels)
☐ Papierflieger – Bau nach Anleitung mit Lageplatz
☐ Kreisel
☐ Leuchtstoffröhren
☐ Fernrohr (mit zwei Linsen)
☐ Abbildung mit Linse (OH – Linse)
☐ Wärmelehre (Knete Hämmern, Alkohol verdunsten lassen – Kühlschrank, Verdampfungswärme)
☐ Energieerhaltung
☐ Magnetismus (Warum keine drei verschiedenen Pole?)
☐ Leonardobrücke
☐ Plakatierung (Schattendreiecke – der Schatten eines Dreiecks passt in jedes vorgegebene Dreieck)
☐ Schwerpunkt
☐ Unendlichkeit (Hilbertsches Hotel)
☐ Geometrie – Umkreiskonstruktion
☐ Geometrie – Fermatpunkt
☐ Farbwahrnehmung – „Braun-weiß-Kino"
☐ Flaschenzug
☐ Schwebung und Resonanz
☐ Hebelgesetz (an der Tür)

☐ Fermatsche Optik: kürzester Weg (Fridolins Haus brennt – Muschel, dann Wasser holen)
☐ Eigene Stimme summen und am Oszi seinen akustischen Daumenabdruck sichtbar machen
☐ Ebene Spiegel (Spiegel kann stets gleich groß sein)
☐ Gekrümmte Spiegel (Seifenblase, Löffel, Rückspiegel Auto)
☐ Parallel- und Reihenschaltung (Prinzip der Mehrfachsteckdose, 9V – Block) „Schalte beide Lampen so, dass sie hell leuchten."
☐ Warum Schiffe schwimmen
☐ Irrgärten (lokale und globale Betrachtungsweisen)
☐ Induktion oder wie entsteht elektrische Energie? (Diodenversuch)
☐ Radio zusammenstecken (KOSMOS)
☐ Diagramme (Weg-Zeit, Geschwindigkeit-Zeit) aufzeichnen
☐ Lichtbrechung (geknickter Stab)
☐ Gefährlichkeit von Spannung *spüren*, Hände in 25 V – Becken eintauchen und Münze herausziehen.
☐ Schall – die Luft erzittert. Schnurtelefon, Radio unter Vakuumglocke
☐ Luftströmungen an Hindernissen
☐ Hochspannung bis 100 000 Volt – die Haare stehen zu Berge
☐ Luftdruck: Sieden mit kaltem Wasser. Barometer in der Flasche
☐ Thermometer in der Colaflasche
☐ Doppelpendel, Chaos und Schmetterlingseffekt
☐ Flüstergewölbe
☐ Komplementärfarben und Regenbogen
☐ ...

Dies hier sind lediglich Vorschläge. Prinzipiell ist alles möglich.

Dieses Experiment eines „Technoramas" ist gleichzeitig eine Schulung in *Präsentationstechnik (Versuchsaufbau, Plakat und Foliengestaltung, allg. Auftreten, Umgang mit Menschen).*

Mit dem Faltblatt werden viele organisatorische Weichen gestellt. Jede Information, die zu einem späteren Zeitpunkt nachgeschoben oder verändert wird, wird schlechter aufgenommen. Man tut also gut daran, den ersten Entwurf ein paar Tage liegenzulassen, damit man nichts vergisst.

Ohne den Willen der Schüler läuft kein Projekt. Mit dem Faltblatt haben Sie eine gewisse Vorarbeit geleistet. Ein kleines Experiment unterstützt die Werbewirkung. Hier wurde zum Beispiel eine Seifenblase luftdicht in ein Glas eingeschlossen:

Jeder weiß aus Erfahrung, dass durch die Luft schwebende Seifenblasen je nach Wetterlage eine Lebenserwartung von 10 bis 60 Sekunden haben. Die hier eingesperrte Seifenblase hält sich über eine Stunde! Wir können eine Parallele zum Klimaschutz ziehen: Nehmen wir an, die Seifenblase wäre eine bestimmte Spezies, die unter den momentanen Umweltbedingen nicht länger als 60 Sekunden lebt. Wenn jetzt wie im Experiment das „Klima" im Glas verändert wird, nimmt die Lebensdauer um ein Vielfaches zu. Die Population dieser Spezies würde in dem neuen Klima vermutlich schlagartig zunehmen. Wir können nur Vermutungen anstellen, was passiert, wenn die Temperatur weltweit um nur wenige Grad ansteigt, was eine Klimaveränderung für Konsequenzen mit sich ziehen wird, welche Pflanzen und Tiere länger, welche kürzer leben.

Es ist gut, mit diesem Versuch für das Projekt zu werben. Er liefert Diskussionsstoff und führt deutlich vor Augen, was eine Änderung der Lebensbedingungen nach sich ziehen kann. Es ist ein gutes Experiment, weil man es leicht selbst durchführen und weil man viel darüber nachdenken kann. Als Werbung für das Projekt stand das Glas mit der Seifenblase einige Zeit neben einem Stapel mit Faltblättern im Sekretariat.

Durchführung des Versuchs

Schwenken Sie zuerst das Glas mit Seifenblasenflüssigkeit (z. B. Pustefix) aus, damit es benetzt ist. Dann formen Sie aus Knete einen Ring, tauchen ihn in die Flüssigkeit und stellen ihn z. B. auf ein leeres Teelichtnäpfchen. Jetzt kann mit Hilfe eines Röhrchens eine Kugel aufgeblasen und das Glas verschlossen werden.

Hinweis: Nach ein paar Minuten bildet sich oben an der Blase scheinbar ein Loch, das immer größer und größer wird. Irgendwann ist die obere Hälfte der Seifenblase „verschwunden". Die Seifenhaut ist so dünn geworden, dass im sichtbaren Licht keine Interferenzen stattfinden, die Regenbogenfarben bleiben aus und die dünne Haut erscheint durchsichtig.

Noch ein Hinweis: Man kann auf diese Weise auch Seifenblasen einfrieren. Das Ergebnis ist dann leider keine in Regenbogenfarben schillernde Kugel, sondern lediglich eine graue.

20.3 Einrichtung der Themenräume

Da die Räume gestaltet werden sollten, wurden zuerst die Klassenzimmer leergeräumt. Von jeweils vier Klassenzimmern sah eines so aus:

Achten Sie darauf, dass die Tische und Bänke von verschiedenen Klassenzimmern nicht durcheinander geraten. Schließlich soll am Montagmorgen nach der Veranstaltung nicht jeder Schüler nach seinem Tisch und Stuhl suchen müssen. Hier wurden die Möbel der einzelnen Klassenzimmer mit Kreppband auseinander gehalten.

20.4 Die Anleitungen

Das Techno-Quenstedt sollte professionell sein. Daher wurde bei den Versuchsbeschreibungen ein Standard vereinbart. Logo, Schriftgrad und Schrifttyp sollten bei allen Beschreibungen gleich sein. Es gab zwei Vorlagen: eine Anleitung und eine Erklärung. Beides sollte so formuliert sein, dass es ein fünfjähriges Kind versteht, wenn man es ihm vorliest. Auf Plakatwänden konnte zusätzlich beliebig viel Information gegeben werden – aber stets gab es zu jedem Exponat eine Versuchsbeschreibung und eine Erklärung im DIN-A4-Format. Damit jeder Aussteller editierbare Vorlagen zur Hand hatte, wurden sie auf einer Internetplattform (moodle) verfügbar gemacht. Alternativ kann man zur Kommunikation eine eMail-Liste aller Beteiligten anfertigen.

Die (digital) ausgegebene Formatvorlage der Versuchsbeschreibung sah so aus:

Name des Versuchs
Name(n) der Gestalter

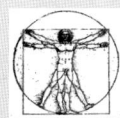

Fridolins Haus brennt. Um den Brand zu löschen, muss er zuerst zum Strand (Tischkante) rennen, um dort eine Muschel zu holen. Damit eilt er zum Flussufer (nächste Tischkante), schöpft Wasser und läuft schnurstracks Richtung Feuer.

Was ist zu tun?
Versuche den kürzesten Weg für Fridolin zu finden.

20.5 Organisation

Was findet wo statt? Welcher Raum wird von wem benötigt? Wer braucht welches Gerät? Mir war ziemlich schnell klar, dass ich dieses „Experiment aus Experimenten" selbst nicht meistern konnte. Die Sache war zu unübersichtlich, zu groß. Daher lautete die organisatorische Grundidee, dass alles, was man irgendwie delegieren kann, tatsächlich delegiert wird! Welche Themenräume an welchen Orten waren, habe nicht ich bestimmt. Die Themenräume habe nicht ich verwaltet. Das Material habe nicht ich besorgt. Vielleicht war ich der

Organisator, aber letztendlich haben die Schüler das *Techno-Quenstedt* organisiert. Meine Aufgabe war lediglich, den Rahmen festzulegen: Termine, Presse, Absprachen mit der Schulleitung. Ich war so eine Art TÜV, der die Sicherheit der Experimente hinterfragte, eine Art Berater bei der Einrichtung der Themenräume und jemand, der Möglichkeiten aufzeigte.

Während ich bei der *Kettenreaktion* (vgl. letzter Abschnitt) immer den Überblick über den Gang der Dinge hatte, war das *Techno-Quenstedt* einfach zu groß, um es zentral zu verwalten. Ich war wirklich überrascht, was die Macher des Museums alles hinbekommen hatten. In der Tat konnte ich nur ca. die Hälfte der aufkommenden Fragen beantworten. Die Kunst bestand darin, die Organisation so weit als möglich dezentral zu gestalten und dabei die Verantwortlichkeit im Blick zu behalten. Auf diese Weise wurde ein Mitmachmuseum realisiert. Jeder Raum erhielt eine Überschrift, ein Thema. Manche Experimente auf dem Gang oder in der Halle standen für sich.

20.6 Beispiele der Umsetzung einiger Experimente

Eine Gruppe hatte die Idee, das **Abendrot** zu modellieren. Wenn die Sonne untergeht, erscheint sie rötlich.

Zur Umsetzung organisierten die Schüler eine starke Nebelmaschine; die Sonne wurde durch einen Tageslichtprojektor vertreten. Eine un-

glaubliche Wirkung: Je weiter man sich von der „Sonne" entfernte, desto rötlicher wurde die Lichtquelle.

Erklärung und Anleitung zum Versuch wurde vor dem Klassenzimmer plakatiert. Der Nebel war so dicht, dass man beim Eintritt vor einer weißen Wand stand. Die Hausmeister meldeten später, dass sich auf Tischen und Bänken ein dünner Film von Nebelflüssigkeit befand. Also besser einen Raum ohne Teppichboden nutzen, wenn das Zimmer über drei Stunden in einem satten Nebel stehen soll.

Ein weiteres Experiment fand auf dem Dach des Schulhauses statt: **Luftströmungen** können durch Seifenblasen sichtbar gemacht werden:

Auf dem Gang wurde ein Speichenrad eines Fahrrades außen an der Achse aufgehängt. Wird der **Kreisel** (das Speichenrad) in eine schnelle Drehung versetzt, dann kippt er nicht zur Seite, sondern fällt in eine Präzessionsbewegung. Um Verletzungen zu vermeiden, wurden Bauhandschuhe ausgelegt. Ein faszinierendes Experiment, das in wenigen Minuten aufgebaut ist (vgl. hierzu Abschnitt 15.6, *Ein Kreisel auf der Erde*).

Auf dem Bild sieht man in Orange die Experimentieranleitung, die wie bei allen Experimenten mit den Worten „Was ist zu tun?" beginnt.

Die modellhafte Darstellung unseres Sonnensystems als **Planetenweg** war für mich sehr lehrreich. Die Sonne wurde mit einem extragroßen Luftballon (vgl. folgende Abbildung) dargestellt.

Natürlich weiß ich, dass die Sonne die 330 000-fache Masse der Erde
besitzt, aber richtig begriffen habe ich das erst, als ich mit mehreren
Schülern zusammen den knapp vier Millimeter (!) großen Merkur,
der beim Aufhängen heruntergefallen war, auf dem Teppichboden
im ersten Stock suchte.

20.7 Presse und Öffentlichkeitsarbeit

Auch bei diesem Großprojekt hat das Einbinden der lokalen Presse
(hier das Schwäbische Tagblatt) die beiden schon erwähnten Funk-
tionen: Einerseits werden das Projekt und die Schüler durch die Presse-
darstellung aufgewertet, andererseits ist sie ein starkes Zugpferd, da
jetzt jemand von „Außen" zuschaut, dem etwas geboten werden muss.

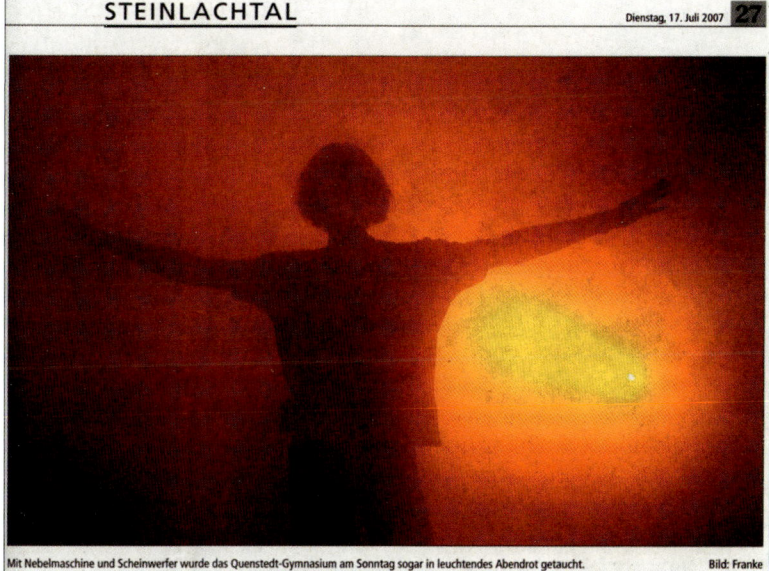

STEINLACHTAL　　　Dienstag, 17. Juli 2007　**27**

Mit Nebelmaschine und Scheinwerfer wurde das Quenstedt-Gymnasium am Sonntag sogar in leuchtendes Abendrot getaucht.　Bild: Franke

Markus und Al für Klimaschutz

Experiment aus Experimenten: Techno-Quenstedt machte die Schule zum Experimentierfeld

MÖSSINGEN (jon). Techno-Quenstedt. Das Mössinger Gymnasium war am Sonntag zu einem Experimentierfeld umgestaltet. Durch die Landschaft zwischen Erdgeschoss und Obergeschoss lief ein Wanderweg, an dessen Stationen Phänomene der Naturwissenschaft erklärt wurden, von den Minimalflächen der Seifenblasen bis zum fliegenden gelben Sack.

Zwei halbe Aufbau-Tage hatten die Schüler aus Unter-, Mittel- und Oberstufe nach langer Vorbereitungszeit gebraucht, um das „Experiment aus Experimenten" in die Welt zu bringen. Gemeinsam mit Martin Kramer, der Mathe und Physik unterrichtet, hatten sie den Plan entwickelt, die Schule als „Technorama" darzubieten.

Markus Theobald aus Klasse 8a belegte ein Klassenzimmer mit dem Thema Klimawandel. Um deutlich zu machen, dass die Erde unsere einzige Heimat ist. Aus seinen DVD-Beständen hatte er den Film „Eine unbequeme Wahrheit" mitgebracht, in dem der ehemalige amerikanische Vizepräsident Al Gore mit eindringlicher Stimme seine Änderungsbotschaft darlegt und verheißt: „In Amerika ist der politische Wille ein erneuerbarer Rohstoff".

Streichholzraketen basteln

Markus stand den Gästen für Erklärungen zur Verfügung, ein Vortrag, den er zum Thema in der Klasse gehalten hat, diente als Grundlage. Auch praktische Tipps zur Bekämpfung der Erderwärmung hatte er für jeden Einzelnen parat, sei es der richtige Gebrauch des Heizthermostats oder das Pflanzen eines Baumes.

Wie funktioniert ein Flaschenzug? Was ist ein schiefer Wurf? Wie kommt ein Regenbogen zustande? Wie bastelt man Streichholzraketen? Fragen über Fragen. Alle fanden den Antwort.

Sonne als Riesenluftballon

Die 13-jährige Maja Fink hantierte kompetent mit einem Hochspannungserzeuger, der ein Glockenspiel in Gang setzte. Vor der Aula war das Planetenmodell von Verena Haug und Ramona Buck zu bewundern.

Die Sonne hing als Riesenluftballon von der Decke, darum gruppierten sich ihre Kumpane, draußen beim 57 Meter entfernten Fahrradständern war der Merkur aufgehängt.

Franciska Katzmann, Karl-Martin Leipp und Tobias Kleinert hatten sich intensiv mit der Funktionsweise von Geheimschriften befasst, Joschua Fink und Johannes Frank das „Spiel des Lebens" nach dem Mathematiker John Conway mit bemalten Würfeln aufgebaut.

Eine Nebelmaschine und ein starker Scheinwerfer dienten der Klärung der Frage, warum es eigentlich ein Abendrot gibt. Aber, oh, das Sonnenwetter! Schlechter wäre besser gewesen. Wer geht schon gern in die Schule, wenn unbedingt Hitzefrei angesagt ist?

Den Sonntagnachmittag verbrachten die meisten Mössinger im Freibad, weit über hundert Besucher kamen dennoch herbei, um in Augenschein zu nehmen, was die Schüler sich bei den 26 Experimenten gedacht hatten.

Es ist wichtiger, dass die Namen der Schüler in der Zeitung stehen, als Ihr eigener. Schließlich geht es ja um die Schüler und zumindest das Techno-Quenstedt war ja ihrer Hände Werk!

Teil III

Umsetzung von Großprojekten –
Physik am Rande des Bildungsplanes

Kapitel 21

23 Stunden und 56 Minuten –
Naturphänomene für die Oberstufe

Noch einmal Kind sein! 23 Stunden und 56 Minuten lang! „Naturphänomene" werden für gewöhnlich in der fünften und sechsten Klasse unterrichtet. Also fragte ich meine Schüler der 11. Klasse, ob sie Lust auf einen Tag Naturphänomene hätten. Ich hatte zwei Klassen und beide wollten. Also gab es zwei Veranstaltungen. Hier ist eine beschrieben.

Die Veranstaltung erinnert an den mathematischen Bruder „24 Stunden Mathematik", welches in *Mathematik als Abenteuer*[48] kurz skizziert ist. Ich erhielt mehrere Fragen zur Umsetzung, die meisten organisatorischer Art. Nun soll ein solcher Tagesmarathon etwas ausführlicher dargestellt werden. Zum einen durch mich, zum anderen durch einen Schülerartikel im Magazin NEON und schließlich durch Presse und Fernsehen.

---

48 Martin Kramer, *Mathematik als Abenteuer*, Aulis Verlag, Hallbergmoos ²2010

21.1   Das Faltblatt

Naturphänomene für die Oberstufe

Eine Beschäftigung mit Murmelbahnen, Seifenblasen und Papierfliegern.

23 Stunden und 56 Minuten dauert eine vollständige Erdumdrehung. Die Veranstaltung soll kein abrufbares Wissen vermitteln, sondern eine Erfahrung ermöglichen. Im besten Falle eine Reise in eine Welt des Denkens, des Fühlens und des Handelns. Also eine Reise zum „Selbst" oder zum „Ich". Aber Letzteres ist sicher zu hoch gegriffen, bleibt aber dennoch als eine Vision oder ein Ziel, zumindest jedoch als ein Wunsch bestehen.

Martin Kramer

Bitte mitbringen:

- eine bequeme Decke
- Augenbinde
- Schnürsenkel und Blumenbindedraht
- eine Schachtel lange Streichhölzer
- zwei rohe Eier und genügend Material, um diese so zu verpacken, dass sie einen Sturz von über acht Metern überleben
- ein weißes Heft – ohne Linien oder Karos
- Scheren und Klebstoff
- 2 – 3 Dachlatten oder andere Kanthölzer mit einer Länge von 130 cm
- Isomatte und Schlafsack, ggf. Einverständniserklärung der Eltern (falls jemand früher gehen muss – Aufsichtspflicht)
- ggf. einen Zirkel

Beginn:

19. Januar 2007, 18:00 Uhr im QG, Raum 108/109

Alle Vorbereitungen entsprechend früher – ich bin ab 17:00 Uhr im Haus.

Ende:

20. Januar 2007, 17:56 Uhr

23 h 56 min
denken – fühlen - handeln

Die Inhalte im Stundentakt:

0:00	Mönchproblem oder die Suche nach einem Algorithmus
1:00	Geheime Botschaften
2:00	Es gibt keine Erfinder mehr oder Teamtraining oder die Gruppe ist stärker als ihr stärkstes Mitglied
3:00	Bauten und Grundrisse aus Streichhölzern
4:00	Papierflieger
5:00	Warum Schiffe schwimmen und Luftschiffe fliegen
6:00	Ein Zweifarbensatz oder das Beweisprinzip der vollständigen Induktion
7:00	Ein Beweis bedarf einer Idee
8:00	Würde ich mein Kind ins QG geben? Wozu Mathematik?
9:00	Gruppen und Körper oder: Was benötigen wir eigentlich zum Rechnen?
10:00	Die Pforten der Wahrnehmung und Sinnestäuschungen
11:00	Licht als Schlüssel zur modernen Physik
12:00	Kenne ich mein Gegenüber?
13:00	Mengen, Zahlen und Abzählbarkeit
14:00	Seifenblasen oder Modell und Realität
15:00	
16:00	Kugelbahn
17:00	Reflexion und Feedback
18:00	Zu Beginn: Wo bin ich? Was bin ich? Wer bin ich? Wie Menschen miteinander reden oder Soziogramme, Wirkungen von Aufenthaltsorten
19:00	Wahrnehmung von Raum und Personen und Perspektiven
20:00	Ein Labyrinth oder: Lokale und globale Standpunkte
21:00	
22:00	Ein Eierflug oder eine Ingenieurtätigkeit
23:00	Atmung, Meditation und innere Mitte

21.2 Planung

Die Veranstaltung hatte ein starres Zeitkorsett: 50 Minuten forschen und erleben, 10 Minuten Pause.

Ich habe mich nur inhaltlich vorbereitet. Um Essen, Kaffee, ... haben sich die Schüler gekümmert. Es ist gar nicht so einfach, sich ein sinnvolles System auszudenken, um jede Stunde ein bisschen zu essen. Wenn man auf einmal eine große Menge zu sich nimmt, wird man müde, wer zu viel Kaffee trinkt, fängt an zu zittern. Man sollte sich also genau überlegen, wann man was zu sich nimmt.

Die schwierigste Zeit ist die zwischen 2:00 und 5:00 Uhr. Hier sollten Dinge stattfinden, die keine zu hohe Konzentration erfordern.

21.3 Einige Experimente [49]

Naturphänomene für die Oberstufe lautet die Überschrift eines Unterrichtsversuches, der als erstes Stühle und Tische aus dem Arbeitsraum verbannte. Der Wegfall der Enge birgt völlig neue Möglichkeiten. Auf dem Bild ertastet die Klasse 11c ein Labyrinth – eine Übung in *lokaler* und *globaler* Betrachtungsweise und in diesem Sinne eine abstrakte Übung in mathematischem Denken. Verwandt damit ist

---

49 Bei Martin Kramer, *Naturphänomene – im Spiel die Physik entdecken*, Aulis Verlag 2008 finden sich viele möglichen Themen.

das virtuelle Abschreiten des Quenstedt-Gymnasiums bzw. das Nach-
legen seines Grundrisses mit Streichhölzern. Eine Mathematik – ohne
Zahlen!

Ein Fluss (DIN-A4-Blatt) soll von einer Ameise trockenen Fußes über-
quert werden. Mithilfe von langen Streichhölzern soll eine Brücke
gebaut werden. Dabei darf kein Hölzchen das Papier berühren.
Leonardo da Vinci hat eine geniale Lösung angegeben. Die Konstruktion ist hier in Groß mit Dachlatten nachgebaut:

Ein weiteres Experiment war gruppendynamischer Natur. Die Klasse wurde in zwei Gruppen geteilt, eine blaue und eine rote. Jede sollte von einer klar definierten Höhe aus eine möglichst „schnelle" Kugelbahn bauen. Die rote Gruppe arbeitete mit rotem, die blaue mit blauem Karton.

Auf den ersten Blick ist es ein Spiel, auf den zweiten eine Ingenieurstätigkeit. Durch die Kugelmasse verformt sich die Bahn. Nach dem Energieerhaltungssatz müssen Verformungen der Bahn auf Kosten der Kugelgeschwindigkeit gehen. Die Kugel „knetet" sozusagen die Bahn durch und erwärmt sie somit. Eine möglichst starre Bahn ist also besser.

Auch die folgende Übung ist eine Gruppenübung:

Ein rohes Ei wird so verpackt, dass es einen Aufprall aus einer Höhe von 8,3 Metern ohne einen Haarriss übersteht. Natürlich geht es um Verantwortung: Bei einem Unfall wäre schon die geringste Kopfverletzung lebensbedrohlich.

Wieder handelt es sich um eine Ingenieurstätigkeit: Planung, gegenseitige Vorstellung
des Modells, Testflug:

Ein weiterer Aspekt: Einzelne Wissenschaftler
wie Einstein oder Newton sind heute nur
noch schwer denkbar. Wissenschaft wird
heute meist in Gruppen betrieben.

Wissenschaft beginnt mit Wahrnehmung und Beobachtung. Daher waren Wahrnehmungsübungen und Sinnestäuschung ein zentrales Thema.

Um auf eine häufig gestellte Frage zu antworten: Natürlich kann man sich fragen, *warum* man so etwas macht. Und *was* lernen denn die Schüler dabei? Und was ist der Sinn des Ganzen? Ich frage mich auch jedes Mal solche Sachen. So ziemlich genau zwischen 3:00 und 5:00 Uhr morgens, wenn ein Teil sich für kurz oder länger hinlegt.

Aber wenn am Ende die Schüler zusammensitzen, übernächtigt und doch mit etwas mehr, etwas anderem im Gesicht als nur Müdigkeit, dann weiß ich, dass meine Fragen zwischen 3:00 und 5:00 Uhr morgens dumm waren. Aber weshalb ich das am Ende denke, kann ich dem Leser nicht vermitteln. Ich könnte irgendetwas von Gemeinschaft und Gruppendynamik schreiben, oder dass ich das Wesentliche stets von Schülern lerne. Aber das wäre platt und trifft es nicht wirklich. So ist es zumindest für mich nicht in Worte zu fassen, *warum* die Aktion gut ist. Und was die Schüler dabei lernen, das weiß ich auch nicht. Und vielleicht macht es genau das *gut*.

Zur Erinnerung an den 1. Dezember 2006, für alle, die dabei waren.

21.4   Bericht eines Schülers im NEON Magazin[50]

23 Stunden und 56 Minuten Unterricht
21.01.2007 22:48 Uhr

23 h 56 min dauert eine Erdumrundung. 23 h und 56 min werden wir von unserem Physiklehrer unterrichtet, nach seinen Vorstellungen von Schule.

Freitagabend um 18:00 soll alles beginnen. Die Aufbauarbeiten laufen jedoch schon eine Stunde früher an. Der Klassenarbeitsraum unserer Schule wird leer geräumt, keine Stühle, keine Tische, nur die Tafeln sind noch drin. Die Klassenzimmer nebenan werden zu einem Schlafraum, für die, die nicht durchhalten, und einem Essraum umfunktioniert.

Martin Kramer ist auch mein Physiklehrer in der 11. Klasse. Irgendwie komme ich mir vor, als hätte ich die letzten Jahre nie Physik gehabt – vor den Arbeiten bei ihm musste ich kaum etwas lernen, weil ich alles verstanden hatte und habe eine 1– in der ersten Arbeit dieses Jahr geschrieben. In der zehnten Klasse hatte ich eine Fünf, in der achten eine Vier.

Der Schulmarathon wird exakt 23 Stunden und 56 Minuten dauern. Dabei besteht jede volle Stunde aus 50 Minuten Unterricht und 10 Minuten Pause.

Das mag alles sehr trocken klingen, und wer sich unter dem, wie der Unterricht ablief, den Unterricht vorstellt, den jeder andere Deutsche kennt, irrt sich gewaltig. Schon im Infoblatt, das Martin Kramer, unser Physiklehrer, uns ausgegeben hat, wird beschrieben, was uns erwartet: „Die Veranstaltung soll kein abrufbares Wissen vermitteln, sondern eine Erfahrung ermöglichen. Im besten Falle eine Reise in die Welt des Denkens, des Fühlens und des Handelns. (...)"

Kurz wird es als „Naturphänomene für die Oberstufe" beschrieben. Das trifft es nicht ganz, wenn man einmal Naturphänomene hatte. In den nächsten Stunden konstruieren wir in Gruppen Möglichkeiten, ein Ei aus rund zehn Metern Höhe unbeschadet fallen zu lassen, und haben eine Menge Spaß, als wir dann unsere Ergebnisse fallen lassen; wir diskutieren darüber, ob wir unsere Kinder selbst an unsere (staatliche) Schule geben würden oder nicht, ob Mathematikunterricht sinnvoll ist; wir lösen die klassischen Streichholzaufgaben, experimentieren mit Unendlichkeit, werden mit verbundenen Augen durch

---

50   Quelle: http://www.neon.de/kat/wissen/ausbildung/schule/177615.html

einen von Kramer gebauten „Irrgarten" laufen und hinterher den Plan für selbigen aufzeichnen müssen. Wir werden aber auch Themen wie „Atmung und innere Meditation" behandeln, Wahrnehmungen und Sinnestäuschungen erleben und uns vor allem mit unserer Gruppe beschäftigen. Welche Macht hat eine Gruppe? Wie kann diese Macht positiv, aber auch negativ genutzt werden?

Als am Samstag um 17.56 Uhr alles endet, blickt man traurig zurück und würde am liebsten – wenn die Müdigkeit nicht wäre – weitere 23 Stunden und 56 Minuten Unterricht haben.

Es ist schwer zu erklären, was einen diese 23 Stunden und 56 Minuten wach hält, warum man dabei bleiben will, was die Faszination ausmacht. Es ist ein Gefühl, das entstanden ist, und die Neugier nach Wissen.

Viele von uns wollen nach der Veranstaltung ein anderes Schulsystem. Ein Schulsystem, bei dem man nicht lernt, um zu studieren, um den und den Abschluss, die und die Note zu bekommen, ein Schulsystem, bei dem man nicht in Noten gezwängt wird. In dem man nicht für Arbeiten alles auswendig lernt, in dem die Lehrer sich darum kümmern, ob man auch versteht, was da gerade abläuft, oder nicht.

Sondern ein Schulsystem, in dem wir etwas lernen, weil wir etwas lernen wollen, auch in Fächern, die uns im normalen Schulsystem überhaupt nicht liegen und uns eigentlich gar nicht interessieren. In dem wir fast von selbst lernen – weil wir den Stoff verstehen. Eine Schule, die freies Denken und Persönlichkeiten fördert, anstatt sie in Normen zu quetschen.

von Marv

21.5 Landesschau und Presse

Der Bericht in der Landesschau findet sich im Internet unter: http://www.youtube.com/watch?v=nxIwzS7U6sE

Zum Schluss noch die Darstellung der Presse (Schwäbisches Tagblatt):

Wie stürzt ein Ei aus über acht Metern Höhe, ohne dass es einen Riss bekommt? Gut verpackt und schwebend. Der Eierversuch war eins der Experimente, die die Quenstedt-Oberstufenschüler in ihrem 24-stündigen Naturphänomene-Marathon machten.   Bild: Rippmann

Eine Erdumdrehung lang Schule

Von 18 Uhr bis 17 Uhr 56: Naturphänomene für die Mössinger Quenstedt-Oberstufe

MÖSSINGEN (jon). Wie lange dauert eine Erdumdrehung? Schüler des Mössinger Quenstedt-Gymnasiums hielten den Naturphänomene-Unterricht, den ihr Lehrer Martin Kramer hielt, solange aus. Vom frühen Freitagabend an ab 18 Uhr durchquerten sie die Nacht und den Samstag bis um 17 Uhr 56, erfanden, erkannten, erlebten, übten Ingenieurtätigkeit aus und stellten sich der Philosophie anheim.

Martin Kramer unterrichtet Mathematik und Physik. Unterricht, sagt er, muss nicht von „grauem Ernst und Qual" erfüllt sein. Eigenverantwortlichkeit der Schüler und Anschaulichkeit sind seine Ziele. Aktives Erfassen, Begreifbarkeit, auch und gerade mit den Händen und den Sinnen.

Dafür ist er mehrfacher Buchautor geworden. Gerade ist im AOL-Verlag ein Lernzirkel erschienen, Mathe-Didaktik-Sammelmappen zu linearen Gleichungssystemen, Pythagoras oder Berechnung von Körpern. Lehrer sollen lernen, Schüler mit Hilfe von Raketen, Klorollen oder Sektgläsern in Bewegung zu bringen. Auch Kramers „Mathe-Dominos" (ebenfalls AOL-Verlag) dienen diesen Zwecken.

Am Anfang steht das Sehen

Bewegung! Das Gehen! Es steht am Anfang. Kurz nach 18 Uhr bewegen sich am Freitag 22 Schüler durch den Raum 108 des Gymnasiums, der schon mehrfach Ort für die 24-Stunden-Veranstaltung war. Alle durcheinander, von Steffen Aicheler bis Sophia Zöfel. Man nimmt sein Gegenüber wahr. Schaut hin, schaut weg, schaut hin. Der Lehrer: „Alle Wissenschaft beginnt mit Wahrnehmung!" Der Zurkenntnisnahme des anderen, des Ortes, der Position, die man einnimmt oder gerne einnehmen möchte. Kramer verfügt mittlerweile über viel Erfahrung bei der Einübung des Ungewohnten, vor Jahren bereits hat er Kurse in Theaterpädagogik belegt.

Halb blind, halb taub

Die Teilnahme am Naturphänomene-Marathon ist freiwillig, die Eltern müssen sich einverstanden erklären. Alle Schüler wissen, worauf sie sich einlassen. Erholungsschläfchen zwischendurch sind erlaubt. Für die Verpflegung in der Nacht ist gesorgt. Reichlich Material ist vorhanden. Zum Beispiel Augenbinden und Ohropax. Es gibt nämlich unterwegs eine Zeit, in der die Teilnehmer auf einem Auge blind, auf einem Ohr taub sein werden. Viel Bindfaden ist da. Ein Irrgarten wird entstehen. Dazu legt Martin Kramer viele Fäden schnurgerade verwinkelt aus und klebt sie an den Abzweigungen fest. Vom Startpunkt im Nebenraum aus verfolgen die Schüler nacheinander das Ziel, das Ende zu finden, barfuß tastend, auf allen Vieren und sogar kriechend. Mit verbundenen Augen wohlgemerkt. Dann soll die Konstruktion des Irrgartens nachgezeichnet werden. Mathematik ohne Zahlen nennt Kramer das. „Sie beginnt beim Lesen einer Landkarte."

Fliegende Eier

Am besten kommt bei den Schülern der „Eierflug" an. Aufgabe: Ein rohes Ei ist so zu verpacken, dass es einen Aufprall aus einer Höhe von 8.30 Metern ohne einen einzigen Haarriss übersteht. Fünf Gruppen bilden sich. Bei der Treppe am Sprachlabor sollen Umhüllungen in die Tiefe gestürzt und das Ei darin gerettet werden. Und – oh Wunder! – alle Eier überleben.

Gleich darauf verwandelt sich Zimmer 108 in ein Messegelände. Denn das Verpackungsprodukt muss jetzt vermarktet werden. Steffen und Sebastian erweisen sich hier als prima Verkaufsshowfreaks. Es folgt eine Stunde Atmungstechnik, Meditationsübung, Finden der inneren Mitte.

Danach geht es aber gleich auf die Suche nach einem Algorithmus, das Beweisprinzip der vollständigen Induktion wird ergründet. Licht als Schlüssel zu modernen Physik vorgestellt und die Unendlichkeit überprüft. Pustefix-Seifenblasen werden eingesetzt, riesige Kugelbahnen entstehen. Die Erdumdrehung nähert sich dem Ende.

Eine neue Erfahrung für die Schüler war die Aufmerksamkeit der Medien. SWR-Redakteur Peter Binder verfolgte mit seinem Team mehrere Stunden das Geschehen, René Munder mit der Kamera und Nina Keppeler als für den Ton zuständig erarbeiteten einen Beitrag für die Landesschau. Claudia Jochen vom Radio Wüste Welle war sogar die ganze Zeit dabei.

Großes Lob für den Marathon

Interessante Lernmethoden sind gefragt. „Stoffdurchzieher", in deren Unterricht man oft die Ohren auf Durchzug stellt, dagegen weniger. So sagen die Schüler in einer abschließenden Feedback-Runde. Solche Erdumdrehungen, finden sie, sollte es auch in anderen Fächern geben. Viel Dank geht an Lehrer Kramer. Höchstes Lob. Riesenapplaus. Aufräumen. Schlafstellen aufsuchen.

INFO Der Beitrag der Landesschau kommt heute in SWR 3 zwischen 18.45 und 19.45 Uhr, die Wüste Welle sendet ab 20 Uhr ein Feature.

Ein Paradigmenwechsel –
Abenteuer einer neuen Didaktik

Ein Abenteuer erlebt man, wenn man eigene Wege beschreitet. Wer stets in den Fußstapfen des anderen geht, läuft hinterher. Unsere Schüler müssen einmal Antworten auf Probleme finden, deren Fragestellung wir noch nicht einmal kennen.

Literatur

[Bro]   BROOK, Peter: Der leere Raum; Alexander Verlag Berlin, [8]2004

[Col]   COLLIN, Finn: Konstruktivismus für Einsteiger; UTB, Wilhelm Fink Verlags-KG, 2008

[Coll]   COLE, K. C.: Warum die Wolken nicht vom Himmel fallen – von der Allgegenwart der Physik; Aufbau-Verlag Berlin, 2000

[Dör]   DÖRNER, Dietrich: Die Logik des Misslingens; Rowohlt Taschenbuch Verlag, Reinbek bei Hamburg, [13]2000

[Els]   ELSCHENBROICH, Donata: Weltwunder; Verlag Antje Kunstmann, München, 2005

[Eps]   EPSTEIN, Lewis: Epsteins Physikstunde (aus dem Engl. Von Jörgen Danielsen und Peter Schönau.); Birkhäuser Verlag Berlin, [3]1992

[Fey]   FEYNMAN, Richard: Vorlesungen über Physik, Band I – III, Oldenbourg Wissenschaftsverlag GmbH; München, [4]2001

[Gre]   GRELL, Jochen: Techniken des Lehrerverhaltens; Beltz Verlag; Weinheim und Basel, [8]1978

[Hec]   HECHT, Eugene: Optik; Oldenbourg Verlag; München, [2]1999

[Her]   HERRMANN Ulrich (Hrsg.): Neurodidaktik – Grundlagen und Vorschläge für gehirngerechtes Lehrern und Lernen; Beltz Verlag Weinheim und Basel, [2]2009

[Kli]   KLIPPERT, Heinz: Kommunikationstraining; Beltz Verlag; Weinheim und Basel, [7]2000

[Kli]   KLIPPERT, Heinz: Teamentwicklung im Klassenraum; Beltz Verlag; Weinheim und Basel, 1998

[Kor]   KORCZAK, janusz: Kinder achten und lieben; Verlag Herder; Freiburg im Breisgau, [3]1998

[Kra]   KRAMER, Martin: Schule ist Theater; Schneider-Hohengehren; Esslingen am Neckar, 2008

[Kra]   Kramer, Martin: Mathematik als Abenteuer; Aulis Verlag; Hallbergmoos [2]2010

[Pet]   PETERSSEN, Wilhelm H.: Kleines Methoden-Lexikon; Odenbourg Schulbuchverlag; München, 1999

[Sch]   SCHLEY, Winfried: Teamkooperation und Teamentwicklung in der Schule; Altrichter, H., Schley, W., Schratz, M.(Hrsg.): Handbuch zur Schulentwicklung; Studien Verlag; Innsbruck Wien, 1998

[SvT]   SCHULZ VON THUN, Friedemann: Miteinander reden Bd 3; Rowohlt Taschenbuch Verlag; Reinbek bei Hamburg, Sonderausgabe 2005

[Wag]   WAGENSCHEIN, Martin: Kinder auf dem Wege zur Physik; Beltz Verlag Weinheim und Basel; Berlin, Neuausgabe 2003

[Wel]   Wellhöfer, Peter R.: Gruppendynamik und soziales Lernen; Lucius & Lucius; Stuttgart, [2]2001